国家出版基金项目
NATIONAL PUBLICATION FOUNDATION

"十三五" 国家重点图书出版规划项目

排序与调度丛书 （二期）

鲁棒机器调度

王　冰　王晓智　著

清华大学出版社
北京

内 容 简 介

本书面向不确定环境下离散制造企业的生产调度问题,系统阐述了不同类型鲁棒机器调度的概念、模型及其求解算法。书中用尽量通俗简洁的文字对大量概念给出了作者理解的定义,以方便读者快速了解相关领域。另外,书中既阐述了诸多传统鲁棒优化模型,也展示了作者提出的离散场景鲁棒优化新模型,探索了不同鲁棒优化模型在单机调度、并行机调度、流水车间调度和作业车间调度等典型机器调度问题中的应用。

本书可作为高等院校系统工程、工业工程、自动化、智能制造、计算机、机械工程、管理科学与工程、运筹学、供应链管理等专业师生的教材,也可作为汽车、半导体、智能制造等工业领域的调度人员、管理者和科技人员的参考书。

图书在版编目(CIP)数据

鲁棒机器调度/王冰,王晓智著.—北京:清华大学出版社,2023.11
(排序与调度丛书. 二期)
ISBN 978-7-302-64878-9

Ⅰ.①鲁… Ⅱ.①王…②王… Ⅲ.①鲁棒控制 Ⅳ.①TP273

中国国家版本馆 CIP 数据核字(2023)第 215134 号

责任编辑:陈凯仁
封面设计:常雪影
责任校对:赵丽敏
责任印制:沈 露

出版发行:清华大学出版社
    网   址:https://www.tup.com.cn,https://www.wqxuetang.com
    地   址:北京清华大学学研大厦 A 座   邮   编:100084
    社 总 机:010-83470000   邮   购:010-62786544
    投稿与读者服务:010-62776969,c-service@tup.tsinghua.edu.cn
    质量反馈:010-62772015,zhiliang@tup.tsinghua.edu.cn
印 装 者:三河市龙大印装有限公司
经   销:全国新华书店
开   本:170mm×240mm   印张:16.5   字   数:303 千字
版   次:2023 年 12 月第 1 版   印   次:2023 年 12 月第 1 次印刷
定   价:109.00 元

产品编号:098290-01

丛书序言

我知道排序问题是从 20 世纪 50 年代出版的一本名为 *Operations Research*（《运筹学》，可能是 1957 年出版）的书开始的。书中讲到了 S. M. 约翰逊（S. M. Johnson）的同顺序两台机器的排序问题并给出了解法。约翰逊的这一结果给我留下了深刻的印象。第一，这个问题是从实际生活中来的。第二，这个问题有一定的难度，约翰逊给出了完整的解答。第三，这个问题显然包含着许多可能的推广，因此蕴含了广阔的前景。在 1960 年左右，我在《英国运筹学》（季刊）（当时这是一份带有科普性质的刊物）上看到一篇文章，内容谈到三台机器的排序问题，但只涉及四个工件如何排序。这篇文章虽然很简单，但我也从中受到一些启发。我写了一篇讲稿，在中国科学院数学研究所里做了一次通俗报告。之后我就到安徽参加"四清"工作，不意所里将这份报告打印出来并寄了几份给我，我寄了一份给华罗庚教授，他对这方面的研究给予很大的支持。这是 20 世纪 60 年代前期的事，接下来便开始了"文化大革命"，倏忽十年。20 世纪 70 年代初我从"五七"干校回京，发现国外学者在排序问题方面已做了不少工作，并曾在 1966 年开了一次国际排序问题会议，出版了一本论文集 *Theory of Scheduling*（《排序理论》）。我与韩继业教授做了一些工作，也算得上是排序问题在我国的一个开始。想不到在秦裕瑗、林诒勋、唐国春以及许多教授的努力下，跟随着国际的潮流，排序问题的理论和应用在我国得到了如此蓬勃的发展，真是可喜可贺！

众所周知，在计算机如此普及的今天，一门数学分支的发展必须与生产实际相结合，才称得上走上了健康的道路。一种复杂的工具从设计到生产，一项巨大复杂的工程从开始施工到完工后的处理，无不牵涉排序问题。因此，我认为排序理论的发展是没有止境的。我很少看小说，但近来我对一本名叫《约翰·克里斯托夫》的作品很感兴趣。这是罗曼·罗兰写的一本名著，实际上它是以贝多芬为背景的一本传记体小说。这里面提到贝多芬的祖父和父亲都是宫廷乐队指挥，当贝多芬的父亲发现他在音乐方面是个天才的时候，便想将他培养成一名优秀的钢琴师，让他到各地去表演，可以名利双收，所以强迫他勤学苦练。但贝多芬非常反感，他认为这样的作品显示不出人的气质。由于贝多芬有如此的感受，他才能谱出如《英雄交响曲》《第九交响曲》等深具人性的伟大乐章。我想数学也是一样,只有在人类生产中体现它的威力的时候,才能显示出数学这门学科的光辉,也才能显示出作为一名数学家的骄傲。

任何一门学科,尤其是一门与生产实际有密切联系的学科,在其发展初期那些引发它成长的问题必然是相互分离的,甚至是互不相干的。但只要研究继续向前发展,一些问题便会综合趋于统一,处理问题的方法也会与日俱增、深入细致,可谓根深叶茂,蔚然成林。我们这套丛书已有数册正在撰写之中,主题纷呈,蔚为壮观。相信在不久以后会有不少新的著作出现,使我们的学科呈现一片欣欣向荣、繁花似锦的局面,则是鄙人所厚望于诸君者矣。

越民义

中国科学院数学与系统科学研究院

2019 年 4 月

前　言

生产制造可分两类:流程制造和离散制造。离散制造业中的生产调度也称为机器调度。实际调度环境存在各种各样的不确定性,确定性调度是对实际调度的理想化,而不确定性调度才反映了实际调度的本质。应用鲁棒优化方法处理的不确定性机器调度为鲁棒机器调度,其可理解和刻画机器调度的不确定性,并在调度方案的生成和执行过程中对不确定性进行容纳和反应,使调度系统具有面对复杂不确定环境的适应性和鲁棒性。

鲁棒机器调度是实现智能制造的重要保证。智能制造是当前中国制造业转型升级、提质增效的必由之路,其重要特征之一是不确定性制造。不确定性是制造系统环境信息和自身信息的固有特征,智能制造的本质是利用大数据、人工智能等先进技术捕捉、认识和控制制造系统中的不确定性,以使制造系统适应不断变化的外部环境,并在更多方位达到更高的优化目标。

在传统规模制造的背景下,同类产品被大规模制造,大量生产活动是反复进行的,所以适合用概率分布对不确定参数建模,随机调度是传统主流的不确定调度方法。然而随机调度方法会导致决策者对发生概率高的情况给予重点关注,而忽视小概率事件发生的风险。在智能制造背景下,小批量个性化定制产品代替大批量规模生产的同质化产品,产品的独特性带来生产调度的独特性。对于具有独特性质的决策,没有大量反复发生的条件,难以获得此类不确定事件发生的概率信息。某些事件虽然发生的概率小,但一旦发生,造成的后果可能会很严重,这样的小概率事件在智能制造中是不应该被忽视的。传统不确定调度方法在智能制造背景下表现出局限性,而鲁棒优化方法可为不确定生产调度提供新的有效方法。不确定环境下鲁棒优化方法的研究是调度与优化领域一个重要的课题,不仅具有重要的学术价值,更具有重要的现实意义。

本书面向离散制造,系统阐述不确定环境下鲁棒机器调度的概念、模型和算法,提出了鲁棒机器调度的狭义和广义两种概念。狭义概念与专业文献中鲁棒调度的含义相一致。广义概念可以囊括更广泛领域对鲁棒调度的应用,并把本书涉及的三种不确定调度模式统一在鲁棒机器调度的广义概念之下。本书将主动调度、反应调度和混合调度三种模式对不确定性的处理方法及其在机器调度问题中的应用进行了系统阐述,有助于读者全面了解和把握不确定环境下调度与优化决策问题的有效处理方法。

主动调度模式下基于场景的鲁棒优化模型及其在机器调度问题中的应用是本书的核心内容。场景方法相对传统的随机优化是一种较新的不确定性建模方法,可以克服随机优化的不足和局限。本书对场景方法下经典的最坏场景模型和最大后悔模型及其在机器调度中的应用进行了阐述,有助于读者了解决策者极端风险厌恶偏向下的传统鲁棒优化方法。离散场景鲁棒优化模型是本书作者提出的一类新模型,该类模型反映决策者相对温和的风险厌恶偏向,所得鲁棒解的保守性得到改善,并可得到多层次风险厌恶偏向下的鲁棒解。本书对离散场景鲁棒优化相关概念和模型单独在第3章中阐述,有助于读者了解鲁棒优化的发展和更新。

现实中不同领域的很多优化与调度问题可以提炼为典型的机器调度模型,因此,本书阐述的鲁棒调度概念和方法无疑可以应用于除机器调度之外更广泛的组合优化问题。

本书内容除了归纳和介绍已有文献的研究成果,有大量内容来自作者及其研究团队的研究成果,这些内容分布在第2、3、5、7、8、10、11、12和13章中。本书所涉及的研究成果得到了作者主持和参与的多个国家自然科学基金面上项目(62173219、60874076、60274013)的资助。本书部分内容引用了国内外研究者的成果,在此表示诚挚的感谢!

在此,感谢清华大学出版社对"排序与调度丛书"出版的支持!感谢丛书主编唐国春教授的组织和协调工作!感谢丛书编委会和审稿专家在本书撰写过程中提出的宝贵意见!感谢华东师范大学吴贤毅教授对本书的审核工作!感谢上海交通大学席裕庚教授和谷寒雨副教授对本书作者科研工作的指导和帮助!此外,对参与了相关研究工作的研究生们在此一并表示感谢!

本书内容重点在主动模式鲁棒机器调度,这部分内容相对丰富。而反应模式及混合模式鲁棒机器调度部分内容相对粗浅,有待今后进一步的研究和补充。鉴于作者的研究和水平所限,本书内容难免存在不足甚至谬误之处,敬请广大读者批评指正。

作 者

上海大学

2022 年 4 月

目　录

第1篇　主动模式鲁棒机器调度

第 2 篇　反应模式鲁棒机器调度

第 3 篇　混合模式鲁棒机器调度

第 1 章　机器调度概述

生产调度(production scheduling)需要在一定的时间内分配可用的生产资源及有效地排布生产任务,以优化某些指定的性能指标[1]。

生产调度是对制造企业生产活动的预先安排和计划,是生产制造体系的重要组成部分,也是生产制造系统实现自动化生产的核心。有效地改善生产调度水平能确保企业生产制造活动高效稳定地运行,充分地利用生产资源并提高实际生产效率,实现经济效益的最大化,进而提高企业在市场经济中的竞争力。

1.1　机器调度的基本概念

制造企业的生产制造可分两类:流程制造和离散制造[2]。流程制造利用连续性的或生产流水线的形式生产产品。离散制造的产品则往往由多个零件经过一系列并不连续的工序加工装配而成,加工此类产品的企业称为离散制造型企业。例如,火箭、飞机、武器装备、船舶、电子设备、机床、汽车等制造企业都属于离散制造型企业。

定义 1-1　离散式生产也称车间任务型生产。离散制造业生产调度所涉及的主要生产资源是机器,因而离散制造业中的生产调度也称为机器调度(machine scheduling),又因为机器调度通常以生产车间为底层基本生产单元,所以也常称其为车间调度[3]。

处于生产环节的底层车间调度在企业管理中起着核心和关键的作用。车间作为企业组织生产的基本单元,也成为了对生产调度环节进行研究建模的基本单元。就生产方式而言,生产调度问题可分为开环车间(open shop)型和闭环车间(closed shop)型[3]。此处讨论的机器调度问题是一种开环车间调度,也称为工件排序问题[4]。

实际上,机器调度可以是对更广泛领域排序问题的抽象。“机器”可以是加工工件或者完成任务所需要的处理机(processor),也可以是数控机床、计算机CPU(中央处理器)、医生、机场跑道、港口等。而“工件”作为被加工的对象或者是要完成的任务,可以是零件、计算机终端、病人、降落的飞机和进港的轮船等。

Graham 等[5]把机器调度定义为在一组机器上加工一个工件集合的排序，以优化(最小化或最大化)预先定义的目标函数。

机器调度问题涉及的变量皆为离散变量，在数学上属于组合优化问题[6-7]，具有高度复杂性[8-9]，所以对机器调度问题的研究不仅对离散型制造企业具有重要的实际意义，还具有重要的学术价值。

早期机器调度问题的研究内容大多局限于确定性的理想生产环境，但在实际生产中又必须考虑各种不确定性，这也是机器调度问题高度复杂性的体现。

1.1.1　确定性机器调度

如果机器调度是在所有信息已知且确定不变的环境下进行的，那么这样的调度问题及其调度方法称为确定性机器调度(deterministic machine scheduling)。

典型的确定性机器调度问题可以描述如下：要在 m 台机器(machine)上加工 n 个工件(job)，机器以 $M_j(j=1,2,\cdots,m)$ 表示，工件以 $J_i(i=1,2,\cdots,n)$ 表示。工件 J_i 有到达时间(release time)(以 r_i 表示)、交货期(due date)(以 d_i 表示)等参数，也有一定的工艺约束(precedence relation)的要求。一个工件在某台机器上一个连续时间区间内的一次加工称为一个操作(operation)。一个工件可由多个操作组成，不同的操作可被分配给不同的机器。工件 J_i 被分配到机器 M_j 上进行操作(以 O_{ij} 表示)，操作 O_{ij} 有一定的加工时间(processing time)(以 p_{ij} 表示)。如果在一个操作的连续加工时间中是不允许被其他操作打断的，即其他操作不允许抢占正在进行操作的机器，那么这样的加工过程称为非抢占式(non-preemptive)调度，否则称为抢占式(preemptive)调度。在给定的一个机器调度系统中，一个调度解就是把需要加工的每个工件分配到一台或多台机器的一个或多个时间区间进行加工的一个安排方案，其可以优化某个或某几个性能指标。调度解是由所有工件到需要加工的机器上进行加工的起始加工时间的组合，实际上等价于各台机器需要加工的工件操作的一组排序(sequence)，所以调度问题也称为排序(sequencing)问题[10]。

就计算复杂性来说，大多数确定性机器调度问题属于 NP-hard 问题。

定义 1-2　一般情况下，满足下列约束的操作排序称为可行调度(feasible scheduling)。

(1)工件只有在到达之后才能被加工。

(2)一个时刻一台机器最多只能加工一个工件。

(3)一个工件在一个时刻最多只能被一台机器加工。

(4)加工过程中不允许机器被抢占。

(5)工件的加工次序需要满足工艺约束。

定义 1-3　在可行的加工顺序中,各工序都按最早可能开(完)工时间安排的作业计划称为半活动调度(semi-active scheduling)[11]。

定义 1-4　任何一台机器的每段空闲时间都不足以加工一道可加工工序的可行调度称为活动调度(active scheduling)[11]。

定义 1-5　如果一个可行调度在有工件等待加工时没有机器是空闲的(假设机器不会空闲而使操作等待),则称这样的可行调度为非延迟调度(non-delay scheduling)[11]。

定义 1-2~定义 1-5 之间的关系如图 1-1 所示[11]。

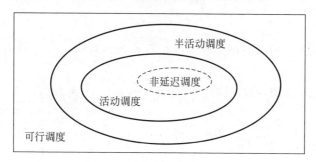

图 1-1　调度基本概念及关系

1.1.2　确定性机器调度的性能指标

如果把机器看作生产系统的固有结构,把待加工工件看作生产系统的输入,则机器调度系统中的参数可分为结构参数和控制参数两类,结构参数是系统的内部(固有)参数,而控制参数则为系统外部(输入)参数。

结构参数包括机器台数、机器准备时间、机器可供使用的时长、工艺约束等;控制参数包括工件个数、工件到达时间、工件上各操作的加工时间、工序之间的准备时间、工件交货期等。

确定性机器调度的性能指标是表征机器调度系统性能的度量,在传统机器调度问题中其往往体现为与工件的加工完成时间有关的费用(cost)指标。提高机器调度系统的性能本质上是降低费用值,因而费用指标下的机器调度问题是最小化(minimize)问题。

设工件 J_i 的完成时间为 C_i,与之相关的费用为 $f_i(C_i)$,则调度问题的费用指标有两大类,分别为瓶颈费用与总费用[11]。

瓶颈费用指标的一般表达式为 $f_{\max}(C) = \max\{f_i(C_i) \mid i = 1, 2, \cdots, n\}$。

总费用指标的一般表达式为 $\sum f_i(C) = \sum_{i=1}^{n} f_i(C_i)$。

最常用的瓶颈费用性能指标为最大完工时间（makespan）$C_{\max} = \max\{C_i \mid i = 1, 2, \cdots, n\}$。

最常用的总费用性能指标为总流程时间（total flow time）$\mathrm{TFT} = \sum_{i=1}^{n} C_i$。

在工件有交货期要求的情形下，如果工件 J_i 的完成时间 C_i 大于交货期 d_i，则工件 J_i 延迟，延迟量（tardiness）为 $T_i = C_i - d_i$；如果工件 J_i 的完成时间 C_i 小于交货期 d_i，则工件 J_i 提前，提前量（earliness）为 $E_i = d_i - C_i$。

与交货期有关的瓶颈类性能指标为最大延迟时间（maximum tardiness）$L_{\max} = \max\{T_i \mid 1 \leqslant i \leqslant n\}$。

与交货期有关的总费用类性能指标有总延误时间 $\sum_{i=1}^{n} T_i$ 或者总加权延误时间 $\sum_{i=1}^{n} w_i T_i$、总加权提前/延误时间和 $\sum_{i=1}^{n} (\alpha_i E_i + \beta_i T_i)$。

以 $U_i = \begin{cases} 0, & C_i \leqslant d_i \\ 1, & C_i > d_i \end{cases}$ 表示工件的单位误工（unit tardy），则有如下性能指标：总误工工件个数 $\sum_{i=1}^{n} U_i$。

以时间费用为性能的确定性机器调度的最优解至少是一个半活动调度。在一定费用指标下按照各台机器需要加工的工件操作的最优排序生成的半活动调度是最优调度（解）。

现实中不同领域的很多离散优化问题可以提炼为典型的机器调度模型，机器调度的概念和方法无疑可以应用于更广泛的组合优化问题[12]。

1.1.3　不确定性机器调度

在绝大多数情况下，确定性机器调度环境仅仅是对实际制造环境的一种理想的简化[13]。实际生产环境具有复杂多变的动态特性，存在各种各样的不确定性[14-16]，忽视这些不确定性得到的生产调度方案在实践中往往不能令人满意[17]。

关于"不确定性"（uncertainty），Balasubramanian[18]给出的定义是对一个过程或者参数缺乏准确的知识或预测。大多数情况下，"不确定性"和"不确定因素"（uncertain factor）具有相同的含义。Zimmermann[19]把不确定因素的起因概括为六种情况：信息的缺失、信息复杂性、证据彼此冲突、语言描述的模糊性、工程测量误差和信息的可信度。

定义 1-6　调度环境存在不确定因素情况下的机器调度问题和调度方法称为不确定性机器调度（uncertain machine scheduling）。

1.2　机器调度中的不确定性

不确定性机器调度就是要考虑机器调度环境中实际存在的各种不确定因素,如机器故障、加工时间不确定、紧急工件到达、原料供应变动等。不确定因素的存在使由各种确定性模型和方法得到的优化调度方案性能指标降低甚至不再可行。因此,对决策者来说,在处理机器调度问题时,必须考虑并处理生产过程中存在的不确定因素[17]。

1.2.1　不确定性的分类

针对机器调度环境中的不确定因素,可以从不同角度进行分类。Subrahmanyam 等[20]将不确定因素分为短期不确定因素和长期不确定因素。短期不确定因素是指在短时间内改变系统状态的因素,包括取消订单或插入紧急订单、工件加工时间变化、设备故障等;长期不确定因素是指在长时间内影响生产系统的因素,包括技术和工艺变化、市场行情变化(如价格波动、用户需求变化)等。

按照不确定因素的关联,Ouelhadj 等[21]将不确定性的形式分为两类,即资源相关的不确定性和工件相关的不确定性。资源相关的不确定性形式主要有机器故障、操作人员变动、工具不可用、负载限制、材料短缺或材料到达时间延迟以及材料存在缺陷等。工件相关的不确定性形式主要有工件到达时间的不确定、加急工件的插入、工件的取消、交货期的改变、工件提前或延期到达、工件优先权的改变以及工件加工时间的改变等。

按照不确定性的来源,生产过程中的不确定性可以分为四类[22-25]:系统固有的不确定性、生产过程中产生的不确定性、外部环境中的不确定性和离散的不确定性。

基于可预测性,不确定性可分为完全不可知,对未来猜想的不确定性以及已知的不确定性[26]。其中完全不可知和对未来猜想的不确定性称为不可预测的不确定性,也称为扰动;已知的不确定性称为可预测的不确定性[27]。

不确定性不是偶然的、暂时的、偏离深思熟虑的长期计划,而是技术和商业环境的基本结构特征[28]。处理不确定性和在不确定性下做决策的最好方法是接受不确定性,努力理解和描述不确定性,最后使不确定性成为决策推理的一部分[29]。鲁棒优化是在不确定性存在时决策的一种有效方法,本书正是基于此前提阐述不确定性机器调度的鲁棒优化方法。

1.2.2 不确定性的建模方法

不确定调度的建立首先依赖不确定性的建模方式,即不确定性的描述方式。对可预测的不确定性,常用的建模方法有概率分布法、模糊分析法、场景方法等[30]。

最经典的不确定性建模工具是概率分布法。概率分布法可以在重复发生场合描述不确定性的统计规律。对以概率分布刻画的不确定性进行处理的方法为随机优化法[31-35]。

模糊分析法是处理不确定性的另一个方法,其用模糊数及模糊隶属度函数描述不确定性[36-42],对不确定性进行处理的方法基于模糊理论。

对不确定性建模使用概率分布法和模糊分析法时必须知道概率分布或者模糊隶属度函数,在许多情况下可以同类不确定事件反复发生的历史数据或经验知识为基础获得这两个参数。如果没有历史数据或者不确定事件只是偶然发生和无法预测的,无法预知其有关属性参数,这时场景方法将是一种合适的选项。

场景集合是一种区别于概率分布和模糊隶属度函数的不确定性建模工具。场景方法是在不确定因素的发生概率或可能性信息完全(或部分)未知时对不确定因素建模的方法。在场景方法中,不确定性参数使用离散值或连续区间场景来描述,因而场景的描述通常有离散场景和区间场景两种形式[28]。有关场景方法对不确定性的建模将在第 2 章详加阐述。

1.3 不确定性机器调度的分类

对不确定性机器调度的分类可从不同的角度进行。Herroelen 等[14] 在项目调度范畴列出了不确定调度的五个分支:反应调度(reactive scheduling)、随机调度(stochastic scheduling)、模糊调度(fuzzy scheduling)、鲁棒调度(robust scheduling)和灵敏度分析(sensitivity analysis)。Hazir 等[15] 沿用了这五个分支,然而划分这五个分支时并没有采用一致的分类角度,例如,反应调度和鲁棒调度是从处理不确定性时机角度考虑的两个分支,随机调度和模糊调度是从不确定性建模工具角度考虑的两个分支,灵敏度分析则是一种专门的不确定参数分析工具。Aytug 等[16] 在生产调度范畴把不确定调度分成三类:完全反应调度(completely reactive scheduling)、鲁棒调度(robust scheduling)和预测反应调度(predictive-reactive scheduling),这是一种从处理不确定性时机角度所做的分类。

上述分类都把鲁棒调度限定为在不确定因素发生之前主动进行的一种调度方法,所以也称为主动调度,而在不确定因素发生之后被动进行的调度方法则称为反应调度。从字面上看,鲁棒调度的内涵可以是关注系统鲁棒性(robustness)的调度问题和方法。但作为理论研究领域的一个专业术语,早期鲁棒调度被局限为与反应调度相区别的一种不确定调度方法,其外延并不包含反应调度方法,可以理解为一种狭义的"鲁棒调度"概念。

随着不确定调度在理论和实践中越来越受到关注,"鲁棒调度"一词被广泛应用,其外延也得到扩展。"鲁棒调度"是基于鲁棒优化(robust optimization)理论的优化方法。很多情况下,"鲁棒调度"被用来表示在不确定环境下追求系统鲁棒性(robustness)的各种调度方法,这里"鲁棒调度"已经超出了早期限定的主动调度范畴,很多反应式的不确定性调度方法也被冠以"鲁棒调度",可以理解为一种广义的"鲁棒调度"概念。

回到机器调度,这里按照不同的分类角度给出对不确定性机器调度的相关分类,并给出狭义和广义两种"鲁棒机器调度"的概念。

对不确定因素考虑时机的不同会带来不确定调度方法及其内容的一系列不同,我们把与考虑不确定因素时机相关的不确定调度方法和内容统称为"不确定因素的处理模式"。

按照对不确定因素处理模式的不同,不确定性机器调度可分为主动模式机器调度、反应模式机器调度和混合模式机器调度。

某些文献把不确定机器调度称为动态调度(dynamic scheduling)[43-44],表示调度环境中存在动态不确定因素,是与调度环境中信息全部已知且不变的静态调度(static scheduling)相对而言的。

需要指出的是,在 9.1 节把动态调度限定为遭遇不可预测的不确定因素(扰动)时的反应模式调度,所以本书把动态机器调度看作不确定机器调度中的一种模式,而不是等同于涵盖全部模式的不确定性机器调度。

在主动模式机器调度中,按照不确定性的建模工具不同又可将其分为随机机器调度、模糊机器调度和狭义鲁棒机器调度三类。

1.3.1　随机机器调度

定义 1-7　如果不确定因素可以用概率分布来描述,并且不确定性机器调度建立在随机优化理论之上,这时的不确定性机器调度称为随机机器调度(stochastic machine scheduling)。

随机优化理论从发生频率的角度用概率分布对不确定性进行预测描述。随机调度方法以系统的期望性能为调度目标建立期望模型,以概率论为理论基础,所得到的解提供了一种平均意义上的不确定度量,这对于系统在一个时期内反复发生的不确定参数更有意义,期望性能常被作为调度系统在不确定环境下的优化性度量。

随机调度已经成为不确定调度研究领域的一个重要分支[31-32]。基于概率的主动模式调度可从统计角度给出一种不确定环境下的优化调度方案,适用于频繁发生或大概率发生的不确定因素以及对鲁棒性有较高均值要求的调度环境[33-35]。但由于实际不确定因素的偶然性存在,统计意义下的调度方案在实际中一次实现时性能和鲁棒性反而可能很差。

1.3.2　模糊机器调度

定义 1-8　如果不确定因素由模糊隶属度函数来描述,并将不确定性机器调度建立在模糊数学理论之上,这时的不确定性机器调度称为模糊机器调度(fuzzy machine scheduling)。

模糊数学理论可从所属关系的可能程度上由模糊隶属函数对不确定性进行预测和描述。模糊机器调度的调度目标多种多样,与刻画不确定因素的模糊隶属度函数的种类有关,例如,三角模糊数和梯形模糊数下的调度目标可以不同[36]。

近年来,模糊理论在不确定调度中的应用越来越受到重视[37-42],基于模糊理论的模糊调度能从可能性的角度给出一种不确定环境下的优化调度方案。

1.3.3　狭义鲁棒机器调度

在不确定决策的实践中,"鲁棒"一词有系统面对不确定性的健壮之意。鲁棒性在不同场合的不同决策模型中可以有各种不同的定义,存在着从不同角度对鲁棒性的度量[30]。在不确定决策的理论上,鲁棒优化理论在近几十年备受关注[28,45]。作为鲁棒优化理论在机器调度领域的应用,鲁棒机器调度从理论到实践得到迅速发展[46]。

当从不确定建模工具的角度与随机机器调度和模糊机器调度并列时,可以将鲁棒机器调度从狭义角度定义如下。

定义 1-9　当不确定因素由场景方法描述时,不确定性机器调度基于鲁棒离散优化理论而建立,这种不确定性机器调度以主动的模式把改善不确定调度的鲁棒性作为其显性目标,称为狭义的鲁棒机器调度(robust machine scheduling in a narrow sense)。

随机机器调度、模糊机器调度都是在不确定因素发生前进行的主动调度[47],因而与这两类不确定性机器调度并列的"鲁棒机器调度"也采用传统的狭义"鲁棒调度"概念[48]，限定为一种主动调度。

1.4　不确定性机器调度的主要模式

主动调度、反应调度和混合调度这三类机器调度模式都以提升调度鲁棒性为显性或隐性目标。以鲁棒性为显性目标见于定量优化调度鲁棒性，以鲁棒性为隐性目标见于定性优化调度鲁棒性。所以，从广义的角度看，三种调度模式都以改善调度的鲁棒性为目标，因而三种模式的机器调度都可以被看作鲁棒机器调度。

1.4.1　主动模式调度

如果在不确定因素发生之前考虑，首先需要对不确定性预测和建模，在产生初始调度方案时需要基于决策者的主观偏向建立调度目标，然后建立调度模型并求解，所得到的主动调度方案在被实际执行后得到执行调度。

当可以对调度系统输入参数的不确定性以一定方式进行预测和建模描述时，对不确定性的处理通常采用主动模式调度。它是在不确定性真正发生前生成调度方案，通过主动采取的保护措施保障调度系统遭遇不确定性后仍能保持好的系统性能[49-50]。

定义 1-10　主动模式调度（proactive-mode scheduling）也称为主动调度（proactive scheduling），其通过对不确定性进行预测和建模，并在此基础上建立调度模型，生成调度方案。

主动调度是在不确定因素发生前主动地采用防患于未然的预防技术，以降低不确定性带来的风险为调度目标生成调度方案。

主动模式调度的特征是在不确定性发生之前生成调度方案时就考虑可预测的不确定性，与不确定性建模工具无关，所以，随机机器调度、模糊机器调度和鲁棒机器调度都可以是主动模式调度。

按照采用的鲁棒度量不同，主动模式调度又分为预测调度和鲁棒调度两种，这是特别定义的两种狭义主动模式调度。

1.4.1.1　预测调度

定义 1-11　预测调度（predictable scheduling）是针对可预测的不确定性用基于冗余的技术产生调度方案的主动模式调度，其目的在于使调度方案在不确定事件发生后实际执行时具有好的鲁棒性。

预测调度考虑了未来可能发生的不确定因素，在初始调度中预留了一定的冗余以吸收和消化调度执行中遭遇的不确定性,尽量保持调度方案的稳定性。预测调度对调度鲁棒性的度量称为预测度(predictivity)[51-53],是一种方案鲁棒(见定义2-10)。

1.4.1.2 鲁棒调度

鲁棒调度一词超出了机器调度范畴,应用较为广泛[14],并不限于定义1-9所规定的场景方法下的不确定调度,这里给出下面的定义以使其与大多数文献所表达的鲁棒调度内涵一致或接近。

定义1-12 鲁棒调度(robust scheduling)是针对可预测的不确定因素,以定量优化鲁棒性为目标产生调度方案的主动模式调度,其目的在于使调度性能具有抵御不确定风险的鲁棒性。

鲁棒调度概念的多样性还体现在鲁棒调度目标的多样性方面。应用最多的鲁棒调度目标关注由不确定性带来的在最坏情况下调度性能下降的风险,基于min-max模型而建立。与预测调度不同,鲁棒调度中的鲁棒度量通常采用性能鲁棒(见定义2-11)。

定义1-9所定义的狭义鲁棒机器调度属于定义1-12鲁棒调度的范畴,但定义1-12的鲁棒调度概念的内涵比定义1-9的更具有一般性,外延比定义1-9的更广泛。定义1-12的鲁棒调度并不局限于场景方法对不确定性建模[23,33-35,37]。

1.4.2 反应模式调度

定义1-13 反应模式调度(reactive-mode scheduling)是面对不可预测的不确定因素(扰动)时处理调度的模式,由于扰动是不可预测的,处理调度时只能在扰动发生后被动的反应,力求实现的调度具有好的鲁棒性。

动态调度是一种反应调度[43-44]。在初始调度生成时,反应调度不考虑不确定因素,只在初始调度遭遇到扰动时进行亡羊补牢的操作,重新安排未执行的调度方案,因而也称为重调度。重调度的鲁棒度量采用稳定性(stability)概念,故其也是一种方案鲁棒。

反应模式调度在不确定因素发生之后才对其进行处理,因为这些不确定因素已经发生,所以当然不再需要预测和建模。

反应模式调度可分为完全反应式调度、重调度和滚动时域调度三种类型。这三种类型的定义将在第9章给出。

1.4.3 混合模式调度

定义1-14 混合模式调度(hybrid-mode scheduling)是主动模式调度与反

应模式调度的混合,其既包含主动调度阶段,也包含反应调度阶段,既可以在不确定因素发生之前考虑可预测的不确定因素并生成初始调度方案以进行主动调度,也可以在调度执行中被动地对遭遇到的不可预测的不确定性进行重调度。

文献中应用广泛的预测反应调度(predictive-reactive scheduling)就是混合模式调度,即基于对未来不确定性因素的预测模型生成的预测调度。在实际执行过程中,一旦扰动发生就会更新调度以响应扰动。

主动模式调度、反应模式调度和混合模式调度是从处理不确定性的时机角度对不确定调度的划分,这种划分与不确定因素的建模工具无关。例如,随机机器调度可以是主动模式调度、反应模式调度,也可以是混合模式调度。

1.4.4　广义鲁棒机器调度

定义 1-15　主动模式调度、反应模式调度和混合模式调度在处理不确定性机器调度时都遵从接受不确定性,努力理解和描述不确定性的前提,并以主动或被动、显性或隐性地改善调度的鲁棒性为目标,统称为广义鲁棒机器调度(robust machine scheduling in a broad sense)。

定义 1-15 的广义"鲁棒机器调度"概念是对定义 1-9 的狭义概念外延的扩展,定义 1-9 的狭义鲁棒机器调度只是定义 1-15 的广义鲁棒机器调度中的一种类型。

本书定义"鲁棒机器调度"狭义概念的初衷是为了使本书概念与该领域部分早期相关文献中术语"robust scheduling"的含义保持一致性,尽量减少初入该领域的研究者可能产生的混淆和迷惑。

本书书名"鲁棒机器调度"一词采用的是定义 1-15 的广义概念。广义的"鲁棒机器调度"对狭义的"鲁棒机器调度"在概念的外延上进行了扩展,前者不仅仅局限于一种主动模式,而是对考虑不确定性追求调度鲁棒性的所有处理模式的统称。定义广义"鲁棒机器调度"的动机一方面是希望得到更广泛领域研究者和实践者的接受和采纳,另一方面,也是希望把本书涉及的主动模式调度、反应模式调度和混合模式调度三种不确定性机器调度模式统一在"鲁棒机器调度"这一概念下。因而本书内容包含了三部分:主动模式鲁棒机器调度、反应模式鲁棒机器调度和混合模式鲁棒机器调度。

1.5　本章小结

本章从机器调度的基本概念出发,阐述了机器调度中的不确定性来源和不确定性建模方法;在不同角度下给出了不确定性机器调度的分类及相关定义。

　　本章对"鲁棒机器调度"这一概念给出了狭义和广义两种含义,一方面与传统"鲁棒调度"概念的含义保持一致性,另一方面,通过扩展概念的外延将不同模式的不确定性机器调度统一在"鲁棒机器调度"这一概念之下,也把现实应用中使用不严格的"鲁棒调度"一词统一在广义的概念之下。

　　本书后续章节中,第2~8章为第1篇,阐述主动模式鲁棒机器调度;第9~12章为第2篇,阐述反应模式鲁棒机器调度;第13章为第3篇,阐述混合模式鲁棒机器调度。

第1篇　主动模式鲁棒机器调度

　　在第2～8章主动模式鲁棒机器调度中,采用定义1-9的狭义鲁棒机器调度概念内涵,阐述鲁棒单机调度、鲁棒并行机调度、鲁棒流水车间调度和鲁棒作业车间调度。上述主动模式鲁棒机器调度皆基于场景方法对不确定性进行预测和建模。下文先对基于场景的鲁棒离散优化的理论基础进行阐述。

第2章 鲁棒离散优化理论基础

在不确定性可以被预知的条件下,可以对不确定性建模,对不确定因素采用主动模式进行处理是提高调度鲁棒性的最有效方式。狭义鲁棒调度就是一种主动模式调度。主动模式机器调度是本书要阐述的核心内容。

Murvey 等[54]最早面向大规模工程系统提出了鲁棒优化的概念和方法,给出了不同类型不确定参数下模型鲁棒和解鲁棒的概念。此后,场景方法在鲁棒调度中得到广泛应用[55-56]。Kouvelis 等[28]基于场景方法建立了鲁棒离散优化的基础理论,该理论在包括机器调度在内的多种组合优化问题中得到了应用[53]。

本章将从场景方法的建立动机和合理性出发,阐述基于场景的鲁棒优化基本概念和相关主要模型,以此作为鲁棒离散优化的理论基础。

2.1 随机优化的局限

Kouvelis 等[28]将传统决策方法分为三类:确定型方法(deterministic approach)、随机优化法(stochastic approach)和鲁棒优化方法(robustness approach)。在只有单一目标的确定性情况下,在决策和结果之间不存在机会因素,可使用确定型优化来选择使目标函数最优的决策。在风险情况下,决策和结果之间的联系是概率表达,通常可以使用随机优化法来优化单个目标的期望值。当由于缺乏关于自然随机状态的完整知识而导致支持决策模型的相当大的输入数据的不确定性,在这种不确定环境下,Kouvelis 等[28]提出了基于场景的鲁棒优化方法。

随机优化法是一种应用广泛的不确定型决策方法,但其存在明显不足之处。

(1)难以处理缺乏不确定事件发生概率信息的情况。

对某些不确定型决策,其结果很难得到不确定事件的发生概率。例如,在博弈决策中,一个决策的结果可能取决于与自身目标冲突的竞争对手的同时或随后的决策,还有一些决策的结果取决于不可重复的未来外部事件,估计这些事件的概率往往是不可靠的。虽然可以采用传统决策方法,通过对概率的主观估计采用随机优化法处理这种不确定型决策,也可以使用对最可能或预期的未来场景的主观估计将这种不确定型决策转换为确定型决策,然后解决最终的确定型优化问题,然而,如果未来某些方面真的不可知,那么即使是在概率的意义上也未可知,这时插入概率概念可能并不是解决不确定型决策的目的。研究文献中丰富的证据表明,对输入数据出现重大不确定性的决策模型,确定型决策和随机优化都不能准确表达决策者的目的。

(2)以期望性能为决策目标的单一化难以传达决策者对不确定性风险的厌恶偏向。

随机优化法确实能够识别未来可能实现的多个数据实例。但是,在将数据实例提供给决策模型之前,必须先向决策者询问实现这些实例概率值的显式信息。然后,决策模型通常会利用假设的概率分布尝试生成一个决策,该决策可将期望的性能度量最大化(或最小化)。

不确定性的存在会给决策结果带来风险,具有风险厌恶偏向的决策者往往希望通过合理地设置决策目标来对冲风险,但随机优化法只能单一化地以期望性能为决策目标,无法传递决策者多种角度和不同程度的风险厌恶偏向。

对于机器调度问题,随机优化法的局限性除了体现在实际中有时很难获得不确定参数的概率分布以外,还会在表达和实现决策者面对不确定性的抗风险偏向时显得无能为力,即随机调度模型仅关注体现系统优化性的期望性能,对体现系统在风险情况下性能下降的能力则往往缺乏关注。

(3)多个不确定因素同时存在时的独立性假设与实际偏离太远。

在许多情况下,由于可解决性和其他技术原因,特别是当输入数据中存在多个不确定因素时,随机优化法对这些因素之间的分配独立性进行了假设,在将可能的数据实例、概率信息和相关假设输入到决策模型后,将生成一个"随机最优"决策。

在概率分布假设下决策的"随机最优性"存在一些传统解释。一种解释是长期最优性:如果决策者不得不反复做同样的决定,并且数据实例是从假设的概率分布中随机抽取出来的,那么从长远来看,反复做这个决定可以获得最大的性能。另一种解释是预期的输入数据实例最优性:决策者按照建议的概率对不同数据实例生成输入数据场景,根据分配的概率对各种数据实例应用权重,然后将它们组合成一个期望值的数据实例。对于这个期望的输入数据实例,随机优化模型可以生成最优决策。

对于机器调度问题,随机优化法需要以所有工件的处理时间概率分布为优化依据,需要以各工件的处理时间概率分布具有分配独立性为前提。Kouvelis等[28]指出,随机优化将迫使决策者为各种未来可能的数据实例分配概率。对于许多决策者来说,分配概率或明确概率分布绝非易事,尤其是当决策环境中存在多个相互依赖的不确定因素时。在许多情况下,当不确定因素指其他公司、机构或政府的未来行为以及公众态度和优先事项的变化时,很难获得未来场景的发生概率。另外,经常使用的概率分布假设对决策环境可能是不恰当的,机器调度中的一些因素,如机器或工具的条件、供应商产量、工人技能水平等都对确定数据集的许多元素不确定性产生作用,例如,操作的加工时间的不确定性就是这样,如果使用概率分布描述这些元素的不确定性,就会面对强烈但很难被界定的有关元素概率分布的相关性。

然而,随机或确定型优化方法最主要的不足实际上是无法令人认识到与每一个决策相关的是输出结果的整体分布,其依赖于一个数据场景实际上的实现,因此任何方法评估决策只适用一个数据情况,不管是预期的还是最有可能的,都是注定要失败的[27]。

2.2　鲁棒优化的合理性和优势

在不确定型决策中,决策者只了解当前系统性能的实际情况,对未来不确定信息则只能预测,并对基于预测信息所做出的决策进行事后评估。在此情况下,如果在决策前场景实现的完美信息是可得的,那么决策者自然不仅关心决策的性能如何随场景实现的各种数据而变化以及实际系统性能在某一(或者部分)坏情况下的风险,也会关心实际的系统性能与最佳性能的差别。然而,无论是确定型优化还是随机优化法都不能解决这些问题。基于场景方法的鲁棒优化正是建立在满足此类关注的前提下,具有确定型决策和风险型决策不可替代之处。

本书中"鲁棒优化"是指基于场景方法而建立的不确定型优化,它的合理性和优势可以从以下几个方面进行归纳。

(1)可以在缺少发生概率信息的情况下处理不确定事件。

相对于在所有可能的场景中优化预期的系统性能,或者仅是最可能的场景性能,决策者更感兴趣的是对冲某些数据场景的低性能风险。这对具有独特性质的决策而言特别重要,因为某些风险只会发生一次,所以难以获得此类不确定事件的发生概率信息。这种情况下采用长期最优性的评估方法是不合适的,因为缺少决策可重复性元素,而"最有可能的"或预期的场景只是可能实现的场景的子集。要知道,对任何可能实现的场景,决策者必须承担决策对系统性能的影响。因此,决策时关注所有可能实现的场景下的性能非常重要。

（2）反映整个决策环境的场景信息可以包容和整合多种不确定因素，且无须独立性假设。

确定型优化或随机优化完全依靠预测输入数据，决策者通过要求规范仅有的几个参数尝试尽可能独立地进行决策，这种方法需要冒着对潜在的不确定性描述不足的风险[27]。

如果缺乏决策环境对自然的随机状态的完整知识，则反映为支持决策模型的相当大的输入数据不确定性。场景方法支持下的鲁棒优化的目的是在预先指定的规划范围内以及任何可能的决策模型输入数据场景下，生成具有合理客观价值的决策。

正如 Kouvelis 等[28]所指出的一样，输入数据的不确定性使决策者可以利用场景描述决策环境和决策模型的输入参数大集合中一个或者多个主要的不确定因素之间的关系。在决策模型中，大量的输入参数同时受一个或多个因素影响，同时影响输入数据的主要因素之间的相关性可以很容易地被包容。鲁棒优化主要依赖场景生成过程，因此它需要决策者对决策环境有更敏锐的直觉。

与传统的单点估计或范围预测不同，场景结构的不确定性迫使决策者必须识别那些导致数据不确定性的主要因素，然后根据内部知识和经验，以最合适的方式描述环境中的不确定性因素与决策模型相应输入数据元素之间的关系。

对于机器调度问题，一个处理时间场景指定机器上所有操作的处理时间。决策者必须确定所有可能导致机器处理操作所需时间不确定的因素。这些因素包括：工具的状况、前一阶段加工后所接收的工作状况、机器操作员的疲劳或缺乏经验、未经测试的加工技术、在机器上适当位置的附件（即紧固件、托盘等）。一旦确定了这些因素，那么导致多个数据元素不确定性的主要因素之间的相关性就可以很容易地被包容在内[28]。例如，工具条件、机器加工速度可能会以同样的方式影响所有操作的处理时间。这将有助于产生少数几个主要场景并消除许多不切实际的场景。

对场景生成的强调还可以提供对决策环境本质的深入了解，识别预先确定的环境元素，即明确已经发生的事件或几乎肯定会发生但其后果尚未被展开的事件。在机器调度环境中，计划维修事件可能暗示所有工具的状况将是新的，由这个因素导致的处理时间的不确定性将会相当小。在机器调度中，可能存在简单的方法来确定前一台机器的收益率及质量与下一台机器上的处理时间之间的关系。

（3）可以设计各种不同的鲁棒优化决策目标以反映决策者的多种主观偏向（尤其是风险厌恶偏向），为决策者提供多个候选解。

确定型优化和随机优化都只能有一种决策目标。确定型优化关注特定数据场景的"最优"(或"最可能发生的场景")性能,随机优化关注不确定数据下"长期最优"的性能,这样的决策目标只能为决策者产生一个候选解,难以表达决策者多种层面的风险厌恶偏向。

在很多情况下,决策者是风险厌恶型的,他们事后会根据已实现的数据场景进行评估。同时,决策者面对的许多决策场景都是独一无二且不可重复的,风险厌恶的决策者感兴趣的是关于整个结果分布的信息。决策者想要的既不是特定数据场景的"最优"(甚至不是"最可能发生的场景"),也不是"长期最优",而是一个在所有场景中都表现良好的决策。也就是说,决策者想要的是在具有显著不确定性的决策环境中仍具有"鲁棒性"的决策,即一个在所有场景中都能很好地执行的决策,以及在所有可能场景中最糟糕的情况下仍能够对冲风险的决策。

决策者的风险厌恶偏向可以有多种层面,有极端风险厌恶和中性风险厌恶层面的区别。极端风险厌恶偏向下得到的鲁棒决策最保守。不同层面的风险厌恶偏向可以用不同决策目标去表达和实现鲁棒优化,从而可以得到不同保守性程度的"鲁棒"决策。因而,鲁棒优化可以为决策者提供多个不同保守性程度的"鲁棒"解,这是确定型优化和随机优化所不具备的优势。

(4)智能制造背景下,用场景方法对不确定性建模比传统的随机优化法更为可行。

在智能制造背景下的机器调度中,小批量个性化的定制产品代替了大批量规模生产的同质化产品,产品的独特性带来了生产调度的独特性[57]。具有独特性质的调度决策往往缺少大量反复发生的条件,难以反映此类不确定事件发生的概率信息。在智能制造中,某些小概率的事件一旦发生,造成的后果可能会很严重,这样的小概率事件在智能制造中是不应该被忽视的。

当然,基于生成场景而进行的鲁棒优化也存在劣势,例如,鲁棒优化需要决策者对整个环境具有敏锐的直觉,以此来保证对真实决策情况更现实的表示,这将给决策者带来更大的信息负担。但在智能制造背景下,鲁棒优化所需要的信息负担可以被大数据和人工智能消解[58]。智能制造中相关活动的数据化,大量机器感知被应用于制造全景的数据采集,对数据的互联、流动和分析可以更深刻、更全面地认识和刻画制造环境中的不确定性,并有可能使人发现某些看起来无关的物理量之间存在的某种关联,从而更可能建立起不确定参数的场景结构。智能制造下的数据互联使不确定参数可能发生的多场景数据更容易地被获得和生成,反映整个决策环境的场景信息可以包容和整合多种不确定因素,且无须独立性假设。在智能制造背景下,用场景方法对不确定性建模比传统的随机优化方法更为可行。

2.3　场景方法

　　场景方法是决策过程中构建数据不确定性的重要工具之一。对大多数实际应用来说,场景代表几个截然不同的未来,包括未来的经济、技术和业务可能性,这些未来是由决策者自己的系统模型及其实际情况生成的。

　　作为决策过程中鲁棒优化的一部分,场景方法要求决策者参与所有场景的生成和评估过程。决策者对当前系统的决策情况和未来的心理映像将生成场景,然后生成能够妥当地处理所有场景的鲁棒优化决策。基于对现实的合理分析,场景可以帮助决策者构建不确定性。

　　基于场景描述的鲁棒优化会放弃在单一场景下寻求最优解,而是要找到使它对任意的不确定性参数观测值不敏感的鲁棒解。换句话说,当事先并不知道哪一个场景最终会发生也不知道各个场景发生的概率时,鲁棒优化可以寻找所有可能的场景下都"不太坏"的鲁棒解[59]。

　　场景是基于对整个系统环境的敏锐直觉而建立的,这必然有别于传统概率分布的单点估计。具体到机器调度中的操作加工时间,场景要为在机器上加工的所有工件的操作给定一组加工时间。在建立场景的过程中,决策者已经考虑了影响加工时间的各种因素,例如,工具状况、前一道工序的影响、操作者的疲劳或缺乏经验、不成熟的加工技术、装夹具的状况等,综合考虑所有这些因素以及它们的交互作用对可能造成的不确定性,剔除很多不现实的场景,最终产生若干主要场景以表达加工时间的不确定性,并确认这些场景之间是相互独立的[28]。Honkomp 等[60]介绍了加工时间不确定情况下调度问题的研究框架。本书"狭义鲁棒机器调度"的内容主要针对操作加工时间的不确定性,操作加工时间是机器调度系统中的一种输入参数,而加工时间的不确定性则来自系统外部。输入参数的不确定性不会影响系统自身结构,但会使系统输出解不可行或性能变动。

　　下面给出机器调度中输入数据场景的几个概念。

　　定义 2-1　参数的不确定性指参数取值并非唯一。机器调度参数取每个值(多参数的场合为各参数值的每一个组合)对应事物之后某个特定的(可能是潜在的、不可观察的)状态,因而,特定的输入数据表示机器调度中不确定参数背后的一个潜在的、具体状态的实现,这种状态称为场景(scenario)[28]。

　　定义 2-2　场景集(scenario set)是机器调度中不确定输入参数的所有或部分可能场景的集合。

　　按照输入数据取自给定区间或给定离散值,又可将场景分为区间场景和离散场景两种形式。

定义 2-3　如果描述不确定输入参数整体可能取值的集合是由各自独立的区间表达,则可称描述该不确定输入参数的场景为区间场景(interval scenario)。

区间场景形式是指在某个场景中每个不确定参数的可能值取自相互独立的给定区间,在区间场景的情况下,场景集是所有这些不确定性区间的笛卡儿积,这样,区间场景描述下的不确定参数可以有无穷多的可能场景[61]。

定义 2-4　如果描述不确定输入参数整体可能取值的集合是由各自独立的离散值表达,则可称描述该不确定输入参数的场景为离散场景(discrete scenario)。

离散场景下调度环境中的不确定参数将枚举所有可能的离散值来描述机器调度环境中的各种情形。离散场景分有界情况和无界情况。有界情况离散场景的数目是限定常数,无界情况中离散场景的数目是输入的一部分。由于离散场景的数目是有限的,Shabtay 等[62]也把离散场景下的调度问题称为多场景调度(multi-scenario scheduling)。

例如,在机器调度中如果工件加工时间是不确定的,用场景集 Λ 表示不确定加工时间场景的集合。任意给定 $\lambda \in \Lambda$ 表示 n 个工件加工时间的一组可能值。令 $\boldsymbol{P}^{\lambda} = \{p_1^{\lambda}, p_2^{\lambda}, \cdots, p_i^{\lambda}, \cdots, p_n^{\lambda}\}$ 表示场景 λ 下 n 个工件加工时间的向量,其中 p_i^{λ} 表示工件 i 在场景 λ 下的加工时间。在离散场景下,场景集 Λ 包含有限数量的离散场景,用 $|\Lambda|$ 表示集合 Λ 的基,即场景集中 Λ 的场景数目。在区间场景下,加工时间区间 $p_i^{\lambda} \in [\underline{p}_i, \overline{p}_i]$,$\underline{p}_i$ 和 $\overline{p}_i$ 分别为工件 i 的不确定加工时间的下界和上界,场景集是 n 个工件加工时间区间 $[\underline{p}_i, \overline{p}_i](i = 1, 2, \cdots, n)$ 的笛卡儿积,因而区间场景下场景集 Λ 将包含无穷多个场景。

定义 2-5　基于不确定参数的场景集合描述而进行的不确定优化方法称为场景方法(scenario approach)。

特定场景以一些肯定的但可能是未知的概率发生。在场景方法中,有纯场景方法(pure scenario approach)和随机场景方法(stochastic scenario approach)两种类型。

定义 2-6　纯场景方法(pure scenario approach)是指不对描述不确定参数的各个场景附加概率解释的场景方法。

在纯场景方法中,决策者专注不确定参数可能实现的多种结果,漠视每种结果出现的概率或可能性。不对各种结果附加概率解释,是因为如果附加概率解释将意味着对“不了解”的参数附加概率。此外,附加概率会鼓励人们过多地关注高概率场景,而漠视低概率场景,这将违背鲁棒优化的精神。决策者应该准备好应对一些非传统的、但仍有可能实现并具有积极可能性的结果,应该能够满意地应对其中的任何一个场景,因为这些场景都有可能成为明天的现实。纯场景方法与传统的随机优化法具有明显的区别,也是后者不可替代的。

定义 2-7　随机场景方法(stochastic scenario approach)是指对描述不确定参数的各个场景附加概率解释的场景方法。

随机场景方法下不确定参数的所有可能场景的出现概率均为已知状态,因此其实际上就是给出了不确定参数的一种离散的概率分布,这种情况下的场景方法可以按照随机优化的方式进行。有两种哲学可以给场景赋予概率,即主观概率和客观概率,前者强调主观认知,后者强调客观存在并给予大量重复意义下的频率解释,读者可以参考统计学中主观概率与客观概率(或者贝叶斯学派和频率学派)的相关争论。随机场景方法使场景方法对传统的随机优化具有了兼容性。

2.4　鲁棒优化的基本概念

调度问题是一种优化与决策问题,鲁棒调度的概念具有与鲁棒决策或鲁棒优化概念的一致性。

在大量有关鲁棒优化的文献中,鲁棒性概念有定性的也有定量的[45],其体现的名称也多种多样,到目前为止还缺乏统一的、被广泛认可的严格定义。

为了便于读者理解,本书力求简洁通俗地从定性角度给出鲁棒优化的基本概念。

定义 2-8　鲁棒性(robustness)是指决策系统面对不确定性的抗干扰能力。

定义 2-9　如果一个解在所有场景中都表现得"好"或"不太坏",那么就可以认为这个解是鲁棒解(robust solution)[59]。

决策系统面对不确定性的抗干扰能力可以有各种各样的不同体现,具体要看对哪一种不确定因素的鲁棒性,还要看从什么角度定义鲁棒性。性能鲁棒性和方案鲁棒性就是从两个不同角度定义的鲁棒性[54]。

定义 2-10　调度的方案鲁棒性(robustness for schedule solution)也称为调度的稳定鲁棒性,是指调度解的方案(加工操作的机器和时间安排)在面对不确定性时的抗干扰能力。

定义 2-11　调度的性能鲁棒性(robustness for schedule performance)也称为品质鲁棒性,是指调度解的某个或某些性能(或品质)在面对不确定性时的抗干扰能力。

性能鲁棒性和方案鲁棒性二者是密不可分的,因为调度方案变动很可能带来性能的变动,而性能变动肯定源于调度方案的变动。

定义 2-12　对决策系统抵抗不确定性干扰能力的度量称为鲁棒度量(robustness measure)。

鲁棒度量也就是鲁棒性的定量定义,对鲁棒性进行的度量是定量改善鲁棒性所必需的。由于鲁棒度量的方式和角度的不同,鲁棒度量也具有多样性[60]。

鲁棒度量是源自鲁棒优化理论的概念,在鲁棒优化实践中,人们往往用鲁棒性指标反映鲁棒度量。

定义 2-13　在鲁棒优化中用于刻画调度鲁棒性的定量指标称为鲁棒性指标(robustness criterion)。

鲁棒性指标可以反映鲁棒度量,但很多时候鲁棒性指标与鲁棒度量并不是同一概念。从逻辑上讲,鲁棒优化的目标是尽可能增强决策系统抵抗不确定性干扰的能力,即提高鲁棒性,对应的目标应是最大化鲁棒度量。但很多时候获得鲁棒解是以最小化鲁棒性指标为目标的,也就是说,鲁棒性指标值越小,解的鲁棒性越强,反映的鲁棒度量也就越大[48]。所以,鲁棒性指标很多时候是鲁棒度量的反向指标。

由于鲁棒性的表现形式不同,鲁棒性指标也具有多样性。例如,方案鲁棒性指标常以调度方案本身在扰动发生后相对初始调度的偏离来度量,这个鲁棒性指标也称为稳定性(stability)。从理论上看,稳定性更强的调度解在扰动发生后相对初始调度的偏离量更小,即其稳定性指标值更小,但反映的调度解的鲁棒性更强,即其鲁棒度量应该更大。本书讨论的鲁棒机器调度主要以性能鲁棒性指标为优化目标,例如,最小最大(min-max)指标、最小-最大后悔(min-max regret)指标以及本书作者提出的坏场景集鲁棒优化指标等都是性能鲁棒性指标。

在鲁棒优化的实践中,人们往往撇开鲁棒度量的理论含义,仅以鲁棒性指标值分析调度解的鲁棒性强弱。

在鲁棒性目标之外,调度系统在确定性环境中仍然需要防止原本关注的系统性能指标遭受破坏。如 1.1.2 节给出的调度性能指标包括时间性能、费用性能、资源容量性能、客户满意度性能等,调度系统的这些原始性能由于不确定性参数的干扰而会产生波动,但保持原始性能的优质是鲁棒优化需要兼顾的另一方面。

在鲁棒优化中,可以根据鲁棒性和优化性两个方面对鲁棒解进行评价[63]。由于求鲁棒解时需要放弃追求单一场景下的性能最优,而需要以兼顾所有场景下解的性能不恶化为目标,这势必会造成调度解在不同场景下相对其最优性能的下降。

定义 2-14　鲁棒解的优化性(optimality)是指在不确定环境下鲁棒解保持优良的原始性能的能力。

然而与鲁棒优化性能相关的参数的不确定将导致调度性能发生变化。场景描述的鲁棒优化并不能以某一具体场景下的调度性能为优化目标,而应以描述不确定输入参数的所有场景下的均值(或期望)性能为优化目标。

定义 2-15　鲁棒优化的优化目标(optimality criterion)是表征鲁棒解优化性的指标,其通常以鲁棒解在所有场景下的性能期望(或均值)为目标。

鲁棒优化目标包括鲁棒性和优化性两方面,二者对立统一的平衡结果表现在所得鲁棒解的保守程度上,而改善调度解的鲁棒性则需要付出性能下降的代价。

定义 2-16　鲁棒优化以鲁棒性为优化目标将使鲁棒解付出性能降低的代价,鲁棒解的这种性质称为鲁棒解的保守性(conservativeness of robust solution)。

研究鲁棒优化的一个关注点就是处理鲁棒性与优化性的对立统一关系,即控制鲁棒解的保守性程度。鲁棒解付出的性能代价越大,鲁棒解的保守性越强,反之鲁棒解的保守性越弱。实际上,鲁棒解的保守程度反映的是鲁棒优化中鲁棒性和优化性的折中程度。Bertsimas 等[64]针对不确定的线性优化问题提出了鲁棒代价的概念以反映鲁棒解的保守程度,并把它推广到了一般的鲁棒离散优化问题。

定义 2-17　一个鲁棒解所付出的性能下降代价的绝对值称为该鲁棒解的绝对鲁棒代价(absolute robust price)。

定义 2-18　一个鲁棒解所付出的性能下降代价的相对值称为该鲁棒解的相对鲁棒代价(relative robust price)。相对鲁棒代价为绝对鲁棒代价相对性能最优值的比值。

鲁棒代价可以反映鲁棒解的保守性程度,鲁棒代价越高,鲁棒解保守性就越强。在不同的鲁棒优化中,鲁棒代价可以有不同的定量定义。

定义 2-19　风险偏向(risk preference)是指决策者面对调度系统不确定性进行决策时对潜在可能发生的风险的主观态度,其通常包括风险厌恶、风险中性、风险喜好三类。

风险厌恶的决策者往往比较悲观,也称为悲观偏向决策者,其关注重点是各种不确定环境中的最坏情形,即希望调度方案在最坏的情况下尽可能达到最好。悲观偏向下的鲁棒决策为最小最大(min-max)法,这种决策方法认为最坏的情形很可能发生,风险意识强,体现了一种保守的决策原则;悲观偏向下的鲁棒调度解在面对可能的灾难性后果时要具有可控性,以防最终出现特别不利的情况。

风险喜好的决策者往往乐于冒险,也称为乐观偏向决策者,其关注重点是各种不确定情形下的最好情形,希望调度方案能在最好的情形下达到最优,这种决策者往往认为坏情形不可能发生,缺乏风险意识,体现了一种激进的决策原则。

风险中性的决策者在悲观偏向和乐观偏向之间折中,也称为折中偏向决策者,其在要求对坏情形下的调度解有一定保障的前提下,尽可能地追求更多不确定情形下的性能。

理性决策者通常具有风险厌恶偏向或风险中性偏向,不会采纳风险喜好偏向。为了满足不同风险偏向的决策者的需求,人们提出了各种不同的鲁棒优化模型。

2.5　鲁棒优化的主要模型

鲁棒优化模型是基于风险厌恶和风险中性偏向下为理性决策者建立的优化模型。在不同的风险偏向下,鲁棒优化建立的优化目标会导致不同的鲁棒解。面对不确定性,决策者在不同的风险偏向下需要采用不同的方法度量鲁棒性,定义不同的鲁棒性指标,并以该鲁棒性指标为优化目标,所得鲁棒解也会呈现不同程度的保守性。相对确定型优化和随机优化,鲁棒优化呈现出更加多样化的优化目标和优化模型。

定义 2-20　以某一个或几个鲁棒性指标为优化目标的模型称为鲁棒优化模型(the robust optimization model)。按照理性决策者的风险偏向可将鲁棒优化模型分为风险厌恶型鲁棒优化模型和风险中性型鲁棒优化模型。

此处鲁棒优化模型应用于狭义鲁棒机器调度,其鲁棒性指标为性能鲁棒性指标。

风险喜好和风险厌恶是两种极端决策偏向,因而极端偏向下的决策模型相对单一。风险喜好的乐观偏向下的模型有均值模型和期望模型,但这并非鲁棒优化模型。风险厌恶的悲观偏向下的模型有最小最大(min-max)模型和最大后悔(the worst-case regret)模型。

风险中性决策者追求折中的方法,但他们折中的偏向程度也不同,因而折中偏向下的不确定优化模型呈现出多样性。折中偏向下的模型有坏场景集模型、阿尔法(α)字典序鲁棒优化模型、贝塔(β)鲁棒优化模型、百分比(p)鲁棒优化模型和期望方差模型等。

下文分别从风险厌恶和风险中性两种风险偏向角度给出几种主要的鲁棒优化模型。

2.5.1 风险厌恶型鲁棒优化模型

现实中,稳健的决策者总是把抗风险作为基本的决策偏向,在对决策方案的可靠性有重要要求时,风险厌恶决策偏向具有更加重要的实际意义。风险厌恶型鲁棒优化模型是最经典的鲁棒优化模型。

下文将以 λ 表示不确定输入参数的某个可能场景,即代表算例中不确定输入参数整体的一组可能取值;以 Λ 表示在给定计划时域内不确定输入参数所有可能场景的集合,即不确定输入参数整体的所有可能取值的集合;以 $|\Lambda|$ 表示 Λ 中所有场景的数目;以 P 表示输入数据的集合,用 P^λ 表示场景 $\lambda \in \Lambda$ 下的输入数据。令 X 为一个可行解,以 SX_λ 表示场景 $\lambda \in \Lambda$ 下所有可行解的集合。本书仅讨论可行调度下解的鲁棒问题,在以操作的加工排序表示可行调度时,将不同场景实现下的解空间看作相同的,所以下文中隐去下标 λ,以 SX(space of X)表示问题中所有可行解的集合。

对于任一可行解 $X \in SX$,在不同场景下的评价函数(目标函数)的取值是不同的,因而在不同场景下的最优调度也不同。以 $f(X,\lambda)$ 表示实现场景 λ 下可行解 X 的目标函数值。输入参数场景 λ 下的最优解 X_λ^* 是对应确定性问题的最优解,即 $X_\lambda^* = \arg \min\limits_{X \in SX} f(X,\lambda)$,其最优目标值 z_λ^* 表示为 $z_\lambda^* = f(X_\lambda^*,\lambda)$。

2.5.1.1 最坏场景模型

最坏场景模型(the worst-scenario model)也称为绝对鲁棒(absolute robust)模型或最小最大(min-max)模型,其是纯场景方法下的鲁棒优化模型[28]。决策者在悲观偏向下只关注最坏场景,所以最坏场景模型是以最坏场景下的性能最小化为调度目标的鲁棒优化模型[29]。

定义 2-21 对于可行解 X,场景集 Λ 中所有场景下实现费用 $f(X,\lambda)$ 最大的场景为解 X 的最坏场景(the worst-case scenario),以 $\lambda^w(X)$ 表示,则

$$\lambda^w(X) = \arg \max\limits_{\lambda \in \Lambda} f(X,\lambda) \tag{2-1}$$

以 WC(X) 表示可行解 X 在场景集 Λ 中的所有场景下可能实现的最坏场景费用(the worst scenario cost,WC)值,则

$$\mathrm{WC}(X) = \max\limits_{\lambda \in \Lambda} f(X,\lambda) = f(\lambda^w(X)) \tag{2-2}$$

以 WC(X) 为决策系统的鲁棒性指标,则最坏场景模型(the worst-scenario cost model,WCM)的优化目标为

(WCM) $$\min\limits_{X \in SX} \max\limits_{\lambda \in \Lambda} f(X,\lambda) \tag{2-3}$$

本书称 WCM 得到的解为 WC 鲁棒解。

WCM 是最传统的鲁棒优化模型,其调度目标关注的是一个极点场景(extreme point scenario)的性能,缺点是鲁棒解的保守性最强。

2.5.1.2 最大后悔模型

Kouvelis 等[28]提出的最大后悔模型是最坏场景模型的改进,其与最坏场景模型一样在纯场景方法下建立。最大后悔(the worst-case regret)模型也称为相对鲁棒(relative robust)模型[65-66]。

在任意场景下,给定调度解性能与该场景下的最优解性能的差值即为该场景下的后悔值。令 X_λ^* 为场景 λ 下的最优解,$f(X_\lambda^*, \lambda)$ 表示场景 λ 下最优解的费用,那么可以定义场景 λ 下可行解 X 的后悔值为

$$R(X) = f(X, \lambda) - f(X_\lambda^*, \lambda) \tag{2-4}$$

最大后悔模型以最小化所有场景中的最大后悔值为优化目标。对于解 X,其在场景集 Λ 中所有场景下的最大后悔值(the worst-case regret,WR)为

$$\text{WR}(X) = \max_{\lambda \in \Lambda}(f(X, \lambda) - f(X_\lambda^*, \lambda)) \tag{2-5}$$

以 $\text{WR}(X)$ 为决策系统鲁棒性指标,则最大后悔模型(the worst-case regret model,WRM)的优化目标为

$$(\text{WRM}) \qquad \min_{X \in \text{SX}} \max_{\lambda \in \Lambda}(f(X, \lambda) - f(X_\lambda^*, \lambda)) \tag{2-6}$$

本书称 WRM 得到的解为 WR 鲁棒解。

最大后悔模型仍然只是关注一个最大后悔极点场景而忽视其余场景,因而可以把最大后悔模型归类到风险厌恶型鲁棒优化模型,但 WR 鲁棒解相对 WC 鲁棒解的保守性较弱。WRM 以最大后悔值 $\text{WR}(X)$ 代替最坏场景费用 $\text{WC}(X)$,用当前场景下最优性能的相对差值取代了性能的绝对差值,因而其包含了各场景下对最优性能的追求,以尽可能减小后悔的方式降低所得鲁棒解的保守性。

求解最大后悔模型需要获得每个场景下的最优性能,这对确定性问题而言就是 NP-hard 性质的决策问题,是一个困境[67]。

2.5.2 风险中性型鲁棒优化模型

在风险中性偏向下,决策者往往希望采用折中决策原则,要求兼顾鲁棒性和优化性,所得鲁棒解的保守性将会降低,这在现实中是理性决策者更倾向采取的选择,也是建立鲁棒优化新模型的趋势。

风险中性型鲁棒优化模型中通常存在一个阈值,阈值的大小反映了决策者在鲁棒性和优化性之间主观偏向的程度,在设计模型时可以控制和调节鲁棒解的保守性程度,即调节鲁棒解的鲁棒代价。

不同的风险中性型鲁棒优化模型选用的阈值也不同,下面介绍三种不同的风险中性型鲁棒优化模型。

2.5.2.1　百分比鲁棒优化模型

百分比鲁棒优化模型也称为 p 鲁棒模型,其由 Snyder[68] 定义。Kouvelis 等[69] 将百分比优化模型应用于一个制造系统的布线规划问题中。

下文将以一个可行解 X 在每个场景 λ 下的费用 $f(X,\lambda)$ 与该场景下最优费用 $f(X_\lambda^*,\lambda)$ 的关系定义如下的鲁棒解。

定义 2-22　对于任意可行解 $X \in SX$,如果其满足下式则称 X 为 p 鲁棒解

$$|f(X,\lambda) - f(X_\lambda^*,\lambda)| \leqslant p\% f(X_\lambda^*,\lambda), \quad \forall \lambda \in \Lambda \tag{2-7}$$

在 p 鲁棒模型中,p 值就是鲁棒优化模型中的阈值。

2.5.2.2　阿尔法字典序鲁棒优化模型

阿尔法(α)字典序鲁棒优化模型是建立在纯场景方法下的,α 字典序鲁棒优化模型是一种兼顾其他场景费用同时保持最坏场景费用为最重要费用的方法。

α 字典序鲁棒解是建立在 α 字典序偏好概念基础上的。Kalai[59] 定义了这种偏好关系,并使用它建立了一种鲁棒优化模型。

1. 字典序(lexicographic order)关系

假设对一个给定的最小化问题,用一个有限数目的场景集 Λ 表示不确定参数,设 q 表示场景数,即 $\Lambda = \{\lambda_1, \lambda_2, \cdots, \lambda_q\}$。假设 X 是解空间 SX 中的一个可行解,X 的费用向量为 $C(X) = (C^{\lambda_1}(X), C^{\lambda_2}(X), \cdots, C^{\lambda_j}(X), \cdots, C^{\lambda_q}(X))$,其中 $C^{\lambda_j}(X)$ 是场景 λ_j 下解 X 的费用。令 $C(X)$ 的分量按非递增顺序重新排序,得到的费用向量 $\hat{C}(X) = (\hat{C}^1(X), \hat{C}^2(X), \cdots, \hat{C}^q(X))$,有 $\hat{C}^1(X) \geqslant \hat{C}^2(X) \geqslant \cdots \geqslant \hat{C}^q(X)$,因此,$\hat{C}^j(X)$ 是 X 的第 j 大费用。

定义 2-23　设 X 和 Y 是解空间 SX 中的两个解,$\hat{C}(X)$ 和 $\hat{C}(Y)$ 是相关的重排序费用向量,如果满足如下定义关系:

$$X \succ_{\text{lex}} Y \Leftrightarrow \begin{cases} \exists k \in \{1,2,\cdots,q\}, & \hat{C}^k(X) < \hat{C}^k(Y), \text{并且} \\ \forall j \leqslant k-1, & \hat{C}^j(X) = \hat{C}^j(Y) \end{cases}$$

则称按字典序关系 X(严格地)占优于 Y,记作 $X \succ_{\text{lex}} Y$[59]。

如果 $X \succ_{\text{lex}} Y \Leftrightarrow \forall j \in \{1,2,\cdots,q\}$,$\hat{C}^j(X) = \hat{C}^j(Y)$,则可称为按字典序关系 X 与 Y 无差异,表示为 $X \sim_{\text{lex}} Y$[56]。

　　字典序的含义是先比较两个解的最坏场景性能,如果二者相等就比较第二坏场景的性能,如果第二坏场景的性能仍然相等,就比较第三坏场景的性能,直到性能有差异为止,以此对两个解进行排序。字典序关系把最坏场景性能置于最重要的地位,在最坏场景的性能无差异时再去考虑其他场景性能。

　　但严格的字典序有时可能并不具有合理性。例如,两个解 X 和 Y 的最坏场景费用分别是 101 和 100,但解 X 的其他场景费用都为 1,而解 Y 的其他场景费用都为 99,从字典序的意义上讲解 Y 优于解 X,但现实中决策者可能更倾向于选择解 X。

　　α 字典序关系是字典序关系的扩展,阈值 α 可以解释为无差异阈值。

　　实际上,决策者可以对差异具有一定耐受性,当两个场景的费用差别在一个限度内,可以认为是无差异的,如果这个无差异的限度用一个阈值 α 表示,可以得到如下的 α 字典序关系。

2. α 字典序(α-lexicographic order)关系

　　定义 2-24　设 X 和 Y 是解空间 SX 中的两个解,$\hat{C}(X)$ 和 $\hat{C}(Y)$ 是相关的重排序费用向量,如果满足如下定义关系:

$$X \succ_{\text{lex}}^{\alpha} Y \Longleftrightarrow \begin{cases} \exists k \in \{1,2,\cdots,q\}, & \hat{C}^k(X) < \hat{C}^k(Y) - \alpha, \text{并且} \\ \forall j \leqslant k-1, & |\hat{C}^j(X) - \hat{C}^j(Y)| \leqslant \alpha \end{cases}$$

则称按 α 字典序关系 X(严格地)占优于 Y,记作 $X \succ_{\text{lex}}^{\alpha} Y$ [59]。

　　如果 $X \succ_{\text{lex}}^{\alpha} Y \Longleftrightarrow \forall j \in \{1,2,\cdots,q\}$ 且 $|\hat{C}^j(X) - \hat{C}^j(Y)| \leqslant \alpha$,则称按 α 字典序关系 X 与 Y 无差异,记作 $X \sim_{\text{lex}}^{\alpha} Y$ [59]。

　　下面按照 α 字典序关系定义 α 字典序鲁棒解的概念。

　　设 $\hat{X}^*$ 是一个满足如下定义的理想解:对于所有 $j \in \{1,2,\cdots,q\}$,$\hat{C}^j(\hat{X}^*) = \min\limits_{X \in \text{SX}} \hat{C}^j(X)$ 成立。

　　理想解 $\hat{X}^*$ 的含义是所有场景下解 $\hat{X}^*$ 的费用与解空间 SX 中其他解相比都是最优的。但实际上这样的理想解很可能并不存在,所以 $\hat{X}^*$ 通常不与某个可行解对应,即 $\hat{X}^* \notin \text{SX}$,但这不妨碍定义一个扩展解集 $\text{SX} \cup \hat{X}^*$,在这个扩展解集上如果有解按 α 字典序关系至少不差于(符号表示为 $\succeq_{\text{lex}}^{\alpha}$)理想解 $\hat{X}^*$,则将这样的解定义为 α 字典序鲁棒解。

　　定义 2-25　解集 SX 上的 α 字典序鲁棒解集为

$$A^*(\text{SX}, \alpha) = \{X \in \text{SX}: X \succeq_{\text{lex}}^{\alpha} \hat{X}^*\}$$

$$= \{X \in \text{SX}: X \sim_{\text{lex}}^{\alpha} \hat{X}^*\} \bigcup$$

$$\{X \in \text{SX}: \forall j \leqslant q, \hat{C}^j(X) - \hat{C}^j(\hat{X}^*) \leqslant \alpha\}$$

换句话说，$A^*(SX,\alpha)$ 是 α 字典序鲁棒解的集合，α 字典序鲁棒解在重新排序下所有场景的费用按照 α 字典序关系并不比相应场景的最优费用差[59]。

α 字典序鲁棒解是否存在取决于阈值 α 的取值。也就是说，如果 α 取值不合理，那么可能导致 $A^*(SX,\alpha)$ 是空集。

可以证明，保证 α 字典序鲁棒解存在的阈值 α 的最小值为[56]

$$\alpha_{\min} = \min_{X \in SX1} \max_{\le j \le q} \{\hat{C}^j(X) - \hat{C}^j(\hat{X}^*)\} \tag{2-8}$$

把不同场景下的费用函数看作不同目标函数时，α 字典序鲁棒解是相应多目标优化问题的帕累托（Pareto）最优解。

在 α 字典序鲁棒优化模型中，α 的取值为模型阈值。

2.5.2.3　贝塔鲁棒优化模型

贝塔（β）鲁棒优化模型是建立在随机场景方法上的。Daniels 等[70]对区间场景的单机调度问题定义了 β 鲁棒优化模型[65]。以一个给定的性能阈值界定部分场景范围，β 鲁棒优化模型关注的是性能优于给定阈值的"好"场景，因而其优化目标是最大化问题。β 鲁棒优化模型在不同的机器调度问题中都有应用[71-74]。

定义 2-26　设离散场景集 $\Lambda = \{\lambda^j : j = 1,2,\cdots,q\}$，其中场景 λ^j 的实现概率为 $\gamma(\lambda^j)$，解 X 在场景 λ^j 下的费用为 $f(X,\lambda^j)$，给定一个性能阈值 T，则 β 鲁棒优化模型的优化目标是最大化解在所有场景下费用不超过阈值 T 的概率之和，即满足下式的解 X 称为 β 鲁棒解：

$$\max_{X \in SX} \operatorname*{Prob}_{\lambda^j \in \Lambda}(f(X,\lambda^j) \le T) \tag{2-9}$$

其中，$\operatorname*{Prob}_{\lambda^j \in \Lambda}(f(X,\lambda^j) \le T)$ 表示解 X 下费用 $f(X,\lambda^j)$ 不超过阈值 T 的所有实现场景的概率之和。

设解 X 在场景（$\lambda^{j_1},\lambda^{j_2},\cdots,\lambda^{j_u}$）下的费用不超过阈值 T，则

$$\operatorname*{Prob}_{\lambda^j \in \Lambda}(f(X,\lambda^j) \le T) = \sum_{j=j_1}^{j_u} \gamma(\lambda^j) \tag{2-10}$$

在 β 鲁棒优化模型中，T 的取值为模型阈值。

2.5.2.4　离散场景鲁棒优化模型

笔者团队对基于场景的鲁棒优化方法及其应用做了大量工作[75-101]，提出了离散场景下的坏场景集模型和双目标鲁棒优化模型，并应用于多种机器调度问题和电力系统优化问题。目前，国内外很多学者已经将场景鲁棒优化方法用于不同领域的优化问题[102-106]。

在场景方法中描述不确定参数的场景集合中,有部分场景在给定解下实现的性能若按照一定标准判断则其会被认为是"坏的"(不合格的),则称这样的场景为给定解下的坏场景(bad scenario),所有这样的坏场景的集合称为该解在该标准下的坏场景集(bad scenario set,BS)。所以,坏场景的概念一定是基于给定标准、相对给定解而言的,抛开标准和解,描述不确定参数的场景应是客观的,并没有好坏之分。

坏场景集的概念可以把传统鲁棒优化模型中对单一极点场景的关注扩展到对多个极点场景组成的场景集的关注,从而降低所得鲁棒解的保守性。判定场景好坏的标准可以不同,阈值坏场景集和数目坏场景集是两种不同标准下的坏场景集概念。

笔者于 2012 年提出坏场景集鲁棒调度的概念和模型[75],于 2017 年提出阈值坏场景集(threshold bad-scenario set,TBS)鲁棒优化模型,并用于加工时间不确定的作业车间调度问题[95-97]。

TBS 鲁棒优化模型实现的是一种在保持良好期望性能的同时降低性能下降风险的决策目标,基于 TBS 建立的调度目标将通过 TBS 的大小定量调节鲁棒性和优化性的关系。

TBS 鲁棒优化模型建立在离散场景下,鲁棒优化模型中的阈值大小体现了决策者的主观偏向程度。根据给定阈值和未给定阈值两种情况,TBS 鲁棒优化模型可分为单阶段模型和两阶段模型两类。

Shabtay 等[62]最新发表的综述评价笔者提出的阈值坏场景集鲁棒优化是一种很新颖的方法(a quite novel approach),并在结论中把该方法列为未来具有挑战性的方向。

笔者于 2019 年提出了离散场景下的双目标鲁棒优化模型[99],把最坏场景下解的性能作为鲁棒性指标和所有场景下的解性能均值作为优化性指标,双目标鲁棒优化模型下得到的帕累托解集可以实现对鲁棒性和优化性的折中,从而可以降低解的保守性。双目标鲁棒优化模型已应用于不同机器调度问题[99-101]。

由于离散场景集鲁棒优化模型是笔者提出的鲁棒优化新模型,相关内容国内外专著都没有介绍过,所以在第 3 章专门阐述坏场景集鲁棒优化模型的概念、理论和方法。此处暂不对离散场景鲁棒优化新模型展开阐述。

2.6 随机优化模型

随机优化模型是基于传统随机优化法建立的,因常以期望性能为优化目标,故其也称为期望模型[32]。随机优化模型因未传达决策者面对不确定性的风险偏向,故不属于鲁棒优化模型。

随机优化模型可以作为鲁棒优化模型的一种参照。在随机场景方法下,期望性能被作为解在不确定环境下的优化性而体现。在纯场景方法下,场景没有被赋予实现概率,也可默认不同场景出现的概率均等,因而期望性能可以体现为均值性能。在纯场景方法下,期望模型体现为均值模型。

2.6.1 均值模型和期望模型

在纯场景下,令 $\mathrm{MC}(X)$ 表示可行解 X 在所有可能场景下的均值性能准则(the mean-performance criterion),则

$$\mathrm{MC}(X) = \frac{1}{|\Lambda|} \sum_{\lambda \in \Lambda} f(X, \lambda) \tag{2-11}$$

以 $\mathrm{MC}(X)$ 作为决策系统优化目标,则均值性能准则模型(the mean-performance criterion model,MCM)(简称均值模型)的优化目标为

$$(\mathrm{MCM}) \qquad \min_{X \in \mathrm{SX}} \mathrm{MC}(X) \tag{2-12}$$

当为场景 λ 赋予发生概率 $\gamma(\lambda)$ 并采用随机场景方法,令 $\mathrm{EC}(X)$ 表示可行解 X 在所有可能场景下的期望性能准则(the expected-performance criterion),

$$\mathrm{EC}(X) = \sum_{\lambda \in \Lambda} \gamma(\lambda) f(X, \lambda) \tag{2-13}$$

以 $\mathrm{EC}(X)$ 作为决策系统优化目标,则期望性能准则模型(expected-performance criterion model,ECM)(简称期望模型)的优化目标为

$$(\mathrm{ECM}) \qquad \min_{X \in \mathrm{SX}} \mathrm{EC}(X) \tag{2-14}$$

基于场景的随机优化方法虽然关注了全部场景,但由于其未对场景加以区分,因而无法处理单个场景实现时的抗风险鲁棒性。所以,均值模型和期望模型并不是鲁棒优化模型,但其目标值是不确定决策中优化性的体现,所得解可以作为鲁棒解的对照。

2.6.2 期望方差模型

期望方差模型是一种折中偏向的不确定优化模型[31],其与期望模型一样是一种随机场景模型。若对不确定参数的场景 λ 赋予发生概率 $\gamma(\lambda)$,令 $\mathrm{VC}(X)$ 表示可行解 X 在所有可能场景下的性能波动方差,则 $\mathrm{VC}(X) = \sum_{\lambda \in \Lambda} \gamma(\lambda) \cdot [f(X, \lambda) - \mathrm{EC}(X)]^2$。

以 $\mathrm{EV}(X)$ 表示期望性能 $\mathrm{EC}(X)$ 和性能波动方差 $\mathrm{VC}(X)$ 的加权之和,则

$$\mathrm{EV}(X) = \omega \cdot \mathrm{EC}(X) + (1 - \omega)\mathrm{VC}(X) \tag{2-15}$$

以 EV(X) 作为决策系统优化目标,则期望方差模型(expected variance model,EVM)的优化目标为

$$\text{(EVM)} \qquad\qquad \min_{X \in \text{SX}} \text{EV}(X) \qquad\qquad (2\text{-}16)$$

其中 $\omega \in [0,1]$ 为平衡目标函数中期望性能与方差权重的平衡因子。

EVM 相对期望模型在优化目标中增加了抑制性能波动的方差,所得解相对期望模型的优化性将有所降低。但如果以方差作为鲁棒性指标,从风险厌恶偏向的角度看,所得解的鲁棒性不强。期望方差模型本质上是随机优化的传统模型,但从鲁棒优化角度看,期望方差模型并不值得推崇[70]。

2.7　计算复杂性

如果对应的确定性调度问题已经是 NP-hard 问题,则鲁棒调度问题必然是 NP-hard 问题。由于不确定性的存在,某些在确定性环境下多项式可解的简单组合优化问题在场景描述下的鲁棒优化模型也会变为计算困难问题[107]。

Kouvelis[69]对若干不同的简单组合优化问题证明了其区间场景下最大后悔模型的 NP-hard 性质。以总流时间(total flow time)为性能的确定性单机调度问题 $1 \parallel \sum C_i$ 是多项式可解的简单问题,然而,Daniels 等[108]证明了区间场景下以总流时间为性能的单机调度的最大后悔模型是 NP-hard 问题。Briskorn 等[109]对带有排队空间的单机调度问题分析了区间场景下几种鲁棒调度模型的计算难解性。Yang 等[110]证明了离散场景下以总流时间为性能的单机调度的最坏场景模型是 NP-hard 问题。于莹莹[80]证明了离散场景下单机调度 $1 \parallel \sum C_i$ 坏场景集模型是 NP-hard 问题。

Kouvelis 等[111]和 Kasperski 等[112]分析了离散场景下两台机器置换流水车间调度问题的最坏场景模型和最大后悔模型的难解性。虽然上述问题对应的确定性调度问题是多项式可解的简单问题,但即使在两个场景下其最坏场景模型和最大后悔模型也是 NP-hard 问题。

2.8　本章小结

场景集合是一种区别于随机概率分布和模糊隶属度函数的不确定性建模工具。由于机器调度问题是组合优化的离散本质,所以在处理输入参数的不确定性时更适合用场景方法对不确定性建模。

本章对场景方法下的鲁棒调度相关理论基础进行了阐述。针对鲁棒调度的狭义含义,本章阐述了场景方法的合理性和优势,尽量以通俗简洁的语言归

纳了鲁棒调度的基本概念,最后给出了决策者在不同风险偏向下可选择的主要鲁棒优化模型。

21世纪以来,国际学术界对组合优化问题在场景描述下的鲁棒优化方法的研究已经取得了大量成果,但国内在这方面还相对落后,已有的鲁棒优化模型绝大多数是国外学者提出的,国内学者多是在已经提出的鲁棒优化模型基础上进行跟随式算法研究,缺乏将新的鲁棒优化模型与算法相结合的系统性研究成果。

本章的内容为后续章节围绕鲁棒机器调度各种模型的展开打下了基础。

第 3 章　离散场景鲁棒优化新模型

场景方法下的鲁棒优化研究先是基于区间场景进行的,在区间场景下,有些不确定决策采用了类似随机优化或模糊优化的方法[61,70,109]。一个闭区间包含无穷多个场景,从而导致鲁棒优化的求解变得很困难,在纯场景方法下的鲁棒优化研究最初通过鲁棒对等(robust counterpart)转换理论将区间中的无穷多场景转化为在有限多个离散场景范围内搜索[111]。任何区间场景的问题实例都可以简化为离散场景下的等价问题实例,反之,离散场景下的问题实例则不可能简化为区间场景下的问题实例[62]。因此,离散场景下的鲁棒优化在不确定决策中是一种不可替代的方法。目前,离散场景鲁棒优化在机器调度问题上已有大量研究成果[62]。

笔者于 2012 年在离散场景描述下提出坏场景集的概念和相应的鲁棒优化模型[75],之后将坏场景集鲁棒优化概念进行了扩展[95-97],于 2019 年提出了离散场景下的双目标鲁棒优化模型[99]。上述两类离散场景下的鲁棒优化模型已应用于不同机器调度问题。

本章阐述笔者提出的离散场景鲁棒优化新模型。基于离散场景集的描述不确定性,包括坏场景集模型和双目标鲁棒优化模型。坏场景集可分为阈值坏场景集和数目坏场景集两种。根据鲁棒优化模型是否包含对阈值的确定过程又可将阈值坏场景集模型分为单阶段坏场景集模型和两阶段坏场景集模型。

本章将在一般性层面上对建立在离散场景集上的鲁棒优化模型的概念、理论和方法进行阐述。

3.1　单阶段坏场景集模型

在纯场景方法下,坏场景集模型是在风险中性偏向之下建立的一类鲁棒优化模型族,该模型族包含多种类型,基于如下的坏场景概念而建立。

一个决策系统所实现的系统性能会因场景的变化而变化,并且在某些场景下可能非常差。这些实现不合格系统性能的场景可以被认为是针对所评估决策的坏场景。显然,在离散场景情况下,所有可能场景的数量是有限的,因而坏场景的数量也是有限的。

定义 3-1　在离散场景描述下的不确定决策系统中,可行解在不同离散场景下所实现的系统性能会存在差异,按照一定的标准,部分性能将被鉴别为坏性能,实现这些坏性能的场景称为该可行解下的坏场景(bad scenario),该可行解在所有场景中实现的坏场景的集合称为该可行解下的坏场景集(bad-scenario set,BS)。

坏场景集是描述不确定输入参数的场景集 Λ 的子集。

定义 3-2　阈值坏场景集(threshold bad-scenario set,TBS)是指给定可行解在所有场景中所实现的性能不好于某个给定性能阈值的那部分坏场景的集合。

定义 3-3　数目坏场景集(number bad-scenario set,NBS)是指在给定可行解下一定数目的所实现的性能最坏的那部分场景的集合。

作为风险中性鲁棒优化模型,阈值坏场景集模型将鉴别坏场景的性能阈值作为反映决策者主观偏向的阈值,数目坏场景集将确定大小的坏场景数目作为反映决策者主观偏向的阈值。在不同的坏场景集定义下,可以按照不同的鲁棒性指标建立鲁棒优化模型。

为了对冲表现不佳场景的风险,决策者可考虑在优化目标中对 BS 施加一定的惩罚,例如,Wang 等[96]提出以两种方式衡量对 TBS 的惩罚。基于此,可以建立阈值坏场景集惩罚模型和阈值坏场景集均值模型。

3.1.1　阈值坏场景集惩罚模型

如果以离散场景集 Λ 描述不确定的输入参数,任一场景 $\lambda \in \Lambda$ 代表不确定参数的一种实现,则可行解 X 在场景 λ 下的实现费用 $f(X,\lambda)$ 低将代表决策系统的性能好,反之,实现费用高则代表决策系统的性能坏,所以,某些实现坏性能的场景可以遵从一定标准而被定义为坏场景。

定义 3-4　假设 T 是给定的性能阈值,将 T 作为一个鉴别坏场景的标准,则可行解 X 下的基于阈值 T 的 TBS 定义为

$$\Lambda_T(X) = \{\lambda \mid f(X,\lambda) \geqslant T, \lambda \in \Lambda\} \tag{3-1}$$

场景集 $\Lambda_T(X)$ 中的场景称为解 X 下基于阈值 T 的坏场景。

对于可行解 X,可以用阈值 T 作为标准来识别 TBS。显然,$\Lambda_T(X)$ 是场景集 Λ 的子集,其包含了可行解 X 的最坏场景。

以阈值 T 为标准,$\Lambda_T(X)$ 中的坏场景在解 X 下实现的系统性能将被认为是不合格的,所以要对坏场景进行惩罚。例如,对单个坏场景 λ 的惩罚以所实现性能与阈值 T 的差值的平方项为度量,则对整个 TBS 的惩罚量(penalties on TBS,PT)为

$$PT(X) = \sum_{\lambda \in \Lambda_T(X)} \left[f(X,\lambda) - T \right]^2 \tag{3-2}$$

定义 3-5　具有如下优化目标的模型称为阈值坏场景集惩罚量模型（PT model，PTM）：

$$(\text{PTM}) \qquad\qquad \min_{X \in \text{SX}} \text{PT}(X) \qquad\qquad (3\text{-}3)$$

本书称 PTM 得到的解为 PT 鲁棒解。

用平方项度量 PTM 对单个场景的惩罚有助于抑制坏场景的性能恶化。为了降低惩罚量 $\text{PT}(X)$，PTM 实际上可以包括两方面的优化趋势：①减少坏场景的数量（bad-scenario number，BSN）；②减少单个坏场景的性能下降程度。事实上，PTM 通过两者之间的平衡以获得 PT 鲁棒解。需要注意的是，如果将 BSN 视为辅助指标，则可以更准确地评估 PT 鲁棒解。具有相同 PT 性能的两个决策可以通过它们的不同 BSN 值来区分。基于这一点，PT 鲁棒标准在解的辨识上可能具有优势。但是，只有在纯场景集合时，BSN 指标才适用。如果为场景分配了不同的发生概率，则决策者可能会为坏场景分配不同的系数，在这种情况下，关注坏场景的实现概率可能比关注 BSN 更为合理。这是 PT 鲁棒决策概念限制在纯场景集合情况下的原因。

3.1.2　阈值坏场景集均值模型

令 $|\Lambda_T(X)|$ 表示场景集 $\Lambda_T(X)$ 中场景的数量，则对任一可行解 $X \in \text{SX}$，TBS 中坏场景的平均性能（the mean-performance on TBS，MT）表示如下：

$$\text{MT}(X) = \left| \frac{1}{\Lambda_T(X)} \right| \sum_{\lambda \in \Lambda_T(X)} C(X,\lambda) \qquad\qquad (3\text{-}4)$$

对给定的解 X，将平均性能 $\text{MT}(X)$ 和阈值之间的偏差作为对 TBS 中坏场景的惩罚，则最小化这种惩罚，即 $\min[\text{MT}(X) - T]$ 可以作为决策目标。由于阈值是给定常量，所以 $\min[\text{MT}(X) - T]$ 相当于以下问题。

定义 3-6　具有如下优化目标的模型称为阈值坏场景集均值模型（MT model，MTM）：

$$(\text{MTM}) \qquad\qquad \min_{X \in \text{SX}} \text{MT}(X) \qquad\qquad (3\text{-}5)$$

本书称 MTM 得到的解为 MT 鲁棒解。

MTM 中 $\text{MT}(X)$ 代表解 X 在坏场景中的平均性能，所以 MTM 似乎只能通过抑制各个坏场景的性能下降程度来达到降低 $\text{MT}(X)$ 的目的。因此，在减少坏场景的数量方面，MTM 比 PTM 弱。

$\text{PT}(X)$ 和 $\text{MT}(X)$ 两者都是基于 TBS 度量的，而 TBS 是基于阈值 T 来定义的。按照 TBS 的定义，PTM 或 MTM 实际上对应给定阈值 T。阈值 T 既用作确定 TBS 的标准也用于度量 TBS 上的惩罚的基准。阈值 T 是 PTM（MTM）中反映决策者主观偏向的阈值，其值可以由经验或其他方式获得。假定阈值对决策者而言是先验的,根据 Daniels 等[70]和 Wang 等[97]的建议,给定阈值在不好于所有可能场景中的最优期望(或均值)性能的情况下,坏场景集模型可以表达决策者一定程度的风险厌恶偏向。

PTM(MTM)关注包括最坏场景在内的部分坏场景,它们是风险中性偏向下的鲁棒优化模型,可使 PT(MT)鲁棒解的保守性相对最坏场景模型得到的 WC(worst-case)鲁棒解大大降低。与最大后悔模型(WRM)相比,PTM(MTM)克服了求解每个场景下最优性能的困难。

3.1.3　数目坏场景集均值模型

为克服最坏场景模型所得鲁棒解的保守性过强问题,可以考虑在优化目标中关注更多数目的坏场景。按照定义 3-3,数目坏场景集(NBS)可以考虑给定解下的若干数目坏场景,所考虑的坏场景构成场景集 Λ 的一个子集。

令场景集 Λ 中的场景数目 $|\Lambda|=q$。假设 $y\left(1\leqslant y<\dfrac{q}{2}\right)$ 是个给定的整数,则数目 y 提供了鉴别坏场景的另一个标准。

定义 3-7　在可行解 X 下,基于数目 y 的数目坏场景集(称为 y-NBS)定义为

$$\Lambda_y(X)=\{\lambda_j \mid f(X,\lambda_1)\geqslant\cdots\geqslant f(X,\lambda_j)\geqslant\cdots\geqslant f(X,\lambda_q);$$
$$j=1,2,\cdots,y;\lambda_j\in\Lambda\} \tag{3-6}$$

场景集 $\Lambda_y(X)$ 中的场景 $\lambda_j(j=1,2,\cdots,y)$ 称为解 X 下基于数目 y 的坏场景,它们是解 X 在场景集 Λ 中实现性能最坏的前 y 个场景。显然,$\Lambda_y(X)$ 是场景集 Λ 的子集,其包含了可行解 X 的最坏场景。

令 MCy(X) 表示 $\Lambda_y(X)$ 中坏场景在解 X 下实现费用的均值(the mean cost of y-NBS, MCy),则

$$\text{MCy}(X)=\frac{1}{y}\sum_{\lambda\in\Lambda_y(X)}f(X,\lambda) \tag{3-7}$$

定义 3-8　具有如下优化目标的模型称为数目坏场景集均值模型(the MCy model, MCyM):

$$(\text{MCyM})\qquad\qquad\min_{X\in\text{SX}}\text{MCy}(X) \tag{3-8}$$

本书称由 MCyM 得到的解为 My 鲁棒解。

MCyM 与 MTM 的优化目标类似,只是坏场景集的定义方式不同。$y=1$ 时,MCyM 等价于最坏场景模型(WCM)。将给定的坏场景数目 y 作为鉴别坏场景的标准,坏场景数目 y 是 MCyM 中反映决策者主观偏向的阈值,$y>1$ 时,My 鲁棒解的保守性相对 WC 鲁棒解(见定义 2-22)大大降低。

3.2　两阶段阈值坏场景集模型

PTM(MTM)是在给定阈值下的单阶段阈值坏场景集模型。在没有给定阈值时,Wang 等[95] 提出了一种两阶段阈值坏场景集模型。下文将以 PTM 为例阐述这个两阶段阈值坏场景集模型。

PTM 的建立基于一个假设:阈值 T 已知且已给定。PTM 是基于 TBS 建立的,而 TBS 是基于给定的阈值 T 定义的,即一个 PTM 对应一个给定的 T 值,给定的 T 值不同,所建立的 PTM 也会不同。

PTM 还隐含另一个假设:所给定的阈值 T 能够使 PTM 是一个有效模型。因为对 PTM 而言,如果给定的 T 值太大则针对某些可行解,$\Lambda_T(X)$ 可能是空的。在这种情况下,惩罚量 $PT(X)$ 为零,即 PTM 在这些解下的目标函数皆为零,这样,PTM 就失去了鉴别这些解的能力,可以认为 PTM 失效了,这说明对应的阈值 T 是不合理的。所以,为了保持 PTM 的有效性,需要对具体算例中的阈值 T 进行限制,使其取值保持在合理的区间内。

定义 3-9　如果对任何可行解 $X \in SX$ 而言 $\Lambda_T(X)$ 总是非空的,那么所给定的阈值 T 称为合理阈值(the reasonable value of threshold T)。

由于 PTM 与给定的阈值 T 有关,故下面以 PTM $\mid T$ 表示基于阈值 T 的 PTM。

定义 3-10　在给定的合理阈值 T 下的 PTM $\mid T$ 称为有效的阈值坏场景惩罚模型。

3.2.1　合理阈值

PTM $\mid T$ 的有效性取决于阈值 T 的合理性。合理的阈值 T 对有效的 PTM 至关重要。为了建立有效的 PTM $\mid T$,需要提前确定合理的阈值 T。本节讨论如何确定阈值 T 的合理取值范围。

(1)阈值 T 的合理值必须保证 PTM $\mid T$ 的有效性。合理的阈值 T 应该位于使系统能够在所有可能的场景中为所有可行解所实现性能的公共区间上。用 WC^* 表示所有可能场景中的最优最坏场景性能,那么 WC^* 就是公共区间的上限。如果 $T > WC^*$,对于一些精英解,TBS 可能为空。因此,T 的合理值应以 $T \leqslant WC^*$ 为准,这是建立有效 PTM $\mid T$ 的必要条件。

(2)由于优化目标是在保持良好预期性能的同时对抗坏场景中性能下降的风险,因此,合理的阈值 T 也应该使 PTM $\mid T$ 满足决策者的厌恶风险偏向,按照 Daniels 等[70] 所指出的,阈值 T 只有大于最优期望性能才能使阈值模型实现决策者的厌恶风险偏向[62]。用 EC^* 表示所有可能场景中的最优期望性能,则 EC^* 应该是公共区间的下限,即 $T \geqslant EC^*$。综上,阈值 T 的合理值应该位于 $[EC^*, WC^*]$ 区间内。

定义 3-11 区间 $[EC^*, WC^*]$ 为阈值 T 的合理值区间(reasonable value interval)。

显然,区间 $[EC^*, WC^*]$ 可以提供无限多个阈值 T 的合理值,它们对应无限多个 PTM | T。每个 PTM | T 都可以产生一个 PT 鲁棒解。由具有不同合理阈值 T 的 PTM | T 生成的 PT 鲁棒解可以为决策者提供多种选择,这些 PT 鲁棒解实现了鲁棒性和最优性之间不同程度的折中。

3.2.2 两阶段 PTM 框架

以阈值 T 的合理值和 PT 鲁棒解为决策变量,可以建立一个双目标优化问题作为两阶段的模型框架,该模型框架可以为决策者提供一系列不同阈值下可供选择的决策。

事实上,PTM | T 中涉及的鲁棒性和优化性两个目标的对立统一关系如下:鲁棒性目标要求尽量减少惩罚量 $PT(X)$,故较小的 $PT(X)$ 值有利于改善系统的鲁棒性;而优化性目标要求尽量减少阈值 T,原因在于较小的阈值 T 可使 PTM | T 抑制更多坏场景下的性能,从而有利于获得更好的期望性能,即较小的阈值 T 有利于改善系统的优化性。然而,这两个目标是相互冲突的,因为较小的阈值 T 会导致更大的 $PT(X)$ 值;反之,对解 X,采用更大的阈值 T 可使坏场景数减少,进而减小 $PT(X)$ 值。

鉴于以上分析,可以建立如下 PTM 框架(PTM framework,PTMF)。

$$(PTM \mid T) \quad \min \quad PT(X, T) = \sum_{\lambda \in \Lambda_T(X)} \left[f(X, \lambda) - T \right]^2 \tag{3-9}$$

$$\min T \tag{3-10}$$

$$\text{s. t.} \quad MC^* \leqslant T \leqslant WC^* \tag{3-11}$$

$$(MCM) \quad MC^* = \frac{1}{|\Lambda|} \min_{X \in SX} \sum_{\lambda \in \Lambda} f(X, \lambda) \tag{3-12}$$

$$(WCM) \quad WC^* = \min_{X \in SX} \max_{\lambda \in \Lambda} f(X, \lambda) \tag{3-13}$$

PTMF 是一个双目标优化问题,其包含式(3-9)和式(3-10)表示的两个目标函数。为了确定阈值 T 的合理值,需要求解 ECM 和 MCM 两个模型。在离散场景下,ECM 体现为 MCM,EC^* 值体现为 MCM 的最优值 MC^*,阈值 T 的合理值区间为 $[MC^*, WC^*]$。确定 $[MC^*, WC^*]$ 需要精确求解 MCM 和

WCM,模型 MCM 和 WCM 为阈值 T 的合理值区间提供了边界。所以 PTMF 实际上包含了三个模型：PTM｜T，MCM 和 WCM。PTMF 的核心模型是 PTM｜T，与单阶段 PTM 不同的是，PTMF 是一个两阶段模型，第一阶段是确定合理阈值 T，第二阶段是在所确定的阈值 T 下求解 PTM｜T。笔者把 PTM｜T 称为 PTMF 的主模型，把 MCM 和 WCM 称为 PTMF 的辅模型。正因为 PTMF 包含一个主模型和两个辅模型，所以可称其为一个模型框架。

用 $X(T)$ 表示 PTM｜T 的可行解，并以 $(T, \mathrm{PT}(X(T)))$ 表示 PTMF 的有效解，则有如下命题。

命题 3-1　PTMF 中产生的 PTM｜T 都是有效的，PTMF 的有效解 $(T, \mathrm{PT}(X(T)))$ 一定存在。

证明　由于受不等式(3-11)约束的阈值 T 的每个值都在合理区间 $[\mathrm{EC}^*, \mathrm{WC}^*]$ 内，因此对应的每个 PTM｜T 必然是有效的，对一个合理的阈值 T，PTM｜T 的 PT 鲁棒解一定存在。

设 $X^*(T)$ 为 PTM｜T 的最优 PT 鲁棒解，即 $X^*(T) = \arg \min\limits_{X(T) \in \mathrm{SX}} \mathrm{PT}(X(T))$。用 $\mathrm{PT}(X^*(T))$ 表示 $X^*(T)$ 的目标值，则阈值 T 和 $\mathrm{PT}(X^*(T))$ 是 PTMF 中解 $X^*(T)$ 的双目标性能。$\mathrm{PT}(X^*(T))$ 一定是给定阈值 T 下 $\mathrm{PT}(X, T)$ 的最小值，在不增大阈值 T 的情况下不可能进一步改善 $\mathrm{PT}(X^*(T))$。反之，阈值 T 一定是给定 $\mathrm{PT}(X^*(T))$ 下的最小阈值，因为比 $\mathrm{PT}(X^*(T))$ 小的 PT 目标值必然对应一个更大的阈值。因此 $X^*(T)$ 是 PTMF 的有效解，即 $(T, \mathrm{PT}(X^*(T)))$ 是 PTMF 的一个有效解。

也就是说，对于不等式(3-11)约束的每个合理阈值 T，都可以产生 PTMF 的一个有效解。随着 T 从 MC^* 变化至 WC^*，对一系列合理的阈值 T，相应地可以产生一系列 PTMF 的有效解，PTMF 的解一定存在。　　　　□

PTMF 提供了一个鲁棒优化框架，该框架可以容纳所有可能合理阈值下的 PTM｜T，能够产生一系列不同阈值 T 下的 PT 鲁棒解供决策者选择。

3.2.3　代理两阶段 PTM 框架

阈值 T 的合理区间中含有无穷多个合理的阈值，因此，理论上 PTMF 可以产生无穷多个有效解并提供给决策者选择。但在实践中，只需在合理阈值区间中取有限个 T 值，生成有限个有效解提供给决策者即可满足需要。本节介绍一个为 PTMF 产生有限个有效解的代理两阶段模型框架。

PTMF 是一种特殊的双目标问题，尽管式(3-9)和式(3-10)表示的目标冲突，但这两个目标互不侵犯，PTMF 的有效解可以用两阶段的方式产生：第一阶段确定一个阈值 T 的合理值，第二阶段在第一阶段确定的合理阈值下求解

PTM｜T，求得 T 值下的 PT 鲁棒解。这个 PT 鲁棒解实际上是阈值 T 的函数，PTMF 可归约为求解不同 T 值下的 PTM｜T 问题。

通过重新形式化 PTMF，可提出如下 PTMF 的两阶段代理 PTM 框架（two-stage surrogate PTM framework，TSPF）。

(1)第一阶段问题。

$$(MCM)\quad MC^* = \min_{X \in SX} MC(X), MC(X) = \frac{1}{|\Lambda|}\sum_{\lambda \in \Lambda} f(X,\lambda) \tag{3-14}$$

$$T_k = \beta_k \cdot MC^* \tag{3-15}$$

其中

$$\beta_1 = 1; \beta_{k+1} = \beta_k + \Delta\beta, \ \Delta\beta > 0; \ k = 1,2,\cdots,l-1 \tag{3-16}$$

$$\Lambda_{T_k}(X) \neq \varnothing, \forall X \in SX \tag{3-17}$$

式中，l 为所产生的贝塔值的个数。

(2)第二阶段问题。

$$(PTM \mid T_k)\quad \min_{X \in SX} PT(X,T_k), PT(X,T_k) = \sum_{\lambda \in \Lambda_{T_k}(X)} \left[f(X,\lambda) - T_k\right]^2 \tag{3-18}$$

TSPF 的第一阶段是确定一系列合理的阈值 T_k，第二阶段是求解一系列 PTM｜T_k。在 TSPF 中，PTMF 的辅模型 WCM 被 $\Lambda_{T_k}(X)$ 非空的条件所取代。理论上，如果 $\forall X \in SX$ 满足 $\Lambda_{T_k}(X)$ 非空，则一定满足 $T_k \leqslant WC^*$。

理论上 TSPF 可以产生 l 个 PTMF 的有效解。在 TSPF 中，MCM 被精确求解才能保证第一阶段得到的阈值 T_k 是合理的。但如果 MCM 具有 NP-hard 性质，则只能在合理的时间内对 MCM 进行近似求解，相关讨论见 8.3 节。

对于离散场景描述的不确定参数，前文阐述的都是基于坏场景集的鲁棒优化模型。作为阈值坏场景集的模型框架，PTMF 可以覆盖 PTM，或者说 PTM 是 PTMF 的特殊情况。

在 TSPF 中，所得到的一系列有效解的阈值 T 从 MCM 的最优目标值 MC^* 出发，依次增大。所以 PTMF 所得解的优化性就体现在对阈值 T 的最小化，MC^* 是最优的优化性体现。而所得解的鲁棒性体现在对 PT 目标值的最小化，在依次增大的阈值 T 下的有效解实际上反映出所得鲁棒解逐渐放松对优化性的要求，对优化性和鲁棒性的折中逐渐偏向鲁棒性，直至 $T = WC^*$ 时，PTMF 退化为 WCM，WCM 是最保守的鲁棒优化模型，完全没有考虑解的优化性。

PTMF 作为一个模型框架不仅体现在其包含了 PTM｜T、MCM 和 WCM 三个模型，还体现在 PTMF 覆盖了 PTM 和 WCM。

3.3　双目标鲁棒优化模型

鲁棒优化实质上就是在处理解的鲁棒性和优化性这一对立统一的矛盾。阈值坏场景集模型是通过一个鉴别坏场景的阈值来体现优化性。如果避开使用阈值,那么也可以直接把优化目标和鲁棒性指标作为两个目标,建立一个没有坏场景概念的双目标优化问题,从而得到不同保守性程度的鲁棒解。

在 Wang 等[99] 提出的双目标鲁棒作业车间调度问题中,工件的不确定加工时间用离散场景来描述,所提出的双目标鲁棒优化模型得到鲁棒性和优化性不同程度折中下的帕累托鲁棒解。

传统的鲁棒优化是通过最小化所有场景中的最坏场景性能 $WC(X) = \max\limits_{\lambda \in \Lambda} f(\lambda, X)$ 得到的,即

$$\min_{X \in SX} WC(X) \tag{3-19}$$

式(3-19)中表示的目标反映了决策者的风险厌恶偏好,也反映了解的鲁棒性目标。然而,仅通过优化这一目标得到的鲁棒解是相当保守的。同时考虑另一个目标,即最小化所有场景中的平均性能 $MC(X) = \dfrac{1}{|\Lambda|} \sum\limits_{\lambda \in \Lambda} f(\lambda, X)$,则得

$$\min_{X \in SX} MC(X) \tag{3-20}$$

式 (3-20)反映了解的优化性目标。

由式(3-19)和式(3-20)表示的两个目标是互相冲突的,同时优化这两个目标的双目标优化问题为

$$\min_{X \in SX} \{MC(X), WC(X)\} \tag{3-21}$$

因此,式 (3-21) 表达的模型称为双目标鲁棒优化模型(bi-objective robust optimization model,BROM)。由 BROM 得到的有效解是在解的优化性和鲁棒性之间折中的鲁棒解。显然,这里考虑的两个目标都与离散场景描述的不确定性有直接关系。

3.4　本章小结

本章阐述了离散场景鲁棒优化的相关概念和模型,主要介绍了两种坏场景集概念:阈值坏场景集和数目坏场景集,另外阐述了两类坏场景集的鲁棒优化模型:单阶段坏场景集模型和两阶段坏场景集模型。

坏场景集鲁棒优化模型实现的是一种在保持良好的期望性能(改善解的优化性)的同时降低性能下降的风险(改善解的鲁棒性)的决策目标。坏场景集模

型可通过坏场景集的大小调节鲁棒性和优化性的对立统一关系,降低传统最坏场景模型所得鲁棒解的保守性。

坏场景集鲁棒优化模型是一种风险中性偏向下的鲁棒决策。TBS中的阈值和NBS中的坏场景数目都是模型参数,可用来调节鲁棒解的保守性程度。当这种模型参数被事先给定时,可建立单阶段模型;如果这种模型参数事先没有给定,那么将需要建立两阶段模型。第一阶段用来确定模型参数,第二阶段建立在第一阶段确定的模型参数下的坏场景集模型,这种两阶段模型能以一个双目标模型来表达,所以所得解不是只有一个,而是一个帕累托解集。

本章还阐述了没有坏场景概念的双目标鲁棒优化模型,所得解也是不同保守性程度的帕累托鲁棒解集。本章阐述的坏场景集鲁棒优化模型和双目标鲁棒优化模型都是在离散场景下建立的,都是离散场景鲁棒优化模型。本章提出的离散场景鲁棒优化模型可以适用于广泛的调度与决策问题。

本章阐述的内容为笔者团队的研究成果,目前只建立了两阶段阈值坏场景集模型,未来还会研究两阶段的数目坏场景集模型。

第 4 章 鲁棒机器调度算法基础

　　鲁棒机器调度问题与对应确定性机器调度问题具有同样的解空间,区别在于两者对解进行评价的指标不同,前者对解的评价涉及输入参数的不确定性。尽管如此,鲁棒机器调度问题的求解算法仍可以借鉴确定性机器调度求解算法的丰硕成果。确定性机器调度的求解算法可以为鲁棒机器调度问题的求解提供算法基础。

　　绝大多数的机器调度问题是 NP-hard 问题,具有高度的计算复杂性[113]。机器调度问题的求解算法包括精确算法和启发式算法两大类,精确算法的种类较少[29],而启发式算法的种类繁多[114-115]。按照算法机理可将启发式算法分为构造启发式算法和迭代启发式算法;按照面向的求解问题特点可将其分为单目标问题算法和多目标问题算法。从算法结构的角度看,迭代启发式算法又可分为单一算法和混合算法两类。

　　本章按照上述分类介绍本书中涉及的主要算法基础。如无特殊说明,本章算法均基于最小化目标函数的调度问题进行阐述。

4.1　精确算法

　　求解鲁棒机器调度问题的精确算法包括分支定界算法、数学规划法、松弛迭代算法和动态规划法等。由于机器调度问题的高度计算复杂性,精确算法所能求解的问题规模会受到一定的限制[116]。在鲁棒机器调度的精确算法中,分支定界算法应用比较广泛,因此本章首先介绍分支定界算法。

4.1.1　分支定界算法

　　分支定界(branch and bound,B&B)算法是一种隐枚举方法,其适用于任何离散的规划问题,是求解机器调度问题时被广泛使用的一种最优化方法[117-119]。分支定界算法的基本思想是对有约束的最优化问题的全部可行解空间进行搜索。在具体执行时,算法把问题的全部可行的解空间反复地分割成越来越小的子集(称为分支),并估算每个子集内的解的目标函数的上界和下界(称为定界)。在每次分支后,不再对界限超出已知可行解值的那些子集做进一步的分支(称为剪枝)。这样,就可以不再考虑解的许多子集(即搜索树上的节点),从而缩小了搜索范围。这一过程一直进行,直到找出最优可行解为止,该可行解的值必须不大于任何子集的界限,也就是通过层层分支最终求得问题的最优解。分支定界算法通过剪枝和定界可以淘汰大量没有希望得到最优解的节点,能够在保证求解精度的前提下减少计算量。

以 n 个工件的最小化某性能的单机调度问题的分支定界算法为例,用 σ 表示当前节点集合,z 表示当前最好的目标函数值,l 表示搜索树的层数。单机调度问题的分支定界算法将产生 n 层分支。第 1 层分支产生 n 个节点,搜索树上的每个节点对应一个当前工件,位于第 $l(0 < l \leqslant n)$ 层分支上的节点对应的当前工件在已排好的部分调度中位于第 l 位加工。对第 l 层的节点进行分支就是将该层剩余的 $n-l$ 个未调度工件放入由该节点分支的第 $l+1$ 层的节点上。然后对所有的节点进行评价,按照剪枝规则和上下界关系剪掉该层部分节点,选择没被剪掉的节点进行下 1 层分支,直到最后 1 层。从最后 1 层的节点中选择使目标函数最优的节点,该节点对应的已调度工件序列即为调度问题的最优解。

随着分支向深层进展,同一支上深层节点所估算的下界将会逐渐靠近最优值,所以如果估算所得某一节点的下界大于当前最小上界,则可以判断对该节点继续分支不会有最优解,该节点会成为终端节点,不再继续分支。剪枝规则具有问题专门性,对所求解的问题,如果可以在理论上保证最优解满足某些性质,则可以在分支过程中将不满足最优解性质的分支剪掉。

剪枝规则和上下界估算是分支定界算法的关键环节。不同问题的分支定界算法有不同的剪枝规则与定界方法。有效的剪枝规则和紧凑的上下界可以大大减少计算量,提高算法的效率。因此,采用分支定界算法求解调度问题的关键是根据调度模型的特点寻找有效的剪枝规则和紧凑上下界的估算方法。

本书在第 5 章用分支定界算法求解几种不同模型的鲁棒单机调度问题,并在第 7 章用该算法求解鲁棒流水车间调度问题。

4.1.2　数学规划法

某些机器调度可以写成数学规划(mathematics programming)的形式,例如,某些单机调度、并行机调度和置换流水车间调度问题等,其数学规划形式为混合整数规划。混合整数规划问题的精确算法包括分支定界算法、割平面法等,已有多种软件可以求解混合整数规划,如 LINGO、CPLEX、MATLAB 等。

本书在第 6 章用数学规划法求解随机并行机调度问题和鲁棒并行机调度问题。

4.1.3　迭代松弛法

最小最大问题是鲁棒优化的经典模型,也是一种数学规划形式,但该模型非线性,无法用数学规划法直接求解。迭代松弛法(iterative relaxation procedure)是求解最小最大问题的一种精确算法,其思想是将最小最大问题转化成可用数学规划法求解的最小约束问题[120]。对于鲁棒机器调度问题,针对转化后的数学规划模型约束过多的困难,迭代松弛法可以建立包含较少约束的松弛子问题,求解松弛子问题可得到原问题的下界,通过逐渐增加松弛子问题的约束,即可迭代求解松弛子问题,使所得到的原问题的下界不断增大,直到达到或逼近原问题的最优解。迭代松弛法中的关键环节是对松弛子问题的求解,通常松弛子问题可由数学规划法直接求解。

迭代松弛法可用于求解区间场景和离散场景下的 WCM、WRM 和 MCaM 等模型[85],本书将在第 5 章用该法求解鲁棒单机调度问题,在第 6 章用该法求解鲁棒并行机调度问题。

4.2　启发式算法

任何基于直观或者经验构造的算法都可以称为启发式算法(heuristic procedure)[121]。启发一词是相对于精确算法而言的,其得到的解不能保证是最优可行解,可能是近似可行解或次优可行解。甚至在可接受的计算费用(指计算时间、占用空间等)下,其可给出待解决组合优化问题每一个实例的一个可行解,该可行解与最优解的偏离程度不一定能在事先预计。

20 世纪 80 年代末至 90 年代初是各种革新算法大量涌现的时期,出现了大量针对 NP-hard 问题的有效近似/启发式算法。近似/启发式算法通常能够在合理的计算时间内产生满意的调度,但是人们常常很难评估这些调度与最优解之间的差距[122]。启发式算法有两种:构造性启发式算法和迭代启发式算法。和确定性优化方法一样,第一种启发式算法常常具有问题专门性,而第二种启发式算法则很难通过理论合理评价。

4.2.1　构造性启发式算法

对于机器调度问题,最早的构造性启发式算法就是规则调度(dispatching scheduling),这种方法易于实施,计算量小,在现实中得到了广泛应用[123]。但规则调度具有强烈的问题专门性,一般不具有全局优化的特点。

基于规则(dispatching rule)的构造性启发式算法在多种机器调度问题中都

有应用[124]。下面主要阐述单机调度和置换流水车间调度问题中的构造性规则调度方法。

4.2.1.1　单机调度规则

确定性的单机调度问题对不同目标函数有不同的调度规则,对某些特殊 P 问题,规则调度可以得到最优解,但对绝大多数 NP-hard 问题,规则调度得到的解的性能是无法得到保障的。

对三元表示法表示为 $1\,|\,r_i\,|\,\sum C_i$ 的单机调度问题,已知不同工件 i 的到达时间 r_i、加工时间 p_i,在单台机器上对工件安排加工次序和起始加工时间,目标是最小化所有工件的完成时间 C_i 之和。$1\,|\,r_i\,|\,\sum C_i$ 是一个强 NP-hard 问题[118]。

在 $1\,|\,r_i\,|\,\sum C_i$ 问题中,每个调度时刻,未到达的工件是无法在机器上被安排加工的,工件只有到达后才有可能被安排加工,这是一种动态单机调度问题。下面给出求解 $1\,|\,r_i\,|\,\sum C_i$ 调度问题的几个规则调度:SPT(shortest processing times)、FIFO(first in first out)、ECT(earliest compeletion times)、PRTF(priority rule for total flowtime)和 APRTF(alternative priority rule for total flowtime),其具体算法步骤如下。

（1）SPT 规则排序算法[117]。

步骤 1　在机器空闲时刻 u_t,在到达时间 $r_i \leqslant u_t$ 的当前已到达工件集合 $R(t)$ 中,选加工时间最短的工件 j 为当前调度工件,即 $\forall i \in R(t)$,$p_j \leqslant p_i$,当 $p_j = p_i$ 时,选到达时间早的工件为当前调度工件 j;如果 $R(t)$ 为空集,则选时刻 u_t 之后最早到达的工件中加工时间最短的为当前调度工件 j。

步骤 2　计算工件 j 的起始加工时间 $b_j = \max(r_j, u_t)$,加工完成时间 $c_j = b_j + p_j$,更新调度时刻 $t = t + 1$,$u_t = c_j$,更新 $R(t)$,如果所有工件调度完成则停止;否则转步骤 1。

（2）FIFO 规则排序算法。

步骤 1　在机器空闲时刻 u_t,在到达时间 $r_i \leqslant u_t$ 的当前已到达工件集合 $R(t)$ 中,选到达时间最早的工件 j 为当前调度工件,即 $\forall i \in R(t)$,$r_j \leqslant r_i$,当 $r_j = r_i$ 时,选加工时间较短的工件为当前调度工件 j;如果 $R(t)$ 为空集则选时刻 u_t 之后最早到达的工件为当前调度工件 j。

步骤 2　计算工件 j 的起始加工时间 $b_j = \max(r_j, u_t)$,加工完成时间 $c_j = b_j + p_j$,更新调度时刻 $t = t + 1$,$u_t = c_j$,更新 $R(t)$,如果所有工件调度完成则停止;否则转步骤 1。

（3）ECT 规则排序算法[117]。

步骤 1　在机器空闲时刻 u_t，在未调度工件集 $\bar{S}(t)$ 中选择工件，$\forall i \in \bar{S}(t)$，工件 i 的开始时间 $b_i = \max(r_i, u_t)$，加工完成时间 $c_i = b_i + p_i$。

步骤 2　选择 $\bar{S}(t)$ 中的工件 j 为当前调度工件，使 $\forall i \in \bar{S}(t)$，$c_j < c_i$，当加工完成时间相同时，选择起始加工时间最早的工件为当前调度工件 j。

步骤 3　更新调度时刻 $t = t+1$，$u_t = c_j$，$\bar{S}(t) := \bar{S}(t) - \{j\}$，如果 $\bar{S}(t)$ 为空集且所有工件调度完成则停止；否则转步骤 1。

（4）PRTF 规则算法[118]。

步骤 1　在机器空闲时刻 u_t 对未调度工件集 $\bar{S}(t)$ 中的工件计算 PRTF 函数，$\forall i \in \bar{S}(t)$，工件 i 的开始时间 $b_i = \max(r_i, u_t)$，其 PRTF 函数 $\mathrm{PRTF}(i, u_t) = 2 \cdot b_i + p_i$。

步骤 2　选择 $\bar{S}(t)$ 中的工件 j 为当前调度工件，使 $\forall i \in \bar{S}(t)$，$\mathrm{PRTF}(j, u_t) < \mathrm{PRTF}(i, u_t)$，当工件的 PRTF 函数相等时，选择起始加工时间最早的工件为当前调度工件 j。

步骤 3　计算 $c_j = b_j + p_j$，更新调度时刻 $t = t+1$，$u_t = c_j$，$\bar{S}(t) := \bar{S}(t) - \{j\}$，如果 $\bar{S}(t)$ 为空集且所有工件调度完成则停止；否则转步骤 1。

（5）APRTF 规则算法[118]。

步骤 1　在机器空闲时刻 u_t 对未调度工件集 $\bar{S}(t)$ 中的工件计算 PRTF 函数，$\forall i \in \bar{S}(t)$，工件 i 的开始时间为 $b_i = \max(r_i, u_t)$，加工完成时间 $c_i = b_i + p_i$，加工流时间 $f_i = c_i - r_i$，$\mathrm{PRTF}(i, u_t) = 2 \cdot b_i + p_i$。

步骤 2　选择 $\bar{S}(t)$ 中的工件 α，使 $\forall i \in \bar{S}(t)$，$\mathrm{PRTF}(\alpha, u_t) < \mathrm{PRTF}(i, u_t)$，当工件的 PRTF 函数相等时，选择起始加工时间最早的工件为 α，如果起始加工时间仍相等则选择序号小的工件为 α。

步骤 3　选择 $\bar{S}(t)$ 中起始加工时间最早的工件为 β，当工件的起始加工时间相等时，选择加工时间最短的工件为 β，如果加工时间仍相等则选择序号小的工件为 β。

步骤 4　如果 $r_\alpha \leqslant b_\beta$，则当前需要安排加工的工件 x 就确定为 α，$x := \alpha$，转步骤 7。

步骤 5　记 $\mu = \mathrm{card}(A - \{\alpha, \beta\})$，对于排序 $\alpha\beta$，$b_\beta(c_\alpha) = \max(r_\beta, c_\alpha)$，$c_\beta(c_\alpha) = b_\beta(c_\alpha) + p_\beta$，$f_\beta(c_\alpha) = c_\beta(c_\alpha) - r_\beta$，则 $F_{\alpha\beta} = f_\alpha + f_\beta(c_\alpha)$；对于排序 $\beta\alpha$，$b_\alpha(c_\beta) = \max(r_\alpha, c_\beta)$，$c_\alpha(c_\beta) = b_\alpha(c_\beta) + p_\alpha$，$f_\alpha(c_\beta) = c_\alpha(c_\beta) - r_\alpha$，则 $F_{\beta\alpha} = f_\beta + f_\alpha(c_\beta)$。

步骤 6　τ 是工件集 $\bar{S}(t) - \{\alpha, \beta\}$ 中到达时间最少的工件，如果 $F_{\beta\alpha} - F_{\alpha\beta} < \mu \cdot \min[b_\alpha - b_\beta, c_\beta(c_\alpha) - \tau]$ 满足，则 $x := \beta$；否则 $x := \alpha$，转步骤 7。

步骤 7　在当前时刻调度工件 x，更新调度时刻 $t = t + 1, u_t = c_x, \bar{S}(t) :=$ $\bar{S}(t) - \{x\}$，如果 $\bar{S}(t)$ 为空集，所有工件调度完成并停止；否则转步骤 1。

上述五种规则调度的算法复杂性皆为 $O(n \log n)$。在这五种规则调度中，已经证明 ECT 规则被 PRTF 和 APRTF 规则调度优超[117]。

在本书中，上述五种单机规则调度方法在第 10 章和第 11 章将被作为单机滚动时域调度的比较算法。

4.2.1.2　置换流水车间调度规则

求解置换流水车间调度问题的启发式规则调度算法很多，其中 Johnson 算法[125]和 NEH 算法[126]是两个经典的调度规则。

（1）Johnson 算法。

Johnson[125]于 1954 年提出了一种用于求解包含两台机器的置换流水车间调度问题的构造性算法，该算法被命名为 Johnson 算法。性能指标为最大完工时间的两台机器的置换流水车间调度问题是多项式可解的简单问题，Johnson 算法得到的是最优排序。对于其他非多项式可解的流水车间调度问题，Johnson 算法也是一种非常重要的算法，其有操作简单、求解效率高的特点，求解质量和速度已获广泛认可。

考虑一个两台机器的置换流水车间调度问题，n 个工件在两台机器上的加工时间分别为 $p_{i1}, p_{i2} (i = 1, 2, \cdots, n)$，则 Johnson 算法基本步骤如下[129]。

步骤 1　根据各工件的加工时间将 n 个工件分为 P 和 Q 两组，分组的原则是：P 组的工件在第二台机器上的加工时间比在第一台机器上的加工时间长，即 $p_{i1} < p_{i2}$，当所选工件加工时间相同时，选择序号小的工件进入 P 组，其余的工件为 Q 组。

步骤 2　将 P 组工件按照它们在第一台机器上的加工时间递增顺序排列，将 Q 组工件按照它们在第二台机器上的加工时间递减顺序排列，当所选工件加工时间相同时，选择序号小的工件先进入排序。

步骤 3　将 P 组工件顺序和 Q 组工件顺序连接在一起构成所有工件在两台机器上的加工排序。

在本书中，Johnson 算法在鲁棒置换流水车间调度中将被用于构造给定场景下的最优序列，并为其他鲁棒流水车间调度的混合算法产生初始解。

（2）NEH 算法。

Nawaz、Enscore 和 Ham[126]在 1983 年研究了目标函数为最大完工时间的流水车间调度问题，提出了一种简单的算法，即 NEH 启发式算法。

NEH 算法是根据 Nawaz、Enscore 和 Ham 三人姓氏的首字母而命名的,其基本思想是赋予加工时间越长的工件在排序中越高的优先权,即首先计算各工件在所有机器上的加工时间之和,并按递减顺序排列,然后对前两个工件进行最优调度,进而依次将剩余工件逐一插入到已调度的工件排列中的某个位置,使调度指标最小,直到所有工件调度完毕,从而得到一个次优调度。

NEH 算法的具体步骤如下[126]。

步骤 1　将 n 个工件按工件加工时间的降序进行排列,得到工件排序 $\sigma = \{\sigma_1, \sigma_2, \cdots, \sigma_n\}$,其中 $\sigma_j (j = 1, 2, \cdots, n)$ 表示排序中第 j 个位置的工件。

步骤 2　取排序 σ 中的前两个工件 σ_1 和 σ_2,评价这两个工件能构成的两个部分排序,取评价函数值较小的子排序作为当前子排序。

步骤 3　对第 $j (j = 3, 4, \cdots, n)$ 位的工件 σ_j,将其插入当前子排序每一个可能的位置中,形成 j 个新子排序,取其中使评价函数值最小的那个作为当前子排序。

步骤 4　$j = j + 1$,如果 $j > n$,停止,输出当前子排序为调度解;否则转步骤 3。

在本书中,NEH 规则在第 6 章被用于构造鲁棒流水车间调度问题的初始解。

4.2.1.3　束搜索算法

束搜索(beam search,BS)算法是宽度优先搜索法的一种改进方法[84],其以分支定界算法为基础,是一种结合分派规则构造的近似算法,是一种不带回溯的层层搜索算法,常被用来解决组合优化问题[127]。

束搜索算法和分支定界算法的不同之处在于:分支定界算法对搜索树中每一层出现的所有节点都要向下搜索,在处理规模比较大的问题时,由于需要考虑分支点的数目相当大,所以消耗的时间是不可接受的;而束搜索算法在搜索树上的每层只选择 w 个最有希望的节点(称为 beam 节点)继续进行分支搜索,其他的节点将被永久性抛弃,其中 w 称为束搜索宽度,简称束宽(beam width)。由此可以看出,相较于分支定界算法,束搜索算法能大大节省运行时间,且束规模越大,算法速度越慢。

分支定界算法的评价方式较为谨慎可靠,但计算量大;束搜索算法较为激进,计算量较小。束搜索算法通过近似评估减小了计算量,但实际付出了高昂的代价,不适当的评估可能导致真正的最优解所在的分支在评估过程中被剪去,而这一错误操作将永远无法被恢复。束搜索算法通过尽可能选择一些有前途的分支来减小这一风险,束宽越大,计算负担越大,但也更安全。

　　由束搜索算法的基本思想可知,确定一个节点是否"有希望"是该算法的一个关键问题。针对束搜索算法,目前的评价标准有很多,主要的思路分为两类:一类是基于全局的视角,对每个节点,由于其后的每一层分支都是在已调度工件序列后添加一个工件,故由该节点层层分支最终产生的所有可行解就是已调度工件序列和未调度工件的所有排序的组合,故可估算出由该节点可以生成的所有可行解的最小目标值,并比较搜索树上同一层每个节点估算的最小目标值,从而筛选出这些节点中最有希望的那些束节点;另一类是基于局部的视角,由于由父节点生成子节点的方法是在父节点的已调度工件序列后添加一个未调度工件,故对同一个父节点产生的子节点,可以为该父节点的未调度工件评定优先级,从而判断该父节点的哪些子节点更有希望。局部评价只比较同一父节点产生的子节点,速度快但容易丢弃好的解;而全局评价函数是由当前节点的信息出发,估计由该节点分支产生的所有可行解的最小目标值,该评价方法将比较处于同一层的所有节点,故较为精确但计算代价较大。

　　将局部评价方法和全局评价方法相结合可以对两种评价方法取长补短。将节点评估分为两阶段进行:第一阶段基于局部的视角进行评价,即用局部评价方法筛选同一父节点生成的子节点,在此基础上选择一些较好的节点供进一步全局评估;第二阶段使用全局评价函数评价并选择局部评价保留下的节点,永久忽略其余的节点。使用该种方法筛选出束节点的束搜索方法称为过滤束搜索(filter beam search, FBS)算法,通过局部评价对同一父节点的子节点进行取舍的过程称为 FBS 算法的过滤操作。对同一父节点生成的子节点,由过滤操作保留下的节点数可以是固定值,也可以不固定,若为固定值,则该固定值称为过滤宽度(filter width),记为 f。

　　FBS 算法是 BS 算法的一种,对束宽为 w,过滤宽度为 f 的 FBS 算法,其具体操作过程为:首先,在搜索树的第一层,使用全局评价函数评价所有的节点,选取 w 个较为满意的节点作为 w 个并行束的起始节点,即第一层的束节点;然后,对每个束节点产生的子节点都要进行两次评价,首先进行过滤操作,即对这些子节点进行局部评价,根据评价结果在由每个束节点产生的所有子节点中选择 f 个满意的节点;最后,使用全局评价函数 v 评价这 $w \cdot f$ 个子节点,从中选出最好的 w 个节点作为下一层的束节点,并删除其余节点。

　　FBS 算法在束搜索算法基础上增加了过滤操作,减少了全局评价的节点数目,但其对节点的评价也仍是一个一次性的评价,且常使用节点目标函数的边界值作为评价函数,较为苛刻。另外,评价函数的计算过程耗费时间越多,整个算法耗费的计算时间也就越多。同时,一旦较好的节点被剪去则无法再被恢复,这是束搜索算法最大的缺点。为此,人们设计了恢复束搜索(recover beam search，RBS)算法试图克服这一缺陷[81]，通过引入一个恢复操作（recovering step)，也就是进行邻域搜索，并基于问题特定的占优判断规则改进当前已保留节点，从而弥补传统 BS 算法的不足。

为了控制计算量，RBS 算法只对位于当前层的节点进行恢复操作，故只少量地增加了计算量。同时，RBS 算法的过滤操作往往采用一些问题特定的规则对分支进行过滤选择，而并不限定过滤宽度，只过滤那些必定不可能发展为最优解的节点，故该种过滤方法提高了过滤的精确度，但增大了全局评价的计算量[81]。

本书在第 5 章用束搜索(BS)算法求解鲁棒单机调度问题。

4.2.2　邻域串行搜索算法

在众多的迭代启发式算法中，邻域搜索算法是被广泛应用的一类。这类算法在迭代过程中产生新解的方式是为当前解产生一个邻域候选解的集合(称为邻域)，在邻域候选解中寻找一个下一代当前解。这是一种串行搜索算法，每一次的迭代将更新一个解。邻域搜索算法的邻域构造方式(可以称之为邻域结构)对邻域搜索算法的求解质量影响很大，其中比较高效的邻域结构往往是在与问题相关(problem-specific)的邻域构造思路下产生。邻域搜索算法对解空间具有很强的开发(exploitation)能力[92,94]。

要提高鲁棒机器调度问题的求解效率，必须深入研究不同鲁棒机器调度面向问题和模型的特征，在算法的特定环节(如局部搜索环节的邻域结构)进行面向问题(模型)特征的独特设计。

在鲁棒机器调度中，由于不确定参数的影响，评价一个解的目标函数会受到描述不确定参数场景的影响，在与问题相关的邻域结构设计思路下，在离散场景下设计了几种基于场景的邻域结构[95-100]。

4.2.2.1　基于场景的邻域结构的概念

定义 4-1　基于场景的邻域结构(scenario-based neighborhood structure)是指基于不确定参数的离散场景描述构建的邻域结构。

单场景邻域、合并场景邻域、最坏场景邻域和学习场景邻域都是基于场景的邻域结构。其中，单场景邻域是构造合并场景邻域、最坏场景邻域和学习场景邻域的基础。

定义 4-2　离散场景集 Λ 中，对任一场景 $\lambda \in \Lambda$，当前解 X 的单场景邻域(single-scenario neighborhood，SN)就是在与场景 λ 对应的确定性机器调度问题下构造的邻域，用 $N(\lambda, X)$ 表示。

定义 4-3 对于离散场景集 Λ 的一个子集 $\Lambda_s \subseteq \Lambda$，在所有独立场景 $\lambda \in \Lambda_s$ 下建立的当前解 X 的邻域 $N(\lambda, X)$ 的并集构成当前解 X 的合并场景邻域（the united-scenario neighborhood，UN），表示为 $UN(\Lambda_s, X)$。

$$UN(\Lambda_s, X) = \bigcup_{\lambda \in \Lambda_s} N(\lambda, X) \qquad (4\text{-}1)$$

定义 4-4 如果当前解 X 对于离散场景集 Λ 的最坏场景为 $\lambda^w(X) = \arg\max_{\lambda \in \Lambda} f(X, \lambda)$，在最坏场景 $\lambda^w(X)$ 下建立的单场景邻域 $N(\lambda^w(X), X)$ 为当前解 X 的最坏场景邻域（the worst-scenario neighborhood，WN），可以简记为 $N(\lambda^w(X))$。

定义 4-5 对于离散场景集 Λ 中的所有独立场景，在算法运行中基于已经搜索过的解的记忆进行学习（learning），从而为当前解 X 确定一个合适的场景 $\lambda^l \in \Lambda$，基于场景 λ^l 构造的单场景邻域为学习场景邻域（the learning-scenario neighborhood，LN），可以简记为 $N(\lambda^l, X)$。

在本书中，上述基于场景的邻域结构可用于求解离散场景下鲁棒优化问题的邻域搜索算法。禁忌搜索算法、模拟退火算法、变邻域搜索算法和贪婪局部搜索算法都是邻域搜索算法，下文将分别对禁忌搜索算法和模拟退火算法进行阐述。

4.2.2.2 禁忌搜索算法

禁忌搜索（tabu search，TS）算法自从被 Glover[128-129] 提出之后，已经广泛应用于机器调度领域。禁忌搜索算法是一种基于局部搜索算法的扩展，其独特之处在于加入了记忆的能力。该算法可以标记已经搜索过的局部最优解或可能的局部最优解，并将其放入禁忌表中，在接下来的搜索过程中算法将避开禁忌表中的解，在搜索过程避免陷入循环或局部最优，从而提高搜索效率。

邻域结构的定义是禁忌搜索算法的关键环节。另外，禁忌表的构造、特赦规则和算法终止准则都是禁忌搜索算法的重要环节。

禁忌搜索算法区别于其他算法的关键之处就是其自身的禁忌机制，因此禁忌表的构造至关重要。禁忌表一般分为禁忌对象和禁忌表长度两个部分。禁忌的对象一般包括解本身、目标函数值以及邻域解生成的操作等。禁忌解本身是比较常见的方式，它就是将搜索过的局部最优解或可能的局部最优解放入禁忌表中；相应的禁忌目标函数值就是将解所对应的目标函数值作为禁忌对象；而禁忌邻域解生成的操作是指对邻域解生成过程中操作（如逆交换操作对）作为禁忌的对象。

禁忌表的长度对算法的影响也很大。如果禁忌表长度过短，被禁忌的解会很快被释放出来，算法搜索路径可能还没有离开禁忌解附近，这样就有很大的可能再次搜索到该禁忌解,使算法陷入循环或是局部最优,降低算法的效率;同样地,若禁忌表的长度过长则可能会使过多的解被禁忌,可能会使搜索的空间变小,相应地也使搜索到更优解的概率降低,这样还会降低算法搜索的质量和效率。

在算法执行过程中有时为了提高算法的性能,需要用特赦规则解禁已被禁忌的对象。常用的有基于目标函数值的特赦规则、基于最小错误的特赦规则以及基于影响力的特赦规则等。最为常见的是基于目标函数值的特赦规则,当候选解好于当前解时,不管候选解是否被禁忌,此解都会被接受。此外,在算法搜索时若禁忌表已满且都不满足特赦准则标准,那么算法将从禁忌表中随机选择一个对象赦免之,同时将禁忌表清空。

与传统的算法相比,禁忌搜索算法由于特有的禁忌机制而大大提高了搜索效率;此外其灵活的禁忌机制以及特赦规则也具备一定的跳出局部最优的能力并可转向其他区域搜索,因此禁忌搜索算法是一种具有很强局部搜索能力的全局迭代寻优算法。

本书在第 7 章使用禁忌搜索算法求解鲁棒流水车间调度并在第 8 章使用该算法求解鲁棒作业车间调度。

4.2.2.3　模拟退火算法

模拟退火(simulated anneal,SA)算法是一种模拟现实世界中金属退火时晶体变化过程的算法,收敛性好[130]。作为一种邻域搜索算法,模拟退火算法通过调节温度、以一定的概率接受劣解以跳出局部最优,是一种高效的串行搜索求解算法。模拟退火算法的求解过程从某个初始解开始,温度随着退温函数下降,算法在每一温度下进行抽样,所谓抽样就是在一定的温度下进行一定次数的迭代,每次迭代过程中通过米特罗波利斯(Metropolis)准则判定是否接受邻域解,此时算法会以一定的概率接受差的解,这使算法具备了跳出局部最优的能力。退温函数的选择控制着求解的方向。

模拟退火算法一般主要由初始解的产生、退温函数、状态接受函数以及算法终止准则几个部分构成。由于模拟退火算法随机性很强,因此搜索结果的质量并不依赖初始解,也就是初始解不会影响最终得到的解质量,但是会影响算法的搜索时间。

模拟退火算法与其他算法的最不同之处就是其状态接受函数,算法在判断是否接受新解时根据米特罗波利斯准则,它不仅会接受比当前解更优的解,而且还会以一定概率接受差的解,因此算法的搜索路径将呈现出一定的跳跃性从而易于跳出局部最优。

模拟退火算法的状态接受函数表达式如下所示。

$$p = \min\{\exp(-\Delta f / t_i), 1\} \tag{4-2}$$

其中，p 表示转移概率；Δf 为候选解与当前解目标函数值的差；t_i 为第 i 次抽样的温度。从式(4-2)可以看出，接受恶化解的概率和当前的温度有关。在搜索的初期温度较高，算法不但可以接受质量更好的解，而且能以较大的概率接受差的解；到了搜索的末期，随着温度的降低，算法接受差解的概率也逐渐减小甚至为零。

模拟退火算法的退温函数往往控制着算法的优化速度和方向。退温函数有很多种，相对传统的线性退温函数如下：

$$t_i = \eta \cdot t_{i-1} \tag{4-3}$$

式中，η 为退温系数；t_i 和 t_{i-1} 分别表示第 i 次和第 $i-1$ 次抽样时的温度值。

本书在第 7 章使用模拟退火算法求解鲁棒流水车间调度并在第 8 章使用该算法求解鲁棒作业车间调度。

4.2.3　群智能并行搜索算法

群智能并行搜索算法是一类并行搜索的迭代启发式算法，其特点是解的迭代更新过程是以一群解(称为种群)并行进行。群智能搜索算法对解空间具有很强的探测(exploration)能力。下面介绍和声搜索算法、遗传算法和果蝇优化算法等群智能搜索算法。

4.2.3.1　和声搜索算法

和声搜索(harmony search，HS)算法是 Geem 等[131]于 2001 年提出的一种元启发式搜索算法，其模拟了乐师们创作新曲目的方式，音乐创作过程中不同乐器发出不同音调，组合成一个和声，为了寻找令人愉快的和声，各个乐器需要不断地调整各自的音调，最终产生完美和声。同样，优化算法也需要搜索目标函数所能得到的最优结果。在音乐创作过程中，和声的美学效果取决于参演的所有乐器发出的音调，其过程类似算法中目标函数的计算结果由涉及的所有变量取值共同决定。

和声搜索算法模仿优美和声产生的过程，在这一过程中，新解的形成方法有三种：在和声记忆库中随机选择一个和声的决策变量取值作为新解；从决策变量可取值的范围内随机选取新解；对新解的决策变量取值进行微调。在新解产生后计算新解的目标函数值并判断新解的质量，如果新解优于和声记忆库内的最差解则将新解录入和声记忆库并舍弃最差解，否则舍弃新解并进入下一次迭代的过程中。如果获得了满意的解或迭代次数达到最大的迭代次数则搜索停止、算法结束,输出和声记忆库中的最好解。

和声搜索算法首先产生并将初始解(和声)放入和声记忆库(harmony memory, HM)内,和声记忆库中解的个数为和声记忆库的大小,表示为 HMS (harmony memory size)。其次以记忆库取值概率(harmony memory considering rate,HMCR)在 HM 内搜索新解,以概率 1-HMCR 在变量可能值域中搜索,再次以音调微调概率(pitch adjustment rate,PAR)对新解进行微调。然后判断新解目标函数值是否优于 HM 内的最差解,若是则替换之,最后不断迭代,直至达到预定迭代次数为止。

和声搜索算法与其他智能算法相比的有效优势是可以使用多个解向量产生一个新解,并且和声库一直记录的是寻找到的较优解。

和声搜索算法具有如下优点。

(1)算法通用,不依赖问题信息。

(2)算法原理简单,容易实现。

(3)群体搜索,具有记忆个体最优解的能力。

(4)协同搜索,具有利用个体局部信息和群体全局信息指导算法进一步搜索的能力。

(5)易与其他算法混合构造出具有更优性能的算法。

本书在第 7 章使用和声搜索算法求解鲁棒流水车间调度问题。

4.2.3.2　遗传算法

遗传算法(genetic algorithm,GA)是仿照生物的进化机制而发展起来的一种高效的全局搜索优化方法[132],其可通过给定一组初始解作为一个群体,以选择、交换和变异等遗传操作符来搜索最优解。

遗传算法能在搜索过程中自动地获取和积累有关搜索空间的信息,并且自适应地控制搜索过程以求得最优解。根据适者生存的原则,遗传算法在每一代中通过交叉变异方法根据适应度值选择个体,产生一个新的近优解。这个过程将导致种群中个体的进化,即新得到的解会比原来的解更好。遗传算法的主要缺陷是早熟和搜索效率低,这类方法在一般情况下收敛于最优解的速度很慢,与多数启发式方法类似,很难确定是否或何时可以得到最优解。

由于理论上遗传算法具有概率 1 的收敛特性,因此其初始种群往往是随机产生的。考虑到搜索质量和效率,一方面人们希望初始种群应尽量分散地分布于解空间,另一方面人们又可以通过一些简单的方法或规则快速地产生一些解并将它作为遗传算法的初始个体。

遗传算法的种群规模是影响算法最终优化性能和效率的因素之一。种群太小将不能提供足够多的采样点,会导致算法性能很差;种群太大的话,尽管增加优化信息可阻止早熟收敛,但无疑会增加计算量,从而使收敛时间太长。在优化的过程中种群的数目是可以变化的,当然,也可将较大规模的种群分成一些子种群进行进化。

在遗传算法中,染色体个体适应度的大小是判定该个体质量的依据。适应度越高则可认为该个体质量越好,被遗传到下一代的概率也就越大,相反,适应度越低则该个体被遗传到下一代的概率也会越小。

遗传算法的优胜劣汰思想主要体现在选择、交叉、变异等遗传操作中。选择操作是从当前种群中选出优良染色体作为下一代遗传操作对象的过程,其可避免有效基因的损失,使高性能的个体生存下来的概率更大,提高全局收敛性和计算效率。常用的选择方式有轮盘赌、基于排名的选择和锦标赛选择:轮盘赌即用正比于个体适应度的概率选择相应个体;基于排名的选择即首先将种群中的个体根据适应度值由好到坏进行排列,然后给每个个体分配一定的选择概率,要求越好的个体分配的概率越大且所有个体的选择概率之和为1,分配方式不限;锦标赛选择即首先在父代种群中选择 k 个个体,然后选择其中适应度最好的个体。

交叉操作在遗传算法中起核心作用,其首先对种群中的染色体进行随机配对,然后以一定的概率把两个父代个体的部分基因加以替换重组而生成新的个体。通过交叉在解空间中进行有效的搜索,使遗传算法的搜索能力得以飞跃性地提高。

变异操作是以一定的概率对群体中的某些个体的某些基因作变动。当执行交叉操作后产生的后代无法再进化且没有达到最优时,意味着算法达到了早熟收敛。变异操作在一定程度上可以改变这种情况,增加种群的多样性。变异概率对算法的性能有很大的影响,概率太小可能无法产生新个体,而概率太大则可能会使遗传算法成为随机搜索。

作为一种全局优化算法,遗传算法在求解各类复杂优化问题中具有显著优势。与传统的搜索算法相比,遗传算法有以下特点。

(1)遗传算法不直接操作决策参数,而是操作编码后形成的染色体,其操作对象可以是多种数据类型描述的染色体,因此适用范围广。

(2)对目标函数无特殊要求,不要求目标函数具有连续性、可导性和凸性等特质。

(3)遗传算法针对由多个可行染色体构成的种群迭代寻优,而不是针对单个染色体,因此具有隐含可行性,易跳出局部最优。

(4)由于遗传算法是在一系列随机的种群之间操作,且在初始种群的选取、交叉、变异等操作上也都有一定的随机性,因此该算法更有机会获得最优解。

(5)遗传算法易与其他搜索算法(包括启发式及邻域搜索方法)混合,构成搜索效率更高的智能优化算法。

作为一种典型的并行搜索算法,遗传算法可同时搜索解空间内多个区域,但由于随机性,其所消耗的计算时间要比传统的一些算法多,另外,遗传算法最优解的收敛情况也具有一定的随机性。在实际应用中,该算法可能还会表现出搜索后期效率较低、容易过早收敛、种群的进化缓慢、局部寻优能力较差等不足。

本书在第 8 章使用基于遗传操作的混合算法求解多目标的鲁棒作业车间调度问题。

4.2.3.3　果蝇优化算法

果蝇优化算法(fruit fly optimization algorithm,FOA)是潘文超[133]在2012 年提出的。该算法是基于果蝇觅食的复杂关系而演化出的一种全局寻优方法,其在机器调度问题中已得到大量应用[134-136]。

作为一种自然启发的基于种群的进化算法,在果蝇优化算法中,果蝇探索的位置代表优化问题中的解,食物源代表优化问题的最优解,迭代搜索解的空间即寻找最优解的过程,该过程将通过模仿果蝇觅食过程来实现。

根据果蝇的觅食特征可知,对空间的搜索过程包含两个子过程,即嗅觉搜索和视觉搜索。嗅觉搜索模仿果蝇在搜索食物时利用气味的浓度判定事物的方向,以气味的浓度代表优化问题的目标函数值,气味浓度越大表示目标函数值越好。标准果蝇优化算法在嗅觉搜索阶段的寻优为随机搜索操作,缺乏合理的方向性指导,收敛缓慢或效果不佳。同时,影响果蝇优化算法性能的核心是生成嗅觉阶段的邻域个体,因此,果蝇优化算法在嗅觉搜索阶段的成功与否直接影响整个算法的求解效率。

在觅食过程中,果蝇群体通过共享信息调整搜索方向,如共享食物源位置信息使种群最终逼近食物源。为了提高算法的全局搜索能力,程序可模拟果蝇种群行为,在视觉搜索阶段引入全局共享信息的搜索机制。首先需要评估所有新产生果蝇个体的质量,然后,从上一代种群和新产生果蝇个体构成的整个果蝇群体中按照果蝇个体的质量从高到低的顺序选择果蝇个体,保持果蝇种群规模不变。

本书在第 6 章使用果蝇优化算法求解鲁棒无关并行机调度问题。

4.3 多目标优化问题

3.3节和3.4节给出了两种双目标鲁棒优化模型,而多目标鲁棒优化问题是本书阐述的重要内容。

4.3.1 多目标优化方法分类

简单来说多目标优化问题就是在满足一个或者多个约束条件下同时优化系统中的多个具有冲突性的目标。多目标优化可能并不存在一个最优解能同时使各个目标达到最优,所以其问题可能并不存在最优解的概念,取而代之的是有效解或帕累托解的概念。

目前对多目标优化问题的处理主要分为两大类,一类是采用非帕累托方法,另一类是采用帕累托方法。非帕累托方法的主要思想就是将多个目标转化为单目标,从而将多目标优化问题转化为人们较为熟悉且成熟的单目标优化问题。此类方法主要有权重法、约束条件法、目标规划法等,这类方法由于权重等参数的选取存在一定的主观性,往往求的解和真实情况相差会较大,此外这类方法最终得到的一般只是一个解,并不能为决策者提供多种决策选择。帕累托方法最终得到的是一个互相不能占优的帕累托解集,此解集中的每一个解并没有优劣之分,决策者可以根据自己的需求选取合适的方案。当在不同的帕累托解集之间比较时,就需要一定的指标作为衡量标准。

4.3.2 多目标进化算法

在多目标优化领域中,多目标进化算法(multi objective evaluationary algorithms, MOEAs)是最为主要的优化算法[137],该算法被广泛应用于处理多目标优化问题,其产生新解的方式是基于遗传算子,但该算法对解的评价不可避免要面对问题的多目标特点。

多目标进化算法可分为三类:基于帕累托占优的多目标进化算法,基于指标的多目标进化算法(MOEA/I)以及基于分解的多目标进化算法(MOEA/D)。基于帕累托占优的多目标进化算法主要是通过帕累托占优准则评估个体解,并将整个种群推向帕累托边界。帕累托支配原则在基于占优的多目标进化算法的收敛中起着关键作用,特别适合在一次运行中搜索帕累托解。

Deb等[138]提出的带精英策略的非占优排序遗传算法(non-dominated sorting genetic algorithm-Ⅱ, NSGA-Ⅱ)是最为典型的基于帕累托占优的多目标进化算法[129]。NSGA-Ⅱ是在原始的非占优排序遗传算法(non-dominated sorting genetic algorithm，NSGA)基础上针对其计算效率偏低、未考虑保留精英解、需要预先设定共享参数的缺点，加入了新的快速非占优排序算子、精英保留策略和拥挤距离计算算子，故在多目标优化上该算法优于包括 NSGA 在内的许多多目标进化算法。

NSGA-II 原理为：首先随机产生 N 个个体构成初始种群 P_0，并对种群 P_0 进行非占优分级，随后通过遗传算法的选择、交叉、变异三个操作得到第一代子种群；其次，从下一代开始将父代种群和子代种群进行合并得到合并种群，这时对合并种群进行快速非占优排序，并对每个帕累托前沿中每个个体进行拥挤距离计算；再次，根据帕累托前沿等级以及个体的拥挤距离的大小选择 N 个个体作为下一代父代种群；最后再根据遗传算法的基本算子产生子代种群，依次类推，直到满足终止准则结束算法[138]。

快速非占优排序是针对种群中的所有个体的，其可根据占优种群中其他个体的情况对该个体进行分级排序。快速非占优排序的思想就是：从种群中的所有个体中先找出不被任何一个个体占优的所有个体，将它们作为帕累托前沿的第一等级，相应的阶值为 1；然后从剩下的所有个体中再找出所有不被任何其他个体占优的个体，将相应的这部分个体作为帕累托前沿的第二等级，对应的阶值为 2；依次类推，直到种群中的所有个体都完成排序，排序结束。图 4-1 为种群快速非占优排序后的前沿分布图，从图中可以看出排序后的个体分布在不同帕累托前沿等级面上，最前面的是阶为 1 的帕累托前沿面，它不被后面所有的个体占优。

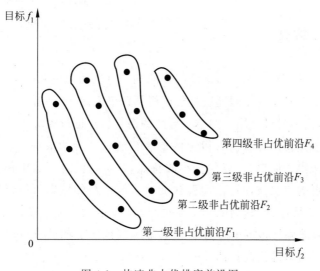

图 4-1 快速非占优排序前沿图

在 NSGA-Ⅱ 的执行过程中,为防止父代种群中的优秀个体丢失以及保留精英解,在选择下一代父代种群时可以将父代种群和子代种群合并在一起,得到合并种群。此时合并种群数量为 $2N$,这样可使父代种群和子代种群一起竞争,通过非占优排序、拥挤距离选择得到下一代父代种群,这样的方法会尽可能地保留父代种群中的优秀个体,更容易得到更优秀的下一代。

在选择合并种群得到下一代父代种群时需要经过两个过程。首先,要对合并种群中的个体进行快速非占优排序,将个体分成不同的帕累托前沿等级;然后,需要对不同的帕累托前沿等级中个体计算其拥挤距离,根据前沿等级从高到低依次将其加入下一代父代种群中,当最后加入的帕累托前沿等级中个体使下一代父代种群中个体超过初始种群规模时,则需要比较最后加入的帕累托前沿等级中的个体的拥挤距离,并根据拥挤距离从大到小选取下一代放入父代种群中。

在 NSGA-Ⅱ 过程中,选取下一代父代种群时,选取个体往往是在同一个帕累托前沿中进行的,即这些个体的帕累托前沿等级阶值相同,此时只需要比较两者的拥挤距离大小,选择拥挤距离大的个体。在父代种群经过遗传操作产生子代种群时,两个个体的帕累托前沿等级可能会不同。此时选取的原则是:若帕累托前沿等级不同,则选择等级高的(级数小的)的个体;若个体的帕累托前沿等级相同,则比较两者的拥挤距离,选择拥挤距离大的个体。

本书在第 8 章使用基于 NSGA-Ⅱ 的混合算法求解双目标鲁棒作业车间调度问题。

4.4　混合算法

本章前文阐述了求解机器调度问题的几类算法的原理和框架。实际上,不管是求解确定性机器调度问题还是鲁棒机器调度问题,单一算法往往存在各种局限和不足,更多时候是用上述单一算法的混合算法进行求解[97-99]。

混合算法是将两种或两种以上的单一算法相结合的求解算法。基于规则的构造性算法由于简单、计算代价小的特点,常常在混合算法中作为产生初始解或初始种群的方法被使用。而群智能搜索算法与邻域串行搜索则更是经常相互结合构成混合算法,将群智能并行搜索在搜索大规模解空间时的探测(exploration)优势与邻域串行搜索在局部深度搜索上的开发(exploitation)优势相结合可以有效地提高算法效率。

求解单目标机器调度和求解多目标机器调度都可以使用混合算法。本书后续章节中将阐述多种混合算法在鲁棒机器调度中的应用,例如,第 8 章的混合禁忌搜索算法、混合模拟退火算法和混合多目标进化算法等,具体的混合算法结构和混合方法将在后文中结合具体调度模型进行阐述。

4.5　本章小结

本章对鲁棒机器调度的求解算法基础进行归纳,内容仅限于后续章节将会用到的算法,由于本书内容的局限性,所以此处所归纳的机器调度算法也相当有限。

确定性机器调度的算法是鲁棒机器调度求解算法的基础。鲁棒机器调度的求解算法可在一个相当广泛的范围供选择。对鲁棒机器调度算法的研究未来也是一个非常有前景的方向。

第 5 章　鲁棒单机调度

单机调度(single-machine scheduling，SS)是机器调度中一种最基本的形式,虽然只涉及一台机器,但是大部分单机调度问题却是 NP-hard 问题。在实际生产中,复杂机器环境的调度问题有时可以被分解为若干单机调度问题来解决,许多具有实际背景的调度问题也可以被归结为单机调度问题。

基于场景的鲁棒优化方法在机器调度领域的应用是从单机调度问题开始的[139-144]。本章将基于场景的不确定单机调度命名为场景单机调度(scenario single-machine scheduling,SSS)。Daniels 等[70] 在区间场景下将最大后悔模型应用于单机调度问题,给出了分支定界算法和构造性启发式算法。Yang 和 Yu[110] 在离散场景下研究了单机调度问题的最坏场景模型,给出了动态规划算法。Zhu[76] 和于莹莹[80] 在离散场景下为单机调度问题建立了数目坏场景集模型,提出了分支定界算法和束搜索算法。上述鲁棒单机调度问题都以所有工件的总流程时间为性能指标。

本章从描述性能指标为总流程时间的确定性单机调度问题开始,阐述几种鲁棒单机调度模型的特点、性质及求解算法。

5.1　确定性单机调度问题描述

单机调度问题描述为:要在一台机器上加工 n 个工件,已知每个工件都有加工时间、到达时间等参数,在满足工艺约束的条件下,确定 n 个工件在这台机器上的加工序列,使得加工性能指标达到最优。

此处考虑的性能指标为总流程时间,即所有工件的完工时间之和(total flow time,TFT)。如果 n 个工件在零时刻全部到达,以 C_i 表示工件 i($i=1$,$2,\cdots,n$)的完成时间,令工件 i 的加工时间为 p_i,以矩阵 $\boldsymbol{X} = \{x_{ik} \mid i = 1,2,\cdots,n; k=1,2,\cdots,n\}$ 表示一个调度解,其中

$$x_{ik} = \begin{cases} 1, & \text{工件 } i \text{ 位于工件序列的第 } k \text{ 个位置} \\ 0, & \text{否则} \end{cases}$$

在该问题中,如果工件的加工时间全部已知且确定,则性能指标为 TFT

的确定性单机调度问题可用三元法表示为 $1\|\sum C_i$，调度解 $\boldsymbol{X}$ 的性能值可表示为

$$\text{TFT}(\boldsymbol{X}) = \sum_{i=1}^{n}\sum_{k=1}^{n}(n-k+1)p_i x_{ik} \tag{5-1}$$

问题 $1\|\sum C_i$ 可形式化表示为如下的数学规划形式：

$$\min_{\boldsymbol{X}} \quad \text{TFT}(\boldsymbol{X}) \tag{5-2}$$

$$\text{s.t.} \quad \sum_{k=1}^{n} x_{ik} = 1, \quad i = 1,2,\cdots,n \tag{5-3}$$

$$\sum_{i=1}^{n} x_{ik} = 1, \quad k = 1,2,\cdots,n \tag{5-4}$$

$$x_{ik} \in \{0,1\}, \quad i = 1,2,\cdots,n; k = 1,2,\cdots,n \tag{5-5}$$

满足约束(5-3)～约束(5-5)的一个解 $\boldsymbol{X}$ 给出了一个可行的工件加工序列。确定性问题 $1\|\sum C_i$ 是一个可以用 $O(n\log n)$ 多项式算法求解的简单问题，根据 SPT 规则[117]，按照工件加工时间长短的非降排序可以提供该问题的最优解。

5.2　最坏场景鲁棒单机调度

对于 5.1 节描述的单机调度问题 $1\|\sum C_i$，如果工件加工时间是不确定的，用场景集 Λ 表示不确定的加工时间。n 个工件加工时间的一组可能值为一个场景 λ，令 $\boldsymbol{P}^\lambda = (p_1^\lambda, p_2^\lambda, \cdots, p_i^\lambda, \cdots, p_n^\lambda)$ 表示场景 λ 下 n 个工件加工时间的向量，其中 p_i^λ 表示工件 i 在场景 λ 下的加工时间，则称不确定加工时间用场景描述的单机调度问题为场景单机调度（scenario single-machine scheduling，SSS)问题，则在场景 λ 下，SSS 问题的解 $\boldsymbol{X}$ 的 TFT 性能值可表示为

$$\text{TFT}(\boldsymbol{X},\lambda) = \sum_{i=1}^{n}\sum_{k=1}^{n}(n-k+1)p_i^\lambda x_{ik} \tag{5-6}$$

本节将对场景单机调度（SSS)建立最坏场景鲁棒优化模型，并介绍迭代松弛算法和分支定界算法。

5.2.1　最坏场景鲁棒单机调度模型

对场景单机调度（SSS)，Yang 和 Yu[110] 在离散场景下建立了 2.5.1.1 节阐述的最坏场景模型（WCM)，这里把该模型表示为 SSS-WCM，表示如下：

$$\min_{\boldsymbol{X}\in S\boldsymbol{X}} \max_{\lambda\in\Lambda} \text{TFT}(\boldsymbol{X},\lambda) \tag{5-7}$$

$$\text{s.t.} \quad 式(5\text{-}3) \sim 式(5\text{-}5)$$

鉴于最坏场景模型为最小最大指标,三元表示法表示离散场景下的最坏场景鲁棒单机调度 SSS-WCM 问题为 $1 \mid \boldsymbol{P}^{\lambda} \mid \min\text{-}\max_{\lambda} \sum C_i$。区间场景下的最坏场景鲁棒单机调度问题 SSS-WCM 用三元法表示为 $1 \mid \boldsymbol{P}^{\lambda[\ ]} \mid \min\text{-}\max_{\lambda} \sum C_i$。

下面分离散场景和区间场景两种情况讨论 SSS-WCM 问题的性质和求解方法。

Yang 和 Yu[110]证明了 $1 \mid \boldsymbol{P}^{\lambda} \mid \min\text{-}\max_{\lambda} \sum C_i$ 问题在离散场景下是 NP-完全的。

定理 5-1　即使在两个场景的情况下,$1 \mid \boldsymbol{P}^{\lambda} \mid \min\text{-}\max_{\lambda} \sum C_i$ 问题是 NP-hard 的[110]。(证明见文献[110],此处略)

定理 5-2　在无限数目场景下,问题 $1 \mid \boldsymbol{P}^{\lambda} \mid \min\text{-}\max_{\lambda} \sum C_i$ 呈现出 NP-hard 性质。(证明见文献[110]附录,此处略)

由定理 5-2 可知,$1 \mid \boldsymbol{P}^{\lambda[\ ]} \mid \min\text{-}\max_{\lambda} \sum C_i$ 也是 NP-hard 的。

对问题 $1 \mid \boldsymbol{P}^{\lambda} \mid \min\text{-}\max_{\lambda} \sum C_i$,Yang 和 Yu[110]给出了一种动态规划算法作为精确算法,此处不做详细描述,感兴趣的读者可参见文献[110]。

已有大量文献研究确定性单机调度问题的求解方法,本书侧重阐述处理场景表示的不确定性带来的鲁棒单机调度问题难度的办法,在离散场景下对问题 $1 \mid \boldsymbol{P}^{\lambda} \mid \min\text{-}\max_{\lambda} \sum C_i$ 给出迭代松弛算法,并对区间场景下问题 $1 \mid \boldsymbol{P}^{\lambda[\ ]} \mid \min\text{-}\max_{\lambda} \sum C_i$ 给出分支定界算法。

5.2.2　离散场景下的迭代松弛法

令 $\lambda^w(\boldsymbol{X})$ 为问题 $1 \mid \boldsymbol{P}^{\lambda} \mid \min\text{-}\max_{\lambda} \sum C_i$ 解 $\boldsymbol{X}$ 下的最坏场景,则 $\lambda^w(\boldsymbol{X}) = \arg\max_{\lambda \in \Lambda} \text{TFT}(\boldsymbol{X},\lambda)$,式(5-7)也可表示为

$$\min_{\boldsymbol{X} \in \text{SX}} \text{TFT}(\boldsymbol{X},\lambda^w(\boldsymbol{X})) \tag{5-8}$$

问题 $1 \mid \boldsymbol{P}^{\lambda} \mid \min\text{-}\max_{\lambda} \sum C_i$ 也可表示为 $1 \mid \boldsymbol{P}^{\lambda} \mid \min \text{TFT}(\boldsymbol{X},\lambda^w(\boldsymbol{X}))$。

下面阐述离散场景下问题 $1 \mid \boldsymbol{P}^{\lambda} \mid \min \text{TFT}(\boldsymbol{X},\lambda^w(\boldsymbol{X}))$ 的迭代松弛法。将问题 $1 \mid \boldsymbol{P}^{\lambda} \mid \min \text{TFT}(\boldsymbol{X},\lambda^w(\boldsymbol{X}))$ 转化为如下等价问题 T。

$$(T) \qquad\qquad \min_{\boldsymbol{X}} z \tag{5-9}$$

$$\text{s. t.} \quad \text{TFT}(\boldsymbol{X}, \lambda) \leqslant z, \quad \lambda \in \Lambda \tag{5-10}$$

$$\text{式}(5\text{-}3) \sim \text{式}(5\text{-}5)$$

问题 T 的形式是 0-1 整数线性规划,故可用割平面法或分支定界算法精确求解,利用 CPLEX 等软件可以直接求解,但求解问题的规模有限。

此处问题 T 的复杂性在于,当 $\lambda \in \Lambda$ 时,式(5-10)包含关于场景集 Λ 中每个场景的一个约束,实际上式(5-10)包含 $|\Lambda|$ 个约束。如果场景集中场景数目过多,则问题 T 将包含过多的约束,这个问题可以用迭代松弛算法处理,通过迭代求解约束较少的松弛问题,在不断增加松弛问题的约束中逼近原问题的最优解。

定义第一个松弛子问题 RT1 如下:

$$(\text{RT1}) \qquad\qquad \min_{\boldsymbol{X}} z$$

$$\text{s. t.} \quad \text{TFT}(\boldsymbol{X}, \lambda_1) \leqslant z, \lambda_1 \in \Lambda \tag{5-11}$$

$$\text{式}(5\text{-}3) \sim \text{式}(5\text{-}5)$$

在松弛子问题 RT1 中,式(5-11)只包含与场景 λ_1 相关的一个约束,问题 RT1 相对问题 T 的约束被放松,设 RT1 的最优解为 $\boldsymbol{X}_1^*$,验证解 $\boldsymbol{X}_1^*$ 是否满足问题 T 中式(5-10)对应的各个场景下的约束,如果满足,则 $\boldsymbol{X}_1^*$ 也是问题 T 的最优解;如果式(5-10)中有约束不能被满足,设解 $\boldsymbol{X}_1^*$ 对应的问题 RT1 的最优目标值为 z_1^*,则 z_1^* 是问题 T 最优目标值的一个下界。

一般而言,定义第 k 个松弛子问题 RTk 为

$$(\text{RT}k) \qquad\qquad \min_{\boldsymbol{X}} z$$

$$\text{s. t.} \quad \text{TFT}(\boldsymbol{X}, \lambda_1) \leqslant z, \lambda_1 \in \Lambda \tag{5-12-1}$$

$$\text{TFT}(\boldsymbol{X}, \lambda_2) \leqslant z, \lambda_2 \in \Lambda \tag{5-12-2}$$

$$\vdots$$

$$\text{TFT}(\boldsymbol{X}, \lambda_k) \leqslant z, \lambda_k \in \Lambda \tag{5-12-k}$$

$$\text{式}(5\text{-}3) \sim \text{式}(5\text{-}5)$$

在松弛子问题 RTk 中式(5-12-1)~式(5-12-k)包含 k 个约束,随着 k 值的增大,问题 RTk 相对问题 T 的约束被放松的程度逐渐减小。设 RTk 的最优解为 $\boldsymbol{X}_k^*$,验证解 $\boldsymbol{X}_k^*$ 是否满足问题 T 中式(5-10)对应的各个场景下的约束,如果满足,则 $\boldsymbol{X}_k^*$ 是问题 T 的最优解;如果式(5-10)中有约束不能满足,设解 $\boldsymbol{X}_k^*$ 对应的问题 RTk 的最优目标值为 z_k^*,则 z_k^* 是问题 T 最优目标值的下界。随着 k 值的增大,z_k^* 逐渐接近问题 T 的最优目标值。当场景集 Λ 中包含有限场景数时,上述迭代过程最多迭代到第 $|\Lambda|$ 个松弛子问题就可得出原问题 T。

实验表明,通常情况下无须迭代到第 $|\Lambda|$ 个松弛子问题即可得出原问题

T 的最优解，求解过程中所处理的松弛子问题约束相比原问题 T 大大减少。

5.2.3　区间场景下的分支定界算法

区间场景下问题 $1 \mid \boldsymbol{P}^{\lambda[\ ]} \mid \min\text{-}\max_{\lambda} \sum C_i$ 是 NP-hard 的，分支定界算法只能处理中小规模问题，故本节将给出一种求解问题 $1 \mid \boldsymbol{P}^{\lambda[\ ]} \mid \min\text{-}\max_{\lambda} \sum C_i$ 的分支定界算法。

定义 5-1　如果场景 λ 取自区间场景集，用向量 $\boldsymbol{P}^{\lambda[\ ]}$ 表示区间场景描述下的所有工件不确定加工时间向量，则 $\boldsymbol{P}^{\lambda[\ ]} = (p_1^{\lambda}, p_2^{\lambda}, \cdots, p_i^{\lambda}, \cdots, p_n^{\lambda})$，其中工件 i 的加工时间 p_i^{λ} 取自独立给定区间，$p_i^{\lambda} \in [\underline{p_i}, \overline{p_i}]$，$\underline{p_i}$ 和 $\overline{p_i}$ 分别为工件 i 的不确定加工时间的下界和上界。如果所有工件的加工时间都取各自给定区间的边界，即对任一工件 i，要么 $p_i^{\lambda} = \underline{p_i}$，要么 $p_i^{\lambda} = \overline{p_i}$，这时的加工时间场景 λ 称为极点场景（extreme point scenario）[108]。

对给定解 $\boldsymbol{X}$，最坏场景 $\lambda^w(\boldsymbol{X})$ 是确定的，$p_i^{\lambda^w(\boldsymbol{X})} \in [\underline{p_i}, \overline{p_i}]$，问题 $1 \mid \boldsymbol{P}^{\lambda[\ ]} \mid \min\text{-}\max_{\lambda} \sum C_i$ 的目标函数 $\mathrm{TFT}(\boldsymbol{X}, \lambda^w(\boldsymbol{X})) = \sum_{i=1}^{n} \sum_{k=1}^{n} (n - k + 1) p_i^{\lambda^w(\boldsymbol{X})} x_{ik}$ 是最坏场景 $\lambda^w(\boldsymbol{X})$ 描述的工件加工时间 $p_i^{\lambda^w(\boldsymbol{X})}$ 的分段线性函数，而约束（5-3）～约束（5-5）关于解变量 x_{ik} 也是线性的，即可行域构成解空间的多面体，所以问题 $1 \mid \boldsymbol{P}^{\lambda[\ ]} \mid \min\text{-}\max_{\lambda} \sum C_i$ 的最优解一定可在多面体的顶点处（分段线性函数的断点处）得到，即在区间场景集的边界处可得到最坏场景，最坏场景 $\lambda^w(\boldsymbol{X})$ 必定是极点场景。

定理 5-3　问题 $1 \mid \boldsymbol{P}^{\lambda[\ ]} \mid \min\text{-}\max_{\lambda} \sum C_i$ 中，对其中的任意两个工件 i 和 j，如果满足 $\underline{p_j} \geqslant \overline{p_i}$，则在问题的最优序列中，工件 i 排序优先工件 j[108]。

证明　设 $\boldsymbol{X}_{ij}$ 为 $1 \mid \boldsymbol{P}^{\lambda[\ ]} \mid \min\text{-}\max_{\lambda} \sum C_i$ 的一个可行解，且在其对应的工件序列中，工件 i 排在工件 j 之前。交换 $\boldsymbol{X}_{ij}$ 中工件 i 和工件 j 的位置，其他工件位置不变，所得到的解表示为 $\boldsymbol{X}_{ji}$。下面证明，在满足条件 $\underline{p_j} \geqslant \overline{p_i}$ 时，$\boldsymbol{X}_{ji}$ 不可能是问题 $1 \mid \boldsymbol{P}^{\lambda[\ ]} \mid \min\text{-}\max_{\lambda} \sum C_i$ 的最优序列。

由于 $\underline{p_j} \geqslant \overline{p_i}$，可知在所有场景下，工件 i 的加工时间都不大于工件 j 的加工时间，根据 SPT 规则可得，对任一场景下的最优调度，加工时间短的工件一定排在加工时间长的工件前面，即对任意 $\lambda \in \Lambda$，有 $\mathrm{TFT}(\boldsymbol{X}_{ji}, \lambda) \geqslant \mathrm{TFT}(\boldsymbol{X}_{ij}, \lambda)$，因此对 $\lambda = \lambda^w(\boldsymbol{X}_{ij})$，有

$$\mathrm{TFT}(\boldsymbol{X}_{ji}, \lambda^w(\boldsymbol{X}_{ij})) \geqslant \mathrm{TFT}(\boldsymbol{X}_{ij}, \lambda^w(\boldsymbol{X}_{ij}))$$

所以,

$$\text{TFT}(\boldsymbol{X}_{ji}, \lambda^{w}(\boldsymbol{X}_{ji})) \geqslant \text{TFT}(\boldsymbol{X}_{ji}, \lambda^{w}(\boldsymbol{X}_{ij})) \geqslant \text{TFT}(\boldsymbol{X}_{ij}, \lambda^{w}(\boldsymbol{X}_{ij}))$$

即对问题 $1 \mid \boldsymbol{P}^{\lambda[\ ]} \mid \text{min-}\max\limits_{\lambda}\sum C_i$, 解 $\boldsymbol{X}_{ij}$ 优于解 $\boldsymbol{X}_{ji}$, $\boldsymbol{X}_{ji}$ 不可能是问题 $1 \mid \boldsymbol{P}^{\lambda[\ ]} \mid \text{min-}\max\limits_{\lambda}\sum C_i$ 的最优序列,即在该问题的最优序列中,工件 i 排序优先工件 j。　　　　　　　　　　　　　　　　　　　　　　　　□

在分支定界算法中,为了估算分支节点的上下界,可以将 $1 \mid \boldsymbol{P}^{\lambda[\ ]} \mid \text{min-}\max\limits_{\lambda}\sum C_i$ 转化为如下等价问题。

(TT)　　　　　　　　　　　　　　　$\min\limits_{X} z$

$$\text{s.t.}\quad \text{TFT}(\boldsymbol{X}, \lambda) \leqslant z, \lambda \in \Lambda \tag{5-13}$$

　　　　　　　　　式(5-3) ~ 式(5-5)

当 $\lambda \in \Lambda$ 时,式(5-13)包含关于场景集 Λ 中每个场景的一个约束。

使用代理松弛法计算问题 TT 的下界。对每个场景 $\lambda \in \Lambda$, 取乘子分量 μ_{λ} 构成乘子向量 $\boldsymbol{\mu} = \{\mu_{\lambda}: 0 \leqslant \mu_{\lambda} \leqslant 1, \sum\limits_{\lambda \in \Lambda}\mu_{\lambda} = 1, \lambda \in \Lambda\}$, 则问题 TT 的松弛问题为

(RTT)　　　　　　　　　　　　　$S(\boldsymbol{\mu}) = \min z$

$$\text{s.t.}\quad \sum_{\lambda \in \Lambda}\mu_{\lambda}\text{TFT}(\boldsymbol{X}, \lambda) = \sum_{i=1}^{n}\sum_{k=1}^{n}(n-k+1)\Big(\sum_{\lambda \in \Lambda}\mu_{\lambda}p_i^{\lambda}\Big)x_{ik} \leqslant \Big(\sum_{\lambda \in \Lambda}\mu_{\lambda}\Big)z = z \tag{5-14}$$

　　　　　　　　　式(5-3) ~ 式(5-5)

由于约束(5-14)是对约束(5-13)中所包含约束的松弛,则对任一乘子向量 $\boldsymbol{\mu}$, $S(\boldsymbol{\mu})$ 都是问题 TT 的最优目标函数值的下界。确定 $S(\boldsymbol{\mu})$ 的最优解等价于求解如下问题。

$$S(\boldsymbol{\mu}) = \min\sum_{i=1}^{n}\sum_{k=1}^{n}(n-k+1)\Big(\sum_{\lambda \in \Lambda}\mu_{\lambda}p_i^{\lambda}\Big)x_{ik} \tag{5-15}$$

　　　　　　　　　s.t.　式(5-3) ~ 式(5-5)

令 $p_i' = \sum\limits_{\lambda \in \Lambda}\mu_{\lambda}p_i^{\lambda}$, p_i' 为工件 i 在各个场景下的加工时间由其各乘子 μ_{λ} 加权组合的均值,对给定的乘子向量 $\boldsymbol{\mu}$, p_i' 可看作工件 i 的代理加工时间,则松弛问题 RTT 等价于求解如下的代理松弛问题。

(S)　　　　　　$S(\boldsymbol{\mu}) = \min\sum_{i=1}^{n}\sum_{k=1}^{n}(n-k+1)p_i'x_{ik} \tag{5-16}$

　　　　　　　　　s.t.　　式(5-3) ~ 式(5-5)

问题 S 恰为工件代理加工时间为 $\{p_i': i=1, \cdots, n\}$ 时以总流程时间为性能

指标的确定性单机调度问题 $1\parallel\sum C_i$，其最优解为该代理加工时间场景下的 SPT 规则排序。令 Z_T^* 为问题 TT 的最优目标函数值，则 $S(\pmb{\mu})\leqslant Z_\mathrm{T}^*$。即对给定乘子向量 $\pmb{\mu}$，$S(\pmb{\mu})$ 是问题 TT 的最优目标函数值的一个下界。

以 $\pmb{X}^\mathrm{S}(\pmb{\mu})$ 表示问题 S 的最优解，$Z_\mathrm{T}(\pmb{X}^\mathrm{S}(\pmb{\mu}))$ 表示在解 $\pmb{X}^\mathrm{S}(\pmb{\mu})$ 下问题 TT 的目标函数值，则 $Z_\mathrm{T}(\pmb{X}^\mathrm{S}(\pmb{\mu}))\geqslant Z_\mathrm{T}^*=\min\limits_{\pmb{X}}\{Z_\mathrm{T}(\pmb{X})\}$，即问题 S 的最优解 $\pmb{X}^\mathrm{S}(\pmb{\mu})$ 对问题 TT 的目标函数值 $Z_\mathrm{T}(\pmb{X}^\mathrm{S}(\pmb{\mu}))$ 是问题 TT 的最优目标函数值的一个上界。综合以上分析可得到如下结论。

结论 5-1　给定一个乘子向量 $\pmb{\mu}$，求解代理松弛问题 S 可为问题 TT 的最优目标函数值提供一个下界和一个上界。

对任意场景 $\lambda\in\Lambda$，由于 $0\leqslant\mu_\lambda\leqslant 1$，理论上每个 μ_λ 可取该区间中任何值，只需满足 $\sum\limits_{\lambda\in\Lambda}\mu_\lambda=1$。当 μ_λ 变化时，求解问题 S 可得到问题 TT 的不同的下界和上界，下面寻求一个乘子向量 $\pmb{\mu}^*$ 使由 S 得到的下界最大（紧），即 $S(\pmb{\mu}^*)=\max\limits_{\pmb{\mu}}\{S(\pmb{\mu})\}$。

由于 μ_λ 可能的取值有无限种，给最优乘子向量 $\pmb{\mu}^*$ 的确定带来了困难，故下面借用 Daniels 等[108] 的分析方法首先分析在给定最优解 $\pmb{X}^\mathrm{S}\pmb{\mu})$ 下 $S(\pmb{\mu})$ 与乘子向量 $\pmb{\mu}$ 的关系。

对代理松弛问题 S，设 $\pmb{X}^\mathrm{S}(\pmb{\mu})$ 给定，即式(5-16)中 $x_{ik}(i=1,2,\cdots,n;k=1,2,\cdots,n)$ 给定，对此处讨论的单机调度问题，$\pmb{X}^\mathrm{S}(\pmb{\mu})$ 是 n 个工件的一个排序 σ，设其中位置 l 处的工件以符号 σ_l 表示，则 σ 为 $\{\sigma_1,\sigma_2,\cdots,\sigma_l,\cdots,\sigma_n\}$。

按照 Daniels 等[108] 的结论，给定一个排序 σ，函数 $S(\pmb{\mu})$ 是关于乘子向量 $\pmb{\mu}$ 的分段线性函数，而最优乘子 $\pmb{\mu}^*$ 应该在断点乘子处得到，这样就把对最优乘子的搜索从无限种可能的取值转化为在有限数目的断点乘子中进行。

由于排序 σ 是代理松弛问题 S 的最优解，即可对 n 个工件按照代理加工时间 $\{p_i':i=1,2,\cdots,n\}$ 的 SPT 规则排序得到，乘子的值在一个区间内变动时只要不改变工件之间 p_i' 的大小排序，则可保持排序 σ 不变，排序 σ 改变的前提是其中至少有两个工件的代理加工时间的大小排序发生了变化，因而断点乘子的值应在两个工件的代理加工时间相等时的临界点处得到。

不失一般性，考虑两个场景时的情形，即 $\Lambda=\{1,2\}$，令对应两个场景的松弛乘子分别为 $\pmb{\mu}$ 和 $1-\pmb{\mu}$，则式(5-16)变为

$$S(\pmb{\mu})=\min\sum_{i=1}^n\sum_{k=1}^n(n-k+1)(\pmb{\mu}p_i^1+(1-\mu)p_i^2)x_{ik} \tag{5-17}$$

设 i 和 j 是问题 S 的最优排序 σ 中的两个工件,令 $p_i' = p_j'$,即 $\boldsymbol{\mu} p_i^1 + (1 - \boldsymbol{\mu}) p_i^2 = \boldsymbol{\mu} p_j^1 + (1 - \boldsymbol{\mu}) p_j^2$,可以得到

$$\boldsymbol{\mu} = \frac{p_i^2 - p_j^2}{(p_j^1 - p_j^2) - (p_i^1 - p_i^2)} \tag{5-18}$$

当 i 和 j 是在场景 1 和场景 2 下排序 σ 中次序相反的两个工件时,或者有 $p_i^1 \leqslant p_j^1$ 且 $p_i^2 \geqslant p_j^2$,或者有 $p_i^1 \geqslant p_j^1$ 且 $p_i^2 \leqslant p_j^2$,这时 $0 \leqslant \mu \leqslant 1$,式(5-18) 表示的 $\boldsymbol{\mu}$ 值即为场景 1 和场景 2 下关于工件 i 和 j 的断点乘子。当 $\boldsymbol{\mu} \leqslant 0$ 或者 $\boldsymbol{\mu} \geqslant 1$ 时,工件 i 和 j 在场景 1 和场景 2 下的排序 σ 中具有相同的次序,则工件 i 和 j 之间不存在断点乘子。

结论 5-2　在考虑场景集 $\Lambda = \{1, 2\}$ 中为两个场景时,对于代理松弛问题 S 给定的一个解 σ,式(5-17)中 $S(\boldsymbol{\mu})$ 是以 μ_{ij} 为断点的乘子 $\boldsymbol{\mu}$ 的分段线性函数,断点乘子 μ_{ij} 可计算如下。

$$\mu_{ij} = \frac{p_i^2 - p_j^2}{(p_j^1 - p_j^2) - (p_i^1 - p_i^2)} \tag{5-19}$$

其中 i 和 j 是在场景 1 和场景 2 下问题 $1 \parallel \sum C_i$ 的最优排序中次序相反的两个工件。

结论 5-2 的证明可以参考 Daniels 等[108] 对 Proposition 5 的证明过程。

结论 5-2 说明,在两个场景下,对最优乘子的搜索可以在工件之间的断点乘子中进行,当两个场景下的搜索完成后,可以将场景集中其他场景逐个检测,如此迭代进行,直到场景集中所有场景检测完毕。

估算问题 TT 的上下界的算法由如下子程序 LBUB(lower bound and upper bound)所示。

子程序 LBUB 的步骤如下。

输入　场景集 Λ 和其中每个场景 $\lambda \in \Lambda$ 下所有工件的加工时间 $\boldsymbol{P}^\lambda = (p_1^\lambda, p_2^\lambda, \cdots, p_i^\lambda, \cdots, p_n^\lambda)$。

输出　下界 LB,上界 UB。

步骤 1　从场景集 Λ 选取两个场景 λ_1 和 λ_2 为场景 1 和场景 2,令 CS = $\{\lambda_1, \lambda_2\}$,用 SPT 规则确定场景 1 和场景 2 下的最优排序 σ_1^* 和 σ_2^*,初始化 LB = 0,UB = 0,$i = 1$,$j = 2$。

步骤 2　按照式(5-19)计算断点乘子 μ_{ij},如果 $\mu_{ij} \leqslant 0$ 或者 $\mu_{ij} \geqslant 1$,转步骤 6;否则转步骤 3。

步骤 3　对乘子 μ_{ij} 计算代理场景 λ_{ij}:$P^{\lambda_{ij}} = \{p^{\lambda_{ij}} : p_l^{\lambda_{ij}} = \mu_{ij} p^1 + (1 - \mu_{ij}) p_l^{\lambda_{ij}}, l = 1, 2, \cdots, n\}$。

步骤 4　用 SPT 规则确定场景 λ_{ij} 下的最优排序 $\sigma^*_{\lambda_{ij}}$，计算场景 λ_{ij} 下排序 $\sigma^*_{\lambda_{ij}}$ 式(5-6)的目标函数值 $\mathrm{TFT}(\sigma^*_{\lambda_{ij}})$。

步骤 5　计算下界：$\mathrm{LB}_{ij} = \mathrm{TFT}(\sigma^*_{\lambda_{ij}})$，如果 $\mathrm{LB}_{ij} > \mathrm{LB}$，更新 $\mathrm{LB} = \mathrm{LB}_{ij}$，$\sigma' = \sigma^*_{\lambda_{ij}}$，$\lambda' = \lambda_{ij}$。

步骤 6　令 $j = j+1$，如果 $j > n$，令 $i = i+1, j = i+1$；如果 $i \geqslant n$，转步骤 7；否则转步骤 2。

步骤 7　在场景集 Λ 中确定排序 σ' 对目标函数 $\mathrm{TFT}(\sigma', \lambda)$ 的最坏场景 λ_w，计算上界 $\mathrm{UB}(\sigma') = \mathrm{TFT}(\sigma', \lambda_w)$，如果 $\mathrm{UB}(\sigma') < \mathrm{UB}$，更新 $\mathrm{UB} = \mathrm{UB}(\sigma')$。

步骤 8　如果 $\lambda_w \in \mathrm{CS}$，终止；否则，$\mathrm{CS} = \mathrm{CS} \cup \{\lambda_w\}$，令场景 1 为 λ'，场景 2 为 $\lambda_w, i = 1, j = 2$，转步骤 2。

对于 n 个工件的单机调度问题，所有可能的排序数目为 $n!$。由于分支定界算法是一种隐枚举法，算法的最坏情况是搜索全部的解空间，即完全枚举，所以分支定界算法的算法复杂性为 $O(n!)$，这是一种非多项式算法，当问题规模增大时，算法所需的存储空间和计算时间将呈现"爆炸"式增长，所以分支定界算法虽然能求得最优解，但只能求解中小计算规模的问题。

此处讨论的单机鲁棒调度问题因不确定加工时间而增加了对调度性能评价时的复杂性，但解空间与确定性单机调度问题是一样的，故此处分支定界算法的算法复杂性仍是 $O(n!)$。虽然从算法复杂性角度来看分支定界算法不具有优势，但通过设计有效的剪枝规则和比较紧的上下界，在对具体算例的求解中分支定界算法可以避免完全枚举，大大节省执行过程中的存储空间和计算量，从而可以提高算法能够求解的问题规模。

5.3　最大后悔鲁棒单机调度

Daniels 等[108]以最小化最大后悔（min-max regret）性能为目标研究了区间场景下性能指标为总流程时间的最大后悔鲁棒单机调度模型。

5.3.1　最大后悔模型

场景鲁棒单机调度的最大后悔模型（WRM，见 2.5.1.2 节）表示为如下的 SSS-WRM 问题。

$$(\text{SSS-WRM})\quad \min_{\boldsymbol{X} \in \mathrm{SX}} \max_{\lambda \in \Lambda}[\mathrm{TFT}(\boldsymbol{X}, \lambda) - \mathrm{TFT}(\boldsymbol{X}^*, \lambda)] \tag{5-20}$$

$$\text{s.t.}\quad \text{式}(5\text{-}3) \sim \text{式}(5\text{-}5)$$

$\mathrm{TFT}(\boldsymbol{X}^{*},\lambda)$ 表示场景 λ 下最优解 $\boldsymbol{X}^{*}$ 的总流程时间性能值。区间场景下 SSS-WRM 问题可用三元法表示为 $1\mid\boldsymbol{P}^{\lambda[\ ]}\mid\underset{\lambda}{\min\text{-}\max}\,\text{regret}\sum C_i$。

令 $\lambda^{wr}(\boldsymbol{X})$ 为解 $\boldsymbol{X}$ 下的最大后悔场景（the worst-case regret scenario），则 $\lambda^{wr}(\boldsymbol{X})=\arg\underset{\lambda\in\Lambda}{\max}[\mathrm{TFT}(\boldsymbol{X},\lambda)-\mathrm{TFT}(\boldsymbol{X}^{*},\lambda)]$，故 SSS-WRM 问题也可表示为如下形式。

$$\underset{\boldsymbol{X}\in\mathrm{SX}}{\min}\,\mathrm{TFT}(\boldsymbol{X},\lambda^{wr}(\boldsymbol{X})) \tag{5-21}$$

$$\text{s.t.}\quad \text{式}(5\text{-}3)\sim\text{式}(5\text{-}5)$$

定理 5-4　$1\mid\boldsymbol{P}^{\lambda[\ ]}\mid\underset{\lambda}{\min\text{-}\max}\,\text{regret}\sum C_i$ 问题具有 NP-hard 性质[108]。（证明见文献[108]，此处略）

对于 $1\mid\boldsymbol{P}^{\lambda[\ ]}\mid\underset{\lambda}{\min\text{-}\max}\,\text{regret}\sum C_i$ 问题，其对应的确定性问题 $1\parallel\sum C_i$ 的最优解可以用 SPT 规则容易得到，所以其处理难度在于在区间场景下场景集包含无穷多个场景。下文阐述了依据 $1\mid\boldsymbol{P}^{\lambda[\ ]}\mid\underset{\lambda}{\min\text{-}\max}\,\text{regret}\sum C_i$ 问题的特殊性质将区间场景下问题 $1\mid\boldsymbol{P}^{\lambda[\ ]}\mid\underset{\lambda}{\min\text{-}\max}\,\text{regret}\sum C_i$ 转化为有限数目离散场景下的问题。

对给定解 $\boldsymbol{X}$，最大后悔场景 $\lambda^{wr}(X)$ 是确定的。场景 $\lambda^{wr}(\boldsymbol{X})$ 下工件 i 的加工时间 $p_i^{\lambda^{wr}(\boldsymbol{X})}\in[\underline{p}_i,\overline{p}_i]$，问题 $1\mid\boldsymbol{P}^{\lambda[\ ]}\mid\underset{\lambda}{\min\text{-}\max}\,\text{regret}\sum C_i$ 的目标函数为

$$\mathrm{TFT}(\boldsymbol{X},\lambda^{wr}(\boldsymbol{X}))=\sum_{i=1}^{n}\sum_{k=1}^{n}(n-k+1)p_i^{\lambda^{wr}(\boldsymbol{X})}x_{ik} \tag{5-22}$$

其中，$\mathrm{TFT}(\boldsymbol{X},\lambda^{wr}(\boldsymbol{X}))$ 是工件加工时间 $p_i^{\lambda^{wr}(\boldsymbol{X})}$ 的分段线性函数，而约束(5-3)~约束(5-5)关于解变量 x_{ik} 也是线性的，即 $1\mid\boldsymbol{P}^{\lambda[\ ]}\mid\underset{\lambda}{\min\text{-}\max}\,\text{regret}\sum C_i$ 问题的可行域构成解空间的多面体，所以其最优解一定能以多面体的顶点处（分段线性函数的断点处）得到，即在区间场景集的边界处得到最大后悔场景，最大后悔场景 $\lambda^{wr}(\boldsymbol{X})$ 必定是极点场景。

由于是单机调度，故在此可以换一种方式表示可行调度 $\boldsymbol{X}$。令 $\sigma=\{\sigma_1,\sigma_2,\cdots,\sigma_k,\cdots,\sigma_n\}$ 表示 n 个工件的一个排列，令 $\sigma_{\lambda}^{*}=\{\sigma_{\lambda1}^{*},\sigma_{\lambda2}^{*},\cdots,\sigma_{\lambda k}^{*},\cdots,\sigma_{\lambda n}^{*}\}$ 表示给定场景 λ 下的最优序列，其中 σ_k 和 $\sigma_{\lambda k}^{*}$ 分别表示在序列 σ 和 σ_{λ}^{*} 中占据位置 k 的工件。假设 $\boldsymbol{\pi}_i$ 表示工件 i 在序列 σ 中占据的位置，而 $\boldsymbol{\pi}_{\lambda i}^{*}$ 表示在序列 σ_{λ}^{*} 所占据的位置，其中给定加工时间场景 λ，该序列使总加工时间（TFT）最小（注意，σ_k 是 $\boldsymbol{\pi}_i$ 的逆，如果 $\sigma_k=i$，则 $\boldsymbol{\pi}_i=k$）。

定理 5-5　在问题 $1 \mid \boldsymbol{P}^{\lambda[\ ]} \mid \text{min-max regret} \sum_\lambda C_i$ 中，①对于任意序列 σ 和给定 TFT 性能指标，序列 σ 的最大后悔场景 $\lambda^{wr}(\sigma)$ 属于极点场景集。②在最大后悔场景 $\lambda^{wr}(\sigma)$ 下，对于序列 σ 和 σ_λ^* 中的工件 i，当 $\boldsymbol{\pi}_{\lambda^{wr}(\sigma)i}^* > \pi_i$ 时，$p_i^{\lambda^{wr}(\sigma)} = \overline{p}_i$；当 $\boldsymbol{\pi}_{\lambda^{wr}(\sigma)i}^* \leqslant \pi_i$ 时，$p_i^{\lambda^{wr}(\sigma)} = \underline{p}_i$ [108]。

按照定理 5-5 的结论，区间场景下问题 $1 \mid \boldsymbol{P}^{\lambda[\ ]} \mid \text{min-max regret} \sum_\lambda C_i$ 可以转化为有限数目离散场景问题。当工件数目为 n 时，极点场景数目为 2^n。

基于定理 5-5，下文给出求解问题 $1 \mid \boldsymbol{P}^{\lambda[\ ]} \mid \text{min-max regret} \sum_\lambda C_i$ 的分支定界算法。

5.3.2　分支定界算法

对于问题 $1 \mid \boldsymbol{P}^{\lambda[\ ]} \mid \text{min-max regret} \sum_\lambda C_i$，场景 λ 下的最优序列 σ_λ^* 按照 SPT 规则排序可以在 $O(n \log n)$ 时间内很容易得到，故 σ_λ^* 的性能值 $\text{TFT}(\sigma_\lambda^*)$ 容易得到。令 $G^\lambda = \text{TFT}(\sigma_\lambda^*)$，则问题可写成如下等价问题 M。

(M)　　　　　　　　　　　　　　$\min z$

$$\text{s.t.} \quad \sum_{i=1}^n \sum_{k=1}^n (n-k+1) p_i^\lambda x_{ik} \leqslant z + G^\lambda, \quad \lambda \in \Lambda \tag{5-23}$$

$$式(5\text{-}3) \sim 式(5\text{-}5)$$

问题 M 中场景集 Λ 包含相互独立的无穷多个场景。

定义一个辅助变量：

$$z_{jk} = \begin{cases} 1, & \text{如果 } \boldsymbol{\pi}_{\lambda^{wr}}^*(\sigma_j) = k \\ 0, & \text{其他} \end{cases}$$

对于 $j = 1, 2, \cdots, n$ 和 $k = 1, 2, \cdots, n$，确定最大后悔值可以通过求解如下的 WR 问题。

$$(\text{WR}) \quad \max \sum_{j=1}^n \left\{ \sum_{k=1}^j [k-j] \underline{p}_{\sigma_j} z_{jk} + \sum_{j=1}^n \left\{ \sum_{k=1}^j [k-j] \overline{p}_{\sigma_j} z_{jk} \right\} \right. \tag{5-24}$$

$$\text{s.t.} \quad \sum_{k=1}^n z_{jk} = 1, \quad j = 1, 2, \cdots, n \tag{5-25}$$

$$\sum_{j=1}^n z_{jk} = 1, \quad k = 1, 2, \cdots, n \tag{5-26}$$

$$z_{jk} \in \{0, 1\}, \quad j = 1, 2, \cdots, n; \ k = 1, 2, \cdots, n \tag{5-27}$$

问题 WR 可以通过多项式时间的匈牙利算法精确求解。设该问题的最优解为 σ_λ^*，由定理 5-5② 可获得最大后悔场景 λ^{wr}。

对于任意工件 i，令 $p_i \in [\underline{p_i}, \overline{p_i}]$，对两个工件 i 和 j，其加工时间区间有如下三种情况：不重叠（$\underline{p_i} \leqslant \underline{p_j}$ 且 $\overline{p_i} \leqslant \underline{p_j}$），部分重叠（$\underline{p_i} \leqslant \underline{p_j}$ 且 $\underline{p_j} \leqslant \overline{p_i} \leqslant \overline{p_j}$），或者完全重叠（$\underline{p_i} \leqslant \underline{p_j}$ 且 $\overline{p_j} \leqslant \overline{p_i}$）。以下结果表明，在这三种情况中的两种情况下，工件 i 和 j 在鲁棒调度中的相对位置可以被明确地确定。

定理 5-6　对于问题 $1 \mid \boldsymbol{P}^{\lambda[\ ]} \mid \min_{\lambda}\text{-max regret} \sum C_i$，如果两个工件 i 和 j 的加工时间区间场景满足：$\underline{p_i} \leqslant \underline{p_j}$ 且 $\overline{p_i} \leqslant \overline{p_j}$，则存在最大后悔鲁棒单机最优排序，其中工件 i 一定排在工件 j 之前[108]。

分支定界算法计算问题 $1 \mid \boldsymbol{P}^{\lambda[\ ]} \mid \min_{\lambda}\text{-max regret} \sum C_i$ 最优目标值的上界（UB）和下界（LB）的方法步骤如下[108]。

输入　n 个工件及其加工时间场景集 Λ，其中 $\boldsymbol{P}^\lambda = \{p_i^\lambda : i = 1, 2, \cdots, n\}$，$\lambda \in \Lambda$。

输出　下界（LB）和上界（UB）与最优最大后悔性能。

步骤 1　指定两个代理场景，$P^1 = P^{\lambda_1}$，$P^2 = P^{\lambda_2}$，$S = \{\lambda_1, \lambda_2\}$。用 SPT 规则确定与之相关的两个最优序列 $\sigma_{\lambda_1}^*$ 和 $\sigma_{\lambda_2}^*$，计算相应的最优 TFT 目标值 G_1 和 G_2。初始化 $\text{LB} = 0$，$\text{UB} = \infty$，$j = 1$，$l = 2$。

步骤 2　确定断点值，$\mu_{jl} = \dfrac{p_j^2 - p_l^2}{(p_l^1 - p_l^2) - (p_j^1 - p_j^2)}$，如果 $\mu_{jl} < 0$ 或 $\mu_{jl} > 1$，则执行步骤 6；否则执行步骤 3。

步骤 3　给定 μ_{jl} 构建新的代理场景 λ_{jl}。

$$P^{\lambda_{jl}} = \{p_i^{\lambda_{jl}} : p_i^{\lambda_{jl}} = \mu_{jl} p_i^1 + (1 - \mu_{jl}) p_i^2, i = 1, 2, \cdots, n\} \tag{5-28}$$

步骤 4　用 SPT 规则确定代理场景 λ_{jl} 下的最优序列 $\sigma_{\lambda_{jl}}^*$，计算 $\sigma_{\lambda_{jl}}^*$ 的 TFT 目标值 $\text{TFT}(\sigma_{\lambda_{jl}}^*)$。

步骤 5　计算最优性能的下界。

$$\text{LB}_{jl} = \text{TFT}(\sigma_{\lambda_{jl}}^*) - [\mu_{jl} G_1 + (1 - \mu_{jl}) G_2] \tag{5-29}$$

如果 $\text{LB}_{jl} > \text{LB}$，则 $\text{LB} = \text{LB}_{jl}$，$\sigma' = \sigma_{\lambda_{jl}}^*$，$P' = P^{\lambda_{jl}}$ 且 $G' = \text{TFT}(\sigma_{\lambda_{jl}}^*)$。

步骤 6　使 $l = l + 1$。如果 $l > n$，则 $j = j + 1$ 且 $l = j + 1$。如果 $j \geqslant n$，执行步骤 7；否则执行步骤 2。

步骤 7　给定序列 σ'，解问题 WR，找出最大后悔场景 λ_0，其中 $\text{UB}(\sigma')$ 表示相应的最优目标值。确定序列 $\sigma_{\lambda_0}^*$ 和与之相关的 TFT 目标值 $G'' = \text{TFT}(\sigma_{\lambda_0}^*)$。如果 $\text{UB}(\sigma') < \text{UB}$，令 $\text{UB} = \text{UB}(\sigma')$。

步骤 8　如果 $\lambda_0 \in S$，停止运行。否则 $S = S \bigcup \{\lambda_0\}$，令 $P^1 = P'$，$P^2 = P^{\lambda_0}$，$G^1 = G'$，$G^2 = G''$，$j = 1$，$l = 2$，返回步骤 2。

5.3.3　启发式算法

Daniels 等[108] 提出了基于最优性条件的端点启发式算法，这是一种用于求解 $1 \mid P^{\lambda[\ ]} \mid \text{min-max regret} \sum\limits_\lambda C_i$ 问题的构造性启发式算法。

端点和启发式算法的原理为：每个工件 i 计算 $\underline{p}_i + \overline{p}_i$，并按此和的非递减序列对工件集进行排序。端点乘积启发式算法的原理类似，为：每个工件 i 计算 $\underline{p}_i \times \overline{p}_i$，并按该乘积的非递减序列对工件集进行排序。因此，每一个启发式序列都可以在 $O(n \log n)$ 时间内构造，并通过求解问题 WR 确定最大后悔值。

通过增加算法以考虑对启发式序列的简单修改可以改进从启发式方法获得的近似值。采用回溯逻辑，该逻辑从 $n-1$ 个可能成对相邻的工件互换中生成一组替代序列，这些替代序列可以由端点的和或乘积启发式得出，仅对不违反定理 5-6 的那些交换工件进行显式评估。然后，通过求解问题 WR 确定每个剩余序列与最优性的最坏绝对偏差。如果未实现对原始启发式解的改进，则回溯历程终止。否则，产生最差的与最优性能最坏绝对偏差的替代序列将成为启发式序列，并重复执行回溯历程。这个过程一直持续到一组替代序列产生的结果与现有的启发式解相比没有任何改进为止。

端点启发式算法步骤如下[108]。

输入　$[\underline{p}_i, \overline{p}_i]$，$i = 1, 2, \cdots, n$。

输出　最优最大后悔值的上界(UB)及其对应的解序列 σ。

步骤 1　计算 $H_i = \underline{p}_i + \overline{p}_i$（端点和），$i = 1, 2, \cdots, n$。通过按 H_i 的非递减序列对工件进行排序构造序列 σ，假设 σ_k 表示在序列 σ 中占据位置 k 的工件。通过求解问题 WR 来确定序列 σ 的最大后悔值 UB，令 UB 为相应的最优目标值。令 $S = \{\sigma\}$，$\text{UB}_\sigma = \infty$，且 $j = k = 0$。

步骤 2　令 $k = k + 1$。如果 $k = n$，执行步骤 3；否则在序列 σ 中交换工件 σ_k 和 σ_{k+1} 构造序列 σ_k。如果 $\sigma_k \in S$ 或者 $\underline{p}_{\sigma_k} \leqslant \underline{p}_{\sigma_{k+1}}$，重复执行步骤 2；否则通过求解问题 WR 确定序列 σ_k 的最大后悔值 UB_{σ_k}，令 UB_{σ_k} 为相应的最优目标值。如果 $\text{UB}_{\sigma_k} < \text{UB}_\sigma$，令 $\text{UB}_\sigma = \text{UB}_{\sigma_k}$ 且 $j = k$，重复执行步骤 2。

步骤 3　如果 $\text{UB}_\sigma \geqslant \text{UB}$，算法终止。否则，$\text{UB} = \text{UB}_\sigma$，$S = S \bigcup \{\sigma_j\}$，$\sigma = \sigma_j$，$\text{UB}_\sigma = \infty$，且 $j = k = 0$，执行步骤 2。

例如，考虑两个工件也即工件 1 和工件 2，其中 $p_1 \in [\underline{p}_1, \overline{p}_1]$，$p_2 \in [\underline{p}_2, \overline{p}_2]$，容易验证对序列 (1;2)，最大后悔场景是 $p_1 = \overline{p}_1$ 且 $p_2 = \underline{p}_2$，对序

列$(2;1)$,最大后悔场景是 $p_1 = \underline{p}_1$ 且 $p_2 = \overline{p}_2$。 如果 $\overline{p}_1 \leqslant \underline{p}_2$ 或 $\overline{p}_2 \leqslant \underline{p}_1$,则两个工件的最优排序由定理 5-5 可获得;因此,只需关注 $\overline{p}_1 > \underline{p}_2$ 且 $\overline{p}_2 > \underline{p}_1$ 的情况。序列$(1;2)$和$(2;1)$的最大后悔值可以表示为

$$\mathrm{WR}_{(1,2)} = \mathrm{TFT}((1;2),\overline{p}_1,\underline{p}_2) - \mathrm{TFT}((2;1),\overline{p}_1,\underline{p}_2) = \overline{p}_1 - \underline{p}_2$$

$$\mathrm{WR}_{(2,1)} = \mathrm{TFT}((2;1),\underline{p}_1,\overline{p}_2) - \mathrm{TFT}((1;2),\underline{p}_1,\overline{p}_2) = \overline{p}_2 - \underline{p}_1$$

5.4　数目坏场景集单机调度

本节阐述离散场景下鲁棒单机调度的数目坏场景集模型和求解算法。数目坏场景集 NBS 模型的相关概念见 3.1.3 节。

针对最坏场景模型只关注一个最坏场景而导致所得鲁棒解过于保守的缺陷,于莹莹[80]和朱雯灵[84]研究了鲁棒单机调度的 y-NBS 模型,以最坏的 y 个坏场景子集的性能均值为优化目标,所得鲁棒解相对 WC 鲁棒解保守性降低。下面阐述 $y=2$ 的 2-NBS 概念,然后推广到 y 值更大的情形。

5.4.1　2-NBS 单机调度模型

对于 5.2 节所描述的场景单机调度(SSS),把解 $\boldsymbol{X}$ 关于场景集 Λ 的性能均值表示为 $Z(\boldsymbol{X},\Lambda)$,则均值模型 MCM(见 3.1.3 节)可表示为如下的 SSS-MCM 问题。

$$(\text{SSS-MCM}) \quad \min_{X} Z(\boldsymbol{X},\Lambda) = \frac{1}{|\Lambda|} \sum_{\lambda \in \Lambda} \mathrm{TFT}(\boldsymbol{X},\lambda) \tag{5-30}$$

$$\text{s. t.} \quad \text{式}(5\text{-}3) \sim \text{式}(5\text{-}5)$$

该问题的最优解表示为 $\boldsymbol{X}^*$,$\boldsymbol{X}^*$ 可由 SEPT(shortest expected processing time)规则得到。SEPT 规则是指工件按照各自均值加工时间的非降排序。

定义 5-2　令 $\overline{p}_i(\Lambda) = \dfrac{1}{|\Lambda|} \sum_{\lambda \in \Lambda} p_i^{\lambda}$ 为工件 i 对于 Λ 中所有场景的均值加工时间,可定义一个构造场景为 $\overline{\lambda}(\Lambda) = \{ \overline{p}_1(\Lambda), \overline{p}_2(\Lambda),\cdots, \overline{p}_i(\Lambda),\cdots, \overline{p}_n(\Lambda)\}$,称为关于场景集 Λ 的均值场景。

$\overline{\lambda}(\Lambda)$ 并不是场景集 Λ 中的真实场景,而是由场景集 Λ 所提供的加工时间构造的一个虚拟场景。

由于 $Z(\boldsymbol{X},\Lambda) = \dfrac{1}{|\Lambda|} \sum_{\lambda \in \Lambda} \mathrm{TFT}(\boldsymbol{X},\lambda) = \sum_{i=1}^{n} \sum_{k=1}^{n} (n-k+1) \cdot \left(\dfrac{1}{|\Lambda|} \sum_{\lambda \in \Lambda} p_i^{\lambda} \right) x_{ik} = \sum_{i=1}^{n} \sum_{k=1}^{n} (n-k+1) \overline{p}_i(\Lambda) x_{ik}$,所以 SSS-MCM 问题实际是在构造场景 $\overline{\lambda}(\Lambda)$ 下性能指标为 TFT 的确定性单机调度问题。SSS-MCM

问题的最优解 $\boldsymbol{X}^*$ 可由构造场景 $\bar{\lambda}(\Lambda)$ 下的 SPT 规则排序得到,记为 $\boldsymbol{X}^* = \boldsymbol{X}^{\mathrm{SPT}}(\bar{\lambda}(\Lambda))$,故 SSS-MCM 问题的最优性能可表示为 $Z(\boldsymbol{X}^*,\Lambda) = \mathrm{TFT}(\boldsymbol{X}^{\mathrm{SPT}}(\bar{\lambda}(\Lambda)))$。

定义 5-3　场景集 Λ 中的 2 个场景构成的子集称为场景集 Λ 的一个 2-场景子集(2-scenario subset),简称 2-子集,可表示为 Λ_2。

定义调度解 $\boldsymbol{X}$ 关于 2-子集 Λ_2 的 TFT 性能均值为

$$Z(\boldsymbol{X},\Lambda_2) = \frac{1}{2}\sum_{\lambda \in \Lambda_2} \mathrm{TFT}(\boldsymbol{X},\lambda) \tag{5-31}$$

这里 $Z(\boldsymbol{X},\Lambda_2)$ 可看作两个变量的函数,调度解 $\boldsymbol{X}$ 和 Λ_2 的变化都会引起 $Z(\boldsymbol{X},\Lambda_2)$ 值的变化。

建立场景单机调度的 2-NBS 均值模型称为 SSS-MC2M 问题。

$$(\text{SSS-MC2M}) \qquad \min_{\boldsymbol{X}}\max_{\Lambda_2} Z(\boldsymbol{X},\Lambda_2) \tag{5-32}$$

$$\text{s. t.} \quad \text{式(5-3)} \sim \text{式(5-5)}$$

SSS-MC2M 问题可用三元表示法表示为 $1 \mid \boldsymbol{P}^\lambda \mid \min\text{-}\max_{\Lambda_2}\sum C_i$。

定义 5-4　对调度解 $\boldsymbol{X}$,使 $Z(\boldsymbol{X},\Lambda_2)$ 值最坏的 2-子集称为解 $\boldsymbol{X}$ 下的 2-NBS。记解 $\boldsymbol{X}$ 下的 2-NBS 为 $\Lambda_2^w(\boldsymbol{X})$,则

$$\Lambda_2^w(\boldsymbol{X}) = \arg \max_{\Lambda_2} Z(\boldsymbol{X},\Lambda_2) \tag{5-33}$$

调度解 $\boldsymbol{X}$ 关于 $\Lambda_2^w(\boldsymbol{X})$ 的 TFT 性能均值表示为 $Z(\boldsymbol{X},\Lambda_2^w(\boldsymbol{X}))$,则

$$Z(\boldsymbol{X},\Lambda_2^w(\boldsymbol{X})) = \max_{\Lambda_2} Z(\boldsymbol{X},\Lambda_2) \tag{5-34}$$

所以,$1 \mid \boldsymbol{P}^\lambda \mid \min\text{-}\max_{\Lambda_2}\sum C_i$ 也可以表示成如下 $1 \mid \boldsymbol{P}^\lambda \mid \min Z(\boldsymbol{X},\Lambda_2^w(\boldsymbol{X}))$ 问题。

$$\min_{\boldsymbol{X}} Z(\boldsymbol{X},\Lambda_2^w(\boldsymbol{X})) \tag{5-35}$$

$$\text{s. t.} \quad \text{式(5-3)} \sim \text{式(5-5)}$$

$1 \mid \boldsymbol{P}^\lambda \mid \min Z(\boldsymbol{X},\Lambda_2^w(\boldsymbol{X}))$ 问题的目标为寻找使 $\Lambda_2^w(\boldsymbol{X})$ 下的 TFT 性能均值 $Z(\boldsymbol{X},\Lambda_2^w(\boldsymbol{X}))$ 最小的调度解。即 SSS-MC2M 问题存在两层决策,内层决策为在外层给定的解 $\boldsymbol{X}$ 下找到 $\Lambda_2^w(\boldsymbol{X})$,外层决策为找到使得 $Z(\boldsymbol{X},\Lambda_2^w(\boldsymbol{X}))$ 最小的解 $\boldsymbol{X}$。

按照定义 5-2,对于任意一个 2-子集 $\Lambda_2 \subseteq \Lambda$,令 $\bar{p}_i(\Lambda_2) = \frac{1}{2}\sum_{\lambda \in \Lambda_2} p_i^\lambda$ 为工件 i 对 2-子集 Λ_2 中的两个场景的均值加工时间,构造 n 个工件的一个加工时间场景 $\bar{\lambda}(\Lambda_2) = \{\bar{p}_1(\Lambda_2), \bar{p}_2(\Lambda_2),\cdots, \bar{p}_i(\Lambda_2),\cdots, \bar{p}_n(\Lambda_2)\}$,则 $\bar{\lambda}(\Lambda_2)$ 为关于 2-子集 Λ_2 的均值场景。

与 $\bar{\lambda}(\varLambda)$ 一样，$\bar{\lambda}(\varLambda_2)$ 并不是场景集 $\varLambda$ 中的真实场景，而是由 $\varLambda$ 中包含的加工时间离散值所构造的虚拟场景。

定理 5-7　$1 \mid \boldsymbol{P}^\lambda \mid \min\text{-}\max\limits_{\varLambda_2} \sum C_i$ 是 NP-hard 问题。

证明　令场景集 $\varLambda = \{\lambda_1, \lambda_2, \cdots, \lambda_{|\varLambda|}\}$，有

$$\frac{1}{2} \sum_{\lambda \in \varLambda_2} \mathrm{TFT}(\boldsymbol{X}, \lambda) = \frac{1}{2} \sum_{\lambda \in \varLambda_2} \sum_{i=1}^{n} \sum_{k=1}^{n} (n-k+1) p_i^\lambda x_{ik}$$

$$= \sum_{i=1}^{n} \sum_{k=1}^{n} (n-k+1) \Big(\frac{1}{2} \sum_{\lambda \in \varLambda_2} p_i^\lambda \Big) x_{ik}$$

$$= \sum_{i=1}^{n} \sum_{k=1}^{n} (n-k+1) \, \overline{p}_i(\varLambda_2) x_{ik}$$

故 $Z(\boldsymbol{X}, \varLambda_2) = \dfrac{1}{2} \sum\limits_{\lambda \in \varLambda_2} \mathrm{TFT}(\boldsymbol{X}, \lambda) = \sum\limits_{i=1}^{n} \sum\limits_{k=1}^{n} (n-k+1) \, \overline{p}_i(\varLambda_2) x_{ik}$。也即对 $\varLambda$ 的任一 2-子集 $\varLambda_2$，都存在一个关于 $\varLambda_2$ 的均值场景 $\bar{\lambda}(\varLambda_2)$，则

$$Z(\boldsymbol{X}, \varLambda_2^w(\boldsymbol{X})) = \max_{\varLambda_2} Z(\boldsymbol{X}, \varLambda_2) = \max_{\varLambda_2} \sum_{i=1}^{n} \sum_{k=1}^{n} (n-k+1) \, \overline{p}_i(\varLambda_2) x_{ik}$$

$$= \max_{\bar{\lambda}(\varLambda_2)} \sum_{i=1}^{n} \sum_{k=1}^{n} (n-k+1) \, \overline{p}_i(\varLambda_2) x_{ik}$$

即对任一 2-子集 $\varLambda_2 \subseteq \varLambda$ 都存在一个构造场景 $\lambda' = \bar{\lambda}(\varLambda_2)$。场景集 $\varLambda$ 包含的 2-子集的个数为 $q' = C_{|\varLambda|}^2$（$C_{|\varLambda|}^2$ 表示从 $|\varLambda|$ 个不同元素中取出 2 个元素的组合数，由于 $|\varLambda|$ 为有限值，故 q' 也为有限值），所以存在 q' 个构造场景组成的一个构造场景集 $\varLambda' = \{\lambda' \mid \lambda' = \bar{\lambda}(\varLambda_2), \varLambda_2 \subseteq \varLambda\}$（$|\varLambda'| = q'$），使 $\max\limits_{\bar{\lambda}(\varLambda_2)} \sum\limits_{i=1}^{n} \sum\limits_{k=1}^{n} (n - k + 1) \, \overline{p}_i(\varLambda_2) x_{ik} = \max\limits_{\lambda' \in \varLambda'} \sum\limits_{i=1}^{n} \sum\limits_{k=1}^{n} (n-k+1) p_i^{\lambda'} x_{ik}$。所以，有

$$\min_{\boldsymbol{X}} Z(\boldsymbol{X}, \varLambda_2^w(\boldsymbol{X})) = \min_{\boldsymbol{X}} \max_{\lambda' \in \varLambda'} \sum_{i=1}^{n} \sum_{k=1}^{n} (n-k+1) p_i^{\lambda'} x_{ik}$$

故 $1 \mid \boldsymbol{P}^\lambda \mid \min Z(\boldsymbol{X}, \varLambda_2^w(\boldsymbol{X}))$ 可等价为定义在构造场景集 $\varLambda'$ 上的 $1 \mid \boldsymbol{P}^\lambda \mid \min\text{-}\max\limits_{\varLambda_2} \sum C_i$ 问题。构造场景集 $\varLambda'$ 中的场景为关于场景集 $\varLambda$ 中 2-子集的均值场景。

由于 $1 \mid \boldsymbol{P}^\lambda \mid \min \mathrm{TFT}(\boldsymbol{X}, \lambda^w(\boldsymbol{X}))$ 问题已被证明为 NP-hard 问题，因此 $1 \mid \boldsymbol{P}^\lambda \mid \min\text{-}\max\limits_{\varLambda_2} \sum C_i$ 也是 NP-hard 问题。　　　　□

5.4.2 y-NBS 单机调度模型

将 2-NBS 的概念推广到更多场景组成的子集可以建立 NBS 鲁棒优化模型。

定义 5-5 场景集 Λ 中的任意 $y(1 \leqslant y < q)$ 个场景构成的子集称为场景集 Λ 的 y-场景子集(y-scenario subset),简称 y-子集,表示为 Λ_y。

定义调度解 $\boldsymbol{X}$ 关于 y-子集 Λ_y 的 TFT 性能均值为

$$Z(\boldsymbol{X}, \Lambda_y) = \frac{1}{y} \sum_{\lambda \in \Lambda_y} \text{TFT}(\boldsymbol{X}, \lambda) \tag{5-36}$$

定义 5-6 对可行解 $\boldsymbol{X}$,使 $Z(\boldsymbol{X}, \Lambda_y)$ 指标最坏的 y-子集称为 y-NBS,表示为 $\Lambda_y(\boldsymbol{X})$。

建立场景单机调度 SSS 的 y-NBS 均值模型为如下的 SSS-MCyM 问题。

$$(\text{SSS-MCyM}) \qquad \min_{\boldsymbol{X}} \max_{\Lambda_y} Z(\boldsymbol{X}, \Lambda_y) \tag{5-37}$$

$$\text{s. t.} \quad \text{式(5-3)} \sim \text{式(5-5)}$$

可把 SSS-MCyM 用三元表示法表示为 $1 \mid \boldsymbol{P}^\lambda \mid \min\text{-}\max_{\Lambda_y} \sum C_i$ 问题。

定理 5-8 $1 \mid \boldsymbol{P}^\lambda \mid \min\text{-}\max_{\Lambda_y} \sum C_i$ 是 NP-hard 问题。(证明可仿照定理 5-7 的证明过程,此处略)

5.4.3 NBS 鲁棒单机调度的分支定界算法

本节对 $1 \mid \boldsymbol{P}^\lambda \mid \min\text{-}\max_{\Lambda_2} \sum C_i$ 问题阐述一种分支定界算法。$1 \mid \boldsymbol{P}^\lambda \mid \min\text{-}\max_{\Lambda_y} \sum C_i$ 问题的分支定界算法可用相似的原理。分支定界算法的相关概念和原理思想见 4.1.1 节。

对 $1 \mid \boldsymbol{P}^\lambda \mid \min\text{-}\max_{\Lambda_2} \sum C_i$ 问题,分支定界法的初始节点对应所有可行的工件序列,分支过程中的每个节点对应一个已经完成部分工件排序和剩余待排序工件的部分序列,在下面论述中也以该部分序列表示分支定界算法中对应的节点。

对 $1 \mid \boldsymbol{P}^\lambda \mid \min\text{-}\max_{\Lambda_2} \sum C_i$ 问题的分支定界算法,这里给出一种上下界的求法。为此,需要定义一个新问题。

在式(5-36)关于 $Z(\boldsymbol{X}, \Lambda_2)$ 的定义中,如果 Λ_2 是给定的,$Z(\boldsymbol{X}, \Lambda_2)$ 将只是解 $\boldsymbol{X}$ 的函数,此时可将该一元函数表示为 $Z(\boldsymbol{X} \mid \Lambda_2)$。

从而对于给定的 Λ_2，可以定义问题 P2 如下。

(P2) $$\min_{\boldsymbol{X}} Z(\boldsymbol{X} \mid \Lambda_2) \tag{5-38}$$

$$\text{s. t.}\quad \text{式(5-3)} \sim \text{式(5-5)}$$

以 $\boldsymbol{X}^* \mid \Lambda_2$（简记为 $\boldsymbol{X}_2^*$）表示问题 P2 的最优序列，以 $Z(\boldsymbol{X}_2^* \mid \Lambda_2)$ 表示其最优性能值，可以得出以下引理。

引理 5-1　问题 P2 是构造场景 $\bar{\lambda}(\Lambda_2)$ 下的确定性单机调度问题 $1 \parallel \sum C_i$。

证明　按照问题 P2 的定义，$Z(\boldsymbol{X}_2 \mid \Lambda_2) = \dfrac{1}{2} \displaystyle\sum_{\lambda \in \Lambda_2} \text{TFT}(\boldsymbol{X}, \lambda) = \displaystyle\sum_{i=1}^{n} \sum_{k=1}^{n} (n - k + 1) \overline{p}_i(\Lambda_2) x_{ik}$，故 P2 相当于构造场景 $\bar{\lambda}(\Lambda_2)$ 下的确定性单机调度问题 $1 \parallel \sum C_i$，其最优序列 $\boldsymbol{X}_2^*$ 为场景 $\bar{\lambda}(\Lambda_2)$ 下的工件的 SPT 规则排序，记为 $\boldsymbol{X}_2^* = \boldsymbol{X}^{\text{SPT}}(\bar{\lambda}(\Lambda_2))$，且 $Z(\boldsymbol{X}_2^* \mid \Lambda_2) = \text{TFT}(\boldsymbol{X}^{\text{SPT}}(\bar{\lambda}(\Lambda_2)), \bar{\lambda}(\Lambda_2))$。　□

SSS-MCM 问题和问题 P2 是 $1 \parallel \sum C_i$ 表示的确定性简单问题，其中 SSS-MCM 问题被定义在均值场景 $\bar{\lambda}(\Lambda)$ 下，P2 被定义在关于 Λ_2 的均值场景 $\bar{\lambda}(\Lambda_2)$ 下，它们的最优解可用 SPT 规则获得。按照场景 $\bar{\lambda}(\Lambda)$ 和 $\bar{\lambda}(\Lambda_2)$ 提供的工件加工时间，下文将以特定场景下得到的 SSS-MCM 问题和问题 P2 最优解产生算法需要的上下界。

SSS-MCM 问题的最优解 $\boldsymbol{X}^*$ 也是问题 $1 \mid \boldsymbol{P}^\lambda \mid \min\text{-}\max_{\Lambda_2} \sum C_i$ 的一个可行解，在解 $\boldsymbol{X}^*$ 下的 2-NBS 表示为 $\Lambda_2^w(\boldsymbol{X}^*)$；对于问题 P2，当 $\Lambda_2 = \Lambda_2^w(\boldsymbol{X}^*)$ 时的最优解为 $\boldsymbol{X}^* \mid \Lambda_2^w(\boldsymbol{X}^*)$，简记为 $\boldsymbol{X}_{2w}^*$，$\boldsymbol{X}_{2w}^*$ 也是 $1 \mid \boldsymbol{P}^\lambda \mid \min\text{-}\max_{\Lambda_2} \sum C_i$ 的一个可行解，其对应的 2-NBS 表示为 $\Lambda_2^w(\boldsymbol{X}_{2w}^*)$，把解 $\boldsymbol{X}^*$ 和 $\boldsymbol{X}_{2w}^*$ 对 SSS-MC2M 问题的目标值中较小者作为 SSS-MC2M 问题的最优目标值的一个上界，所以有如下定理。

定理 5-9　$\min \left[Z(\boldsymbol{X}^*, \Lambda_2^w(\boldsymbol{X}^*)), Z(\boldsymbol{X}_{2w}^*, \Lambda_2^w(\boldsymbol{X}_{2w}^*)) \right]$ 是 $1 \mid \boldsymbol{P}^\lambda \mid \min\text{-}\max_{\Lambda_2} \sum C_i$ 的最优目标值的一个上界。

进一步，有如下的定理给出下界。

定理 5-10　$Z(\boldsymbol{X}_{2w}^*, \Lambda_2^w(\boldsymbol{X}^*))$ 是 $1 \mid \boldsymbol{P}^\lambda \mid \min\text{-}\max_{\Lambda_2} \sum C_i$ 的最优目标值的一个下界。

证明　根据 2-NBS 的定义 5-4 可知，对给定可行解 $\boldsymbol{X}$，在所有 2-子集中，$\Lambda_2^w(\boldsymbol{X})$ 是使 $Z(\boldsymbol{X}, \Lambda_2)$ 值最大的 2-子集。因此对可行解 $\boldsymbol{X}$，有 $Z(\boldsymbol{X}, \Lambda_2^w(\boldsymbol{X})) \geqslant Z(\boldsymbol{X}, \Lambda_2^w(\boldsymbol{X}^*))$，即

$$\sum_{\lambda \in \Lambda_2^w(\boldsymbol{X})} \mathrm{TFT}(\boldsymbol{X},\lambda) \geqslant \sum_{\lambda \in \Lambda_2^w(\boldsymbol{X}^*)} \mathrm{TFT}(\boldsymbol{X},\lambda)$$

由于 $\boldsymbol{X}_{2w}^*$ 是问题 P2 中当 $\Lambda_2 = \Lambda_2^w(\boldsymbol{X}^*)$ 时的最优解，由引理 5-1 可知，

$$Z(\boldsymbol{X}_2^* \mid \Lambda_2^w(\boldsymbol{X}^*)) = \mathrm{TFT}(\boldsymbol{X}_{2w}^*, \bar{\lambda}(\Lambda_2^w(\boldsymbol{X}^*))) = \frac{1}{2}\sum_{\lambda \in \Lambda_2^w(\boldsymbol{X}^*)} \mathrm{TFT}(\boldsymbol{X}_{2w}^*,\lambda)$$

因此，对 $\forall \boldsymbol{X}$，有 $\displaystyle\sum_{\lambda \in \Lambda_2^w(\boldsymbol{X}^*)} \mathrm{TFT}(\boldsymbol{X},\lambda) \geqslant \sum_{\lambda \in \Lambda_2^w(\boldsymbol{X}^*)} \mathrm{TFT}(\boldsymbol{X}_{2w}^*,\lambda)$。

综上可得

$$Z(\boldsymbol{X},\Lambda_2^w(\boldsymbol{X})) = \frac{1}{2}\sum_{\lambda \in \Lambda_2^w(\boldsymbol{X})} \mathrm{TFT}(\boldsymbol{X},\lambda) \geqslant \frac{1}{2}\sum_{\lambda \in \Lambda_2^w(\boldsymbol{X}^*)} \mathrm{TFT}(\boldsymbol{X},\lambda)$$

$$\geqslant \frac{1}{2}\sum_{\lambda \in \Lambda_2^w(\boldsymbol{X}^*)} \mathrm{TFT}(\boldsymbol{X}_{2w}^*,\lambda) = Z(\boldsymbol{X}_{2w}^*,\Lambda_2^w(\boldsymbol{X}^*))$$

因此，$Z(\boldsymbol{X}_{2w}^*,\Lambda_2^w(\boldsymbol{X}^*))$ 是问题 $1 \mid \boldsymbol{P}^\lambda \mid \min\text{-}\max\limits_{\Lambda_2} \sum C_i$ 的最优目标值的一个下界。 □

5.4.4　NBS 鲁棒单机调度的束搜索算法

由于问题 $1 \mid \boldsymbol{P}^\lambda \mid \min\text{-}\max\limits_{\Lambda_2} \sum C_i$ 的 NP-hard 性质，作为精确算法，分支定界算法只能求解中小规模问题，大规模问题只能采用启发式算法。束搜索算法就是一种基于分支定界的启发式算法，它的相关概念和原理思想见 4.2.1.3 节。

本节阐述求解 $1 \mid \boldsymbol{P}^\lambda \mid \min\text{-}\max\limits_{\Lambda_2} \sum C_i$ 问题的束搜索算法，此处采用的是部分恢复束搜索算法（partial recovery beam search，PRBS）。

PRBS 算法中的过滤操作并不限定过滤的节点数，而是只过滤那些确定不可能为最优解的节点，所有希望的解都将通过评价指标接受全局评估。PRBS 主要包括初始化、过滤操作、节点评价、部分恢复操作等步骤。

1. 初始化

首先，用一个空节点（NULL）作为初始根节点，利用 n 元分支方法从 NULL 节点生成若干个子节点。然后，执行过滤操作并统计保留的子节点数量 l。若 $l < w$，表明到目前为止所能产生的节点不足 w 个，不足以从中选出 w 个束节点，需要向深层发展以生成更多的节点，此时应分别以本层的这 l 个节点为父节点，继续调用节点生成过程以生成下一层节点。以上过程不断重复，直到某层生成的节点数超过 w 个为止。

2. 过滤操作

根据定理 5-9 和定理 5-10 可以估算各节点的上下界，设 z 为当前所有节点的最小上界值，z 的值随着迭代评估不断更新。所有下界值大于当前 z 值的节点不可能为最优解，其应被过滤掉。

3. 评价函数

节点评价函数采用典型的 $v = (1-\beta)\text{LB} + \beta\text{UB}(0 \leqslant \beta \leqslant 1)$，即节点的上界和下界的一个加权和。$\beta$ 值不同、评价指标不同，算法的效果也将会不同，算法参数 β 的取值通常需要由实验测定。评价函数越准确，最终求得的调度解与实际最优解的偏差就越小。当节点的上下界都不精确时，一个适当的参数调优仍能让束搜索算法得到较高质量的解。

4. 部分恢复操作

对于每层留下的 w 个节点，选择下界值最大的 $\dfrac{w}{2}$ 个节点进行恢复操作：对节点的原已调度工件序列进行邻域搜索，寻找是否存在由这些已调度工件组成的序列优于原序列，若有，则用新的序列替换原序列。恢复操作采用向后替换邻域（N_{BS} 型邻域）进行邻域搜索。

在 PRBS 算法的恢复操作中，占优的判断规则为：对需要恢复的节点 $\boldsymbol{X}_p$ 的已调度工件序列进行 N_{BS} 型邻域搜索，可获得这些已调度工件的另一个序列，记为 $\boldsymbol{X}_q(\boldsymbol{X}_q \in N_{\text{BS}}(\boldsymbol{X}_p))$。若符合 $\max\limits_{\Lambda_2} Z(\boldsymbol{X}_p, \Lambda_2) > \max\limits_{\Lambda_2} Z(\boldsymbol{X}_q, \Lambda_2)$，则视为 $\boldsymbol{X}_p$ 被 $\boldsymbol{X}_q$ 占优。

用 k 表示搜索过程中当前搜索树层数，l 为本层通过了过滤操作的节点数，z 依然为当前搜索树上所有节点的最小上界值。

对于一个工件数为 n 的 SSS-MC2M 调度问题，PRBS 算法的执行步骤如下。

步骤 1　设 $k = 0$。

步骤 2　对每个节点：计算该节点的上界 UB 和下界 LB。若 UB $< z$，则 $z =$ UB。若 LB $> z$，则该节点将被淘汰。

步骤 3　对每个通过过滤操作的节点：计算节点评价函数 $v = (1-\beta)\text{LB} + \beta\text{UB}$，并统计当前本层保留的子节点数 l。

步骤 4　若 $l < w$，表明到目前为止所能产生的节点不足 w 个，不足以从中选出 w 个束节点，须向深层发展以生成更多的节点。

步骤 5　若 $l \geqslant w$，①留下 v 最小的 w 个节点进行下一层的分支；②恢复操作：对留下的 w 个节点，选择下界值最大的 $\dfrac{w}{2}$ 个节点进行恢复，对每个节点的已调度工件序列进行邻域搜索，寻找是否有优于原序列的序列，若有，则用新的序列替换原序列；$k = k + 1$，若 $k < n$，则返回步骤 2；否则停止，此时的 z 即为最后获得的最优目标值。

5.5　仿真计算与分析

本节对 5.4.1 节介绍的 SSS-MC2M 问题进行仿真计算和结果分析。测试算例参考 Kouvelis 等[111]对离散场景的产生方式。测试算例的工件数目包括 $n = \{10, 15, 20\}$；工件的加工时间场景从区间 $[10, 10 + 40\alpha](\alpha = \{0.2, 0.4\})$ 上按均匀分布随机产生。参数 α 用来控制工件加工时间的可变性，在实验设计中模拟各种加工时间的调度环境。每个测试算例分别取三种不同场景数目（$|\Lambda| = \{8, 12, 16\}$）。对于 SSS-MC2M 和 SSS-WCM 问题，此分析将分别在每组参数组合 $(n, \alpha, |\Lambda|)$ 下随机生成 10 个不同算例，共测试 360 个算例。所有程序用 C 语言开发，在 Windows 7 操作系统环境下采用 Visual Studio 2013 编译，实验在硬件配置为 Intel Core i7-4790 3.60 GHz CPU，16 GB RAM 的工作站上进行。

5.5.1　最坏场景模型与 2-NBS 模型所得鲁棒解的对比

在规模 $n = 15$ 的算例中用分支定界算法求解最坏场景模型 SSS-WCM 问题和 2-NBS 模型 SSS-MC2M 问题，求解结果见表 5-1。其中，$E[F] = [(Z(*, \Lambda) - Z(\boldsymbol{X}^*, \Lambda))/Z(\boldsymbol{X}^*, \Lambda)] \times 100\%$，$Z(*, \Lambda)$ 表示 SSS-MC2M 问题或者 SSS-WCM 问题的最优解的性能值。$Z(\boldsymbol{X}^*, \Lambda)$ 是 SSS-ECM 问题的最优解 $\boldsymbol{X}^*$ 的性能值，最优解 $\boldsymbol{X}^*$ 可以作为评价鲁棒解的一个参照。$E[F]$ 值越大表示所得鲁棒解越保守。对 SSS-MC2M 和 SSS-WCM 问题，分别在参数 $(n, \alpha, |\Lambda|)$ 取不同组合值的 10 个算例中得到的解的性能平均值记为 $\bar{Z}_{MC2}$ 和 $\bar{Z}_{WC}$。Solved 表示 10 个算例中可解决的问题数（节点数超过 1000000 则视为在当前运算环境中无法解决）。$E[F]$ 下的 avg 和 max 分别表示 10 个算例计算所得 $E[F]$ 的平均值和最大值，avg[max]分别表示给定工件个数所产生的 10 个算例所得解性能值的平均值和最大值。

从表 5-1 可以看出，在同样工件数目的组合算例中，场景数目的增大并没有使 $E[F]$ 值表现出明显的变化趋势，但随着 α 值的增大，$E[F]$ 值有一并增大的现象。这是因为 α 值的增大使工件的不确定加工时间的取值分布范围增大，从而增大了问题的不确定性程度。在几乎所有算例中，MC2 鲁棒解下 $E[F]$ 的平均值和最大值都比 WC 鲁棒解的对应值要小，而性能值 $\bar{Z}_{MC2}$ 和 $\bar{Z}_{WC}$ 比较接近。这说明在保证优化性能的同时，SSS-MC2M 所得鲁棒解比 SSS-WCM 所得鲁棒解具有较弱的保守性，这正是 SSS-MC2M 调度目标中将所关注的坏场景由一个最坏场景扩展到 2 个坏场景的意义所在。

表 5-1　MC2M 和 WCM 两种模型分支定界算法所得鲁棒解的比较

n	α	$	\Lambda	$	MC2M					WCM			
			Solved	$\bar{Z}_{\text{MC2M}}$	$E[F]$			Solved	$\bar{Z}_{\text{WCM}}$	$E[F]$	
					avg	max				avg	max
		8	10	814	1.22	2.59		10	795	1.78	3.11
	0.2	12	10	808	1.26	3.40		10	812	1.35	2.02
		16	10	786	1.25	2.39		10	807	1.10	2.64
		8	10	1016	1.80	3.21		10	1041	1.89	3.60
10	0.4	12	10	1044	1.91	4.09		10	1045	1.90	4.57
		16	10	1053	2.20	5.64		10	1067	2.49	5.93
		8	10	1249	2.12	4.74		10	1246	2.11	2.96
	0.6	12	10	1301	3.28	4.01		10	1332	2.26	6.38
		16	10	1293	2.27	4.12		10	1322	2.64	6.93
avg	[max]		10	1040	1.92	[5.64]		10	1052	1.95	[6.93]
		8	10	1686	1.07	1.50		10	1705	1.12	1.79
	0.2	12	10	1707	1.23	1.97		10	1974	1.48	2.67
		16	10	1744	1.26	2.38		10	1759	1.61	4.00
		8	10	2186	1.57	1.83		10	2251	1.76	1.95
15	0.4	12	10	2193	1.99	2.77		10	2251	1.97	3.03
		16	10	2226	2.17	3.25		10	2318	2.84	4.41
		8	10	2772	1.56	2.22		10	2831	3.29	4.14
	0.6	12	10	2631	1.93	3.26		10	2733	3.42	5.07
		16	10	1890	2.28	3.37		10	2885	3.73	5.22
avg	[max]		10	2115	1.67	[3.37]		10	2301	2.36	[5.22]
	0.2	8	10	2909	1.32	1.71		10	3222	1.12	2.43
		12	10	2894	1.23	2.21		10	3184	2.30	3.22
		16	10	3010	1.37	3.45		9	3441	2.34	3.64
	0.4	8	10	3669	1.53	1.77		10	3956	1.78	2.00
20		12	10	4051	2.01	2.63		9	4222	2.25	3.36
		16	10	5062	2.44	3.18		9	7198	3.04	4.62
	0.6	8	9	4887	1.69	2.98		9	4502	3.41	3.97
		12	9	4047	2.59	3.24		9	4866	3.97	5.01
		16	8	3842	2.89	3.17		8	4929	3.33	5.16
avg	[max]		10	3819	1.90	[3.45]		9	4391	2.62	[5.16]

5.5.2　分支定界算法与束搜索算法在小规模算例中的对比

　　本节用恢复束搜索算法求解不同规模的 SSS-MC2M 及 SSS-WCM 问题，并在小规模算例中与分支定界算法进行比较。恢复束搜索算法中的参数为 $\beta=0.5, w=10$。对不同参数组合的算例用恢复束搜索算法和分支定界算法求解的结果如表 5-2 所示。每种问题规模下随机生成 10 个算例，CPU 为 10 个算例在计算过程中运行时间的平均值，单位为 s；Nodenum 为算法运行中搜索树上的总节点数的平均值。

表 5-2　在小规模算例中恢复束搜索算法与分支定界算法的计算性能对比

| n | α | Λ | 恢复束搜索算法 | | | | | 分支定界算法 | | |
| | | | MC2M | | WCM | | | MC2M | | |
			Solved	CPU/s	Solved	CPU/s	Nodenum	Solved	CPU/s	Nodenum
		8	10	0.11	10	0.14	100	10	8	214
	0.2	12	10	0.13	10	0.14	100	10	11	294
		16	10	0.16	10	0.15	100	10	12	379
		8	10	0.12	10	0.15	100	10	9	278
10	0.4	12	10	0.14	10	0.14	100	10	11	303
		16	10	0.17	10	0.17	100	10	13	399
		8	10	0.15	10	0.13	100	10	9	223
	0.6	12	10	0.14	10	0.15	100	10	11	312
		16	10	0.15	10	0.18	100	10	13	411
avg			10	0.14	10	0.15	100	10	11	313
		8	10	0.28	10	0.26	150	10	330	7432
	0.2	12	10	0.43	10	0.31	150	10	802	12731
		16	10	0.36	10	0.35	150	10	1318	24711
		8	10	0.27	10	0.27	150	10	680	10495
15	0.4	12	10	0.32	10	0.31	150	10	966	13250
		16	10	0.36	10	0.32	150	10	1386	26425
		8	10	0.28	10	0.25	150	10	1155	13992
	0.6	12	10	0.34	10	0.41	150	10	1208	14696
		16	10	0.43	10	0.35	150	10	1404	35287
avg			10	0.34	10	0.31	150	10	1028	17669
		8	10	0.79	10	0.81	200	10	180611	2303198
	0.2	12	10	0.96	10	0.88	200	10	196306	2685839
		16	10	1.40	10	0.89	200	10	332308	4117966
		8	10	1.14	10	0.74	200	10	188824	2687638
20	0.4	12	10	1.32	10	0.81	200	10	192074	3138674
		16	10	1.05	10	0.83	200	10	358313	5290742
		8	10	1.04	10	0.66	200	9	106344	2756431
	0.6	12	10	1.32	10	0.95	200	9	248914	3286559
		16	10	1.06	10	0.83	200	8	275601	4287929
avg			10	1.12	10	0.82	200	10	231033	3394997
		8	10	2.85	10	2.71	300	0	—	—
30	0.6	12	10	3.24	10	3.17	300	0	—	—
		16	10	3.26	10	3.23	300	0	—	—
avg			10	3.12	10	3.04	300	0	—	—

从表 5-2 可以看出,用恢复束搜索算法求解 SSS-MC2M 和 SSS-WCM 的计算性能非常相似,恢复束搜索算法搜索节点和计算时间随算例工件规模而增大,但增大幅度很缓慢,不同规模算例恢复束搜索算法用很少的计算时间都可以求解。然而,用分支定界算法求解 SSS-MC2M 的搜索节点和消耗的计算时间随算例工件规模增大而剧烈增大,当工件规模为 30 时,分支定界算法已经无法求解。上述结果显示了恢复束搜索算法作为启发式算法和分支定界算法作为精确算法的计算性能对比。

对 SSS-MC2M 问题,恢复束搜索算法与分支定界算法相比不论是计算时间还是总节点数都小了很多,且问题规模越大,恢复束搜索算法计算量减小越明显。分支定界算法求解工件数目为 20 的算例时只能解决部分算例,其余算例则会受限于存储空间或求解时间而不能解出,而使用恢复束搜索算法可在较少的运算时间内解出全部算例。

对相同工件规模的问题,随着场景集规模的增大和 α 取值的增大,CPU 计算时间和产生平均节点数 Nodenum 值明显递增。因为 α 值的增大使工件的不确定加工时间的取值分布空间范围增大,而场景集规模的增大也加大了问题调度环境的不确定性,因而搜索节点数增加明显。另外,应注意到问题规模较小时,使用恢复束搜索算法求解 SSS-MC2M 比求解 SSS-WCM 时计算量小,而在问题规模较大后,使用恢复束搜索算法求解 SSS-MC2M 比求解 SSS-WCM 时计算量大。这是由于使用恢复束搜索算法求解时,相同规模的两种问题的搜索树规模也相同,而恢复束搜索算法在 SSS-MC2M 问题中每个节点上下界估算所需要的时间较多。这是因为,问题规模较大时,恢复束搜索算法中的上下界估算使 SSS-MC2M 问题的计算量比 SSS-WCM 问题的计算量大。

5.5.3　束搜索算法在大规模算例中的求解结果

用恢复束搜索算法在求解较大规模算例($ n = \{30,40,50,60,70,80,90, 100\}$)时的求解结果见表 5-3,参数($\alpha$, $|\Lambda|$)取 $\{0.6,12\}$。从表 5-3 结果可以看出,恢复束搜索算法可以求解较大规模的 SSS-MC2M 问题,且随着工件规模的增大,计算时间 CPU 和总节点数 Nodenum 与解的性能平均值 $\bar{Z}_{MC2}$ 都迅速增大,而 $E[F]$ 值则相对稳定。该结果与较小规模时的求解结果较为符合,这是由于问题规模增大,求解问题所用的计算代价也越大,且工件规模增大使每个场景中的解的性能值增大,但并没有增加问题的不确定性程度,因而 $E[F]$ 值将保持稳定。

表 5-3　恢复束搜索算法在较大规模 RSS-MC2M 问题中的计算性能和求解结果

n	CPU/s	Nodenum	$\bar{Z}_{MC2}$	$E[F]$	
				avg	max
30	2	150	10576	5.68	7.65
40	4	200	18189	5.53	8.11
50	9	250	28480	5.36	6.87
60	16	300	40560	6.01	8.62
70	29	350	55007	5.57	6.51
80	37	400	71395	6.01	7.91
90	90	450	90437	5.64	6.45
100	134	500	109930	5.80	7.00

5.6　本章小结

本章阐述了场景单机调度的鲁棒优化模型和求解算法,包括最坏场景单机调度模型、最大后悔单机调度模型和数目坏场景集单机调度模型。其中数目坏场景集模型是笔者提出的新模型。

当确定性单机调度问题是多项式时间可以求解的简单问题时,对应的鲁棒单机调度模型却是 NP-hard 问题,这表明考虑不确定性建立鲁棒调度模型改变了原问题计算复杂度的性质,鲁棒机器调度问题的求解比确定性机器调度问题具有更大的挑战性。

本章从精确算法到启发式算法阐述了对鲁棒单机调度问题的求解算法,从离散场景到区间场景,为后续探讨多台机器的鲁棒调度问题奠定了基础。

第6章　鲁棒并行机调度

并行机调度(parallel machine scheduling，PMS)问题广泛存在于生产制造领域，是调度问题中的典型模型之一。并行机调度的生产系统涉及多台机器和多个工件，其中，每个工件或者任务有一定的加工时间，可由任意一台机器完成加工且只在一台机器上被加工。系统中所有机器可以同时工作，故称为并行机[145]。并行机调度问题的目标是确定各机器要加工的工件及各工件的加工顺序，使某项性能指标达到最优。

6.1　并行机调度的分类

根据加工机器的属性可将并行机调度问题分为三类：一致并行机调度(identical parallel machine scheduling)、均匀并行机调度(uniform parallel machine scheduling)和无关并行机调度(unrelated parallel machine scheduling)。一致并行机调度问题的特点是同一个工件在不同机器上的加工时间相同，该问题中所有机器运转速度相同，工件的加工时间与机器无关；均匀并行机调度问题中，不同的机器有不同的加工速率；无关并行机调度问题中，工件由不同机器加工的加工时间不同且相互无关。

基于场景的鲁棒优化方法已广泛应用于不同种类的并行机调度中，本书称为场景并行机调度(scenario parallel machine scheduling，SPMS)。Xu 等在区间场景[146-147]为一致并行机调度问题和异速并行机调度问题建立了最大后悔模型，提出了精确求解的松弛迭代算法和数学规划方法。本书在离散场景下为无关并行机调度问题建立最坏场景模型和双目标鲁棒优化模型，用基于场景邻域的果蝇优化算法求解[81,101]。本章将基于上述研究成果阐述鲁棒并行机调度的模型和算法。

6.2　最大后悔一致并行机调度

6.2.1　确定性一致并行机调度问题

本章讨论的确定性一致并行机调度问题描述如下：n 个工件零时刻到达，

有 m 台加工速率相同的机器（$n > m$），任意一个工件可由任意一台机器加工，工件之间互相独立，没有优先级。一台机器同一时刻只能加工一个工件，并且工件不能被抢占。$N = \{J_i \mid i = 1, 2, \cdots, n\}$ 表示所有工件的集合，其中 J_i 表示第 i 个工件；$M = \{M_j \mid j = 1, 2, \cdots, m\}$ 表示所有机器的集合，其中 M_j 表示第 j 台机器。工件 J_i 的加工时间与机器无关，在任何一台机器上均保持不变，以 p_i 表示工件 J_i 的加工时间。用 $X = \{x_{ij} \mid i = 1, 2, \cdots, n; j = 1, 2, \cdots, m\}$ 表示并行机调度的一个可行解，如果选择在机器 M_j 上加工工件 J_i，则 $x_{ij} = 1$，否则 $x_{ij} = 0$。$C_j(X)$ 表示机器 M_j 在解 X 下的完工时间，即由机器 M_j 加工的所有工件的加工时间之和，故有

$$C_j(X) = \sum_{i=1}^{n} p_i x_{ij}, \quad j = 1, 2, \cdots, m \tag{6-1}$$

解 X 下所有机器的最大完工时间称为解 X 的最大完工时间，用 $C_{\max}(X)$ 表示为

$$C_{\max}(X) = \max_{j} \{C_j(X)\}, \quad j = 1, 2, \cdots, m \tag{6-2}$$

以最大完工时间为性能指标的一致并行机调度问题（identical parallel machine scheduling，IPMS）就是找到一个调度解 X，使最大完工时间最小，用三元法表示为 $P_m \parallel C_{\max}$，该问题的混合整数规划模型表示如下：

（IPMS）　　　　　　　　　　　　　　$\min y$

$$\text{s. t.} \quad \sum_{j=1}^{m} x_{ij} = 1, \quad 1 \leqslant i \leqslant n \tag{6-3}$$

$$y - \sum_{i=1}^{n} p_i x_{ij} \geqslant 0, \quad 1 \leqslant j \leqslant m \tag{6-4}$$

$$x_{ij} \in \{0, 1\}, \quad i = 1, 2, \cdots, n; j = 1, 2, \cdots, m \tag{6-5}$$

当所有的加工时间 p_i 都为已知且确定的值时，这样的一致并行机调度问题就是为确定性一致并行机调度问题。

6.2.2　最大后悔鲁棒一致并行机调度问题

在确定性 IPMS 问题描述的基础上，本节将讨论工件加工时间不确定的场景一致并行机调度（scenario identical parallel machine scheduling，SIPMS）问题。不确定的加工时间用场景集合描述。令 Λ 表示所有可能的加工时间场景 λ 的集合，场景 λ 下 n 个工件的加工时间向量为 $\boldsymbol{P}^{\lambda} = \{p_i^{\lambda} \mid i = 1, \cdots, n\}$，其中 p_i^{λ} 表示工件 J_i 在场景 λ 下的加工时间。在区间场景下，不同工件的加工时间来自各自独立的区间，即 $p_i^{\lambda} \in [\underline{p}_i, \overline{p}_i]$。SIPMS 问题与 IPMS 问题有相同的解空间 SX。

给定场景 λ 下 SIPMS 问题对应场景 λ 下的确定性 IPMS 问题。设场景 λ 下以 $f(X,\lambda)$ 为性能的确定性 IPMS 问题的最优调度解为 X_λ^*，则

$$f(X_\lambda^*,\lambda) = \min_{X \in \mathrm{SX}} f(X,\lambda) \tag{6-6}$$

对任一可行解 X，其在场景 λ 下的后悔值为

$$R(X,\lambda) = f(X,\lambda) - f(X_\lambda^*,\lambda) \tag{6-7}$$

解 X 在所有场景中的最大后悔值为

$$R_{\max}(X,\lambda) = \max_{\lambda \in \Lambda} R(X,\lambda) \tag{6-8}$$

SIPMS 问题的最大后悔模型（SIPMS-MRM）为

$$(\text{SIPMS-MRM}) \quad \min_{X \in \mathrm{SX}} \max_{\lambda \in \Lambda} [f(X,\lambda) - f(X_\lambda^*,\lambda)] \tag{6-9}$$

区间场景下性能指标为最大完工时间的 SIPMS-MRM 问题可用三元法表示为 $P_m \mid P^{\lambda[\ ]} \mid \min\text{-max regret}\, C_{\max}$。下面给出 $P_m \mid P^{\lambda[\ ]} \mid \min\text{-max regret}\, C_{\max}$ 问题的性质，并在此基础上给出求解的迭代松弛算法。

6.2.3 问题性质

$P_m \mid P^{\lambda[\ ]} \mid \min\text{-max regret}\, C_{\max}$ 问题可表示成如下混合整数规划模型[146]。

$$\min_{X \in \mathrm{SX}} \max_{\lambda \in \Lambda} [f(X,\lambda) - f(X_\lambda^*,\lambda)] \tag{6-10}$$

$$\text{s. t.} \quad \sum_{j=1}^{m} x_{ij} = 1, \quad i = 1,2,\cdots,n \tag{6-11}$$

$$x_{ij} \in \{0,1\}, \quad i = 1,2,\cdots,n; j = 1,2,\cdots,m \tag{6-12}$$

令 $f_\lambda^* = f(X_\lambda^*,\lambda)$，引入辅助变量 r，则 SIPMS-MRM 问题进一步可转化为如下等价的整数线性规划模型。

$$\min r$$

$$\text{s. t.} \quad \sum_{i=1}^{n} p_i^\lambda x_{ij} - f_\lambda^* \leqslant r, \quad \lambda \in \Lambda; j = 1,2,\cdots,m \tag{6-13}$$

$$\text{式}(6\text{-}11) \sim \text{式}(6\text{-}12)$$

由于区间场景下场景集 Λ 包含无限个可能的离散场景，所以该整数线性规划模型中(6-13)包含了无限个约束条件，无法直接求解。下文将把无限个约束转化为有限个约束下的整数线性规划问题。

定义 6-1 在 $P_m \mid P^{\lambda[\ ]} \mid \min\text{-max regret}\, C_{\max}$ 问题中，场景 λ 下可行调度解 X 中加工时间最长的机器 M_f 称为解 X 在场景 λ 下的关键机器（critical machine）[146]。

用 $C_j^\lambda(X)$ 表示解 X 在场景 λ 下机器 M_j 的完工时间,则解 X 在场景 λ 下关键机器 M_f 的完工时间为

$$C_f^\lambda(X) = \max_j \{C_j^\lambda(X)\} = F(X,\lambda), \quad j = 1,2,\cdots,m$$

由定义 5-1 极点场景的概念可知,在调度解 X 下机器 M_j 的极点场景 λ^j 下工件 J_i 的加工时间 $p_i^{\lambda^j}$ 有如下特征。

$$p_i^{\lambda^j} = \begin{cases} \overline{p}_i, & \text{如果 } x_{ij} = 1 \\ \underline{p}_i, & \text{如果 } x_{ij} = 0 \end{cases}, \quad i = 1,2,\cdots,n \tag{6-14}$$

或者

$$p_i^{\lambda^j} = \overline{p}_i x_{ij} + \underline{p}_i (1 - x_{ij}), \quad i = 1,2,\cdots,n \tag{6-15}$$

定理 6-1　在 $\boldsymbol{P}_m \mid \boldsymbol{P}^{\lambda[\;]} \mid \min_\lambda\text{-max regret}\,C_{\max}$ 问题中,对任一调度解 $X \in$ SX,令 $\lambda^w(X)$ 是解 X 的最坏场景,最坏场景 $\lambda^w(X)$ 下的关键机器为 M_f,那么对调度解 X,存在一个场景 λ^f 满足以下条件[146]。

(1) M_f 在场景 λ^f 下对解 X 来说也是关键机器。

(2) λ^f 也是解 X 的最坏场景之一。

设想一个最坏场景为 λ^f 的可行解 X,满足定理 6-1 中的(1)和(2)。因为 λ^f 下解 X 的关键机器是 M_f,可以确定 $f(X,\lambda^f) = \sum_{i=1}^n \overline{p}_i x_{if}$,由此,可以确定解 X 的最大后悔值为

$$R_{\max}(X,\lambda) = f(X,\lambda^f) - f_{\lambda^f}^* = \sum_{i=1}^n \overline{p}_i x_{if} - f_{\lambda^f}^* \tag{6-16}$$

由于不能直接确定哪台机器为关键机器,所以无法直接运用定理 6-1。为此,可采用如下方法帮助确定关键机器和最大后悔值。

定理 6-2　在 $\boldsymbol{P}_m \mid \boldsymbol{P}^{\lambda[\;]} \mid \min_\lambda\text{-max regret}\,C_{\max}$ 问题中,给定一个可行解 X,其最大后悔值可以表示如下[146]。

$$R_{\max}(X) = \max_j \left\{ \sum_{i=1}^n \overline{p}_i x_{ij} - f_{\lambda^j}^* \right\}, \quad j = 1,2,\cdots,m \tag{6-17}$$

通过式(6-16)和式(6-17)同样可以确定解 X 的最坏场景 λ^{j^*},其中 j^* 表示关键机器标号。用式(6-17)代替式(6-13),可以将 $\boldsymbol{P}_m \mid \boldsymbol{P}^{\lambda[\;]} \mid \min_\lambda\text{-max regret}\,C_{\max}$ 表示为

$$\min r$$

$$\text{s. t.} \quad \sum_{i=1}^n \overline{p}_i x_{ij} - f_{\lambda^j}^* \leqslant r, \quad j = 1,2,\cdots,m \tag{6-18}$$

$$\text{式(6-11)} \sim \text{式(6-12)}$$

其中，$f_{\lambda^j}^*$ 是场景 λ^j 下的最小完工时间。用矩阵 $\boldsymbol{Y} = [y_{ij}]_{n \times m}$ 表示场景 λ^j 下的最优调度解，如果工件 J_i 在机器 M_k 上加工，则 $y_{ik} = 1$，否则 $y_{ik} = 0$，这样可以将 $f_{\lambda^j}^*$ 表示为

$$f_{\lambda^j}^* = \max_k \left\{ \sum_{i=1}^n p_i^{\lambda^j} y_{ik} \right\} = \max_k \left\{ \sum_{i=1}^n (\overline{p}_i x_{ik} + \underline{p}_i (1 - x_{ik})) y_{ik} \right\}, \quad k = 1, 2, \cdots, m \tag{6-19}$$

由于解 $\boldsymbol{X}$ 和 $\boldsymbol{Y}$ 在式(6-19)中相互作用，所以式(6-18)是非线性的。因此不能采用混合整数规划来直接求解，下面分别给出求解 $\boldsymbol{P}_m \mid \boldsymbol{P}^{\lambda[\ ]} \mid \min\text{-max} \underset{\lambda}{\text{regret}} C_{\max}$ 的迭代松弛算法和启发式算法。

6.2.4　迭代松弛法

将 $\boldsymbol{P}_m \mid \boldsymbol{P}^{\lambda[\ ]} \mid \min\text{-max} \underset{\lambda}{\text{regret}} C_{\max}$ 问题中所有可能出现的场景用有限的场景集合 $\Lambda' = \{\lambda_1, \lambda_2, \cdots, \lambda_h\}$ 表示，可得到如下松弛混合整数规划模型[146]。

(R)　　　　　　　　　　　　　　　　$\min r$

s. t.　　$\displaystyle\sum_{i=1}^n p_i^{\lambda_k} x_{ij} - f_{\lambda_k}^* \leqslant r, \quad \forall \lambda_k \in \Lambda; j = 1, 2, \cdots, m$　　(6-20)

$$\sum_{j=1}^m x_{ij} = 1, \quad i = 1, 2, \cdots, n$$

$$x_{ij} \in \{0, 1\}, \quad i = 1, 2, \cdots, n; j = 1, 2, \cdots, m$$

对于场景集 Λ' 中一个场景 $\lambda_k (1 \leqslant k \leqslant h)$，场景 λ_k 下的最优最大完成时间值 $f_{\lambda_k}^*$ 可以通过求解一个混合整数规划来得到，式(6-18)中 m 个约束 $\displaystyle\sum_{i=1}^n p_i^{\lambda_k} x_{ij} - r \leqslant f_{\lambda_k}^*$ 称为后悔割(regret cut)。

用 $\hat{X}$ 表示松弛问题 R 的一个调度解，其对应的后悔值为 $\hat{r}$。假设 SIPMS-MRM 问题的最小最大后悔值为 r^*，则 $\hat{r} \leqslant r^*$ 为 SIPMS-MRM 问题最优值的一个下界，由于随着场景的增多，松弛问题 R 的后悔值约束也不断增多，所以这个下界是不减(增加或不变)的。

给定一个候选解 $\hat{X}$，可以根据定理 6-1 和定理 6-2 得到它的最坏场景 $\hat{\lambda}$ 和最大后悔值 $R_{\max}(\hat{X})$。将 $R_{\max}(\hat{X}) \geqslant r^*$ 作为 SIPMS-MRM 问题的上界，如果这个上界比已有的下界大，则继续循环过程，将新场景 $\hat{\lambda}$ 加入原有的场景集合 Λ 中，以更新场景集 Λ，然后根据新的场景集更新松弛问题 R 的后悔割，通过不断求解松弛问题 R，不断地获得新的松弛解和其对应的目标函数值，这些解将被用作下个迭代过程中的候选解，其对应的目标函数值则被用作下界。当

其中一次的迭代过程产生的上界小于等于已有的下界时,迭代过程中止,此时的候选解 $\hat{X}$ 就是 SIPMS-MRM 问题的最优解。

随着松弛迭代的次数增大,迭代松弛算法的求解精度将不断得到提高,但松弛问题 R 的约束条件也变得越来越多,相应的求解过程也变得越来越困难。求解这些问题是一个极其耗时的过程。为了克服这个不足,下面将介绍两种改进的迭代松弛算法以分别减少总迭代次数和每个迭代过程中的求解次数,进而减少迭代松弛算法的计算代价。

6.2.4.1　改善上界的迭代松弛法

上述迭代松弛的过程中调度解性能的下界是不减的,但其并不能保证上界不增加。而算法的停止准则是上界小于等于已有的下界。考虑到应将每次迭代过程中得到的松弛解 $\hat{X}$ 对应的最大后悔值作为新的上界,为了减少迭代次数,可以记录下每一次的上界 UB,将所有历史 UB 中的最小值 UB^* 作为上界,其对应的调度解 X^* 为最优解。如果下次迭代产生的上界 $UB < UB^*$,则更新 UB^* 和 X^*。由于 UB^* 肯定是非增的,所以相比之前会减少总的迭代次数。

改善上界的松弛迭代算法步骤如下[146]。

步骤 1　设置下界 $LB=0$,最小上界 $UB^*=+\infty$,选出初始解 $\hat{X}$。

步骤 2　根据定理 6-1 和定理 6-2 确定目前集合里 $\hat{X}$ 的最坏场景 $\hat{\lambda}$ 和最大后悔值 $R_{\max}(\hat{X})$。如果 $UB^* \geqslant R_{\max}(\hat{X})$,则更新 $UB^* = R_{\max}(\hat{X})$,$X^* = \hat{X}$。如果 $UB^* \leqslant LB$,跳到步骤 5 执行。

步骤 3　将新的一组后悔割 $\sum\limits_{i=1}^{n} p_i^{\lambda_k} x_{ij} - r \leqslant f_{\lambda_k}^*$ $(j=1,2,\cdots,m)$ 加入松弛问题 R 中。

步骤 4　求解松弛问题 R,得到新的 $\hat{X}$ 和 $\hat{r}$,令 $LB=\hat{r}$,回到步骤 1。

步骤 5　停止。

6.2.4.2　最坏场景下的迭代松弛法

在进行迭代松弛的过程中,有一个步骤是将每次迭代过程产生松弛解 $\hat{X}$ 的最坏场景 λ^j 加入场景集合中,但这个步骤不需要对场景集合里的 m 个场景都进行计算和选出最坏场景,只需找到一个场景 λ^k,使 $\hat{X}$ 对应的后悔值能提升下界即可。所以如果 $k < m$,便可以减少计算次数。当一个调度 $\hat{X}$ 在每个场景下的后悔值都不超过现有的下界时,这个解便是要求的最优调度解。

最坏场景下的迭代松弛法的算法步骤如下[146]。

步骤 1　设置下界 LB＝0，将均值场景下的最优解作为初始解 $\hat{X}$。

步骤 2　设 $k=0$。

步骤 3　$k=k+1$，如果 $k>m$，跳转到步骤 6。如果 $k\leqslant m$，计算 $R(\hat{X},\lambda^k)$，如果 $R(\hat{X},\lambda^k)>$ LB，则 $\hat{\lambda}=\lambda^k$，否则继续进行步骤 3。

步骤 4　将新的一组后悔割 $\sum\limits_{i=1}^{n}p_i^{\hat{\lambda}}x_{ij}-r\leqslant F_{\hat{\lambda}}^{*}\ (j=1,2,\cdots,m)$ 加入松弛问题 R 中。

步骤 5　求解松弛问题 R，得到新的 $\hat{X}$ 和 $\hat{r}$，令 LB＝$\hat{r}$，回到步骤 2。

步骤 6　停止。

尽管最坏场景下迭代松弛法的算法减少了每次迭代过程中对场景数的计算，但改善上界的松弛迭代算法可以保证上界不增，减少了总的迭代次数，所以这两种算法各有优点，没有哪一种算法有绝对的优越性。

6.3　最大后悔异速并行机调度

6.3.1　确定性异速并行机调度问题

确定性异速并行机调度问题的描述如下：有 n 个零时刻到达的工件，有 m 台机器（$n>m$）可供使用，任意一个工件可由任意一台机器加工，工件之间互相独立，没有优先级。一台机器同一时刻只能加工一个工件，并且工件不能被抢占。$N=\{J_i\mid i=1,2,\cdots,n\}$ 表示所有工件的集合，其中 J_i 表示第 i 个工件；$M=\{M_j\mid j=1,2,\cdots,m\}$ 表示所有机器的集合，其中 M_j 表示第 j 台机器。每个工件 $J_i\in N$ 都有自己的加工时间 p_i，每台机器 $M_j\in M$ 都有自己的加工速率 q_j，并满足 $1=q_1\leqslant q_2\leqslant\cdots\leqslant q_j\leqslant\cdots\leqslant q_m$。工件 J_i 在机器 M_j 上的加工时间与机器的加工速率有关，$p_{ij}=p_i/q_j$，p_i 和 q_j 是已知且确定的。此处讨论的匀速并行机调度问题（uniform parallel machine scheduling，UPMS）的性能指标为总流水时间（total flow time，TFT），用三元法可将该问题表示为 $Q_m\parallel\sum C_i$。

用 $X=\{x_{ijk}\mid i=1,2,\cdots,n;j=1,2,\cdots,m;k=1,2,\cdots,n\}$ 表示一个匀速并行机调度解，如果选择工件 J_i 在机器 M_j 倒数第 k 个位置加工，则 $x_{ijk}=1$，否则 $x_{ijk}=0$。如果工件 J_i 被安排在机器 M_j 上加工，并且在 J_i 之后有 $k-1$ 个工件被安排在 M_j 上加工，则机器 M_j 在工件 J_i 上花费的流水时间为 $kp_{ij}=kp_i/q_j$。性能指标为总流水时间的确定性匀速并行机调度问题可以写成如下的整数线性规划[116]。

$$（UPMS）\qquad F(X) = \sum_{i=1}^{n}\sum_{j=1}^{m}\sum_{k=1}^{n}\frac{k}{q_j}p_i x_{ijk} \qquad\qquad (6\text{-}21)$$

$$\sum_{j=1}^{m}\sum_{k=1}^{n}x_{ijk} = 1,\quad i=1,2,\cdots,n$$

$$\sum_{i=1}^{n}x_{ijk} \leqslant 1,\quad j=1,2,\cdots,m;\ k=1,2,\cdots,n$$

$$x_{ijk}\in\{0,1\},\quad i=1,2,\cdots,n;\ j=1,2,\cdots,m;\ k=1,2,\cdots,n$$

确定性匀速并行机问题 $Q\parallel\sum C_i$ 在计算复杂性上是简单问题,可以利用 MFT 算法[119]在 $O(n\log nm)$ 时间内精确求解。

6.3.2　最大后悔鲁棒异速并行机调度问题

本节讨论加工时间不确定的场景匀速并行机调度问题(scenario uniform parallel machine scheduling, SUPMS)。对于 $Q\parallel\sum C_i$ 问题,每个工件的加工时间是不确定的,采用区间场景描述不确定的加工时间。场景 $\lambda=\{p_i^{\lambda}\mid i=1,2,\cdots,n\}$ 表示一组可能的加工时间,用 Λ 表示整个所有可能场景的集合;p_i^{λ} 表示 λ 场景下工件 $J_i\in N$ 的加工时间;$p_i^{\lambda}\in[\underline{p}_i,\overline{p}_i],0<\underline{p}_i\leqslant\overline{p}_i<+\infty$;$p_{ij}^{\lambda}=p_i^{\lambda}/q_j$ 表示在场景 λ 下工件 J_i 在机器 M_j 上的加工时间。

在场景 λ 下,机器 M_j 在工件 J_i 上花费的流水时间为 $kp_{ij}^{\lambda}=kp_i^{\lambda}/q_j$。记所有可行解的集合为 SX,对一个可行调度解 $X\in$ SX,其在场景 λ 下的总流水时间表示如下。

$$F(X,\lambda) = \sum_{i=1}^{n}\sum_{j=1}^{m}\sum_{k=1}^{n}\frac{k}{q_j}p_i^{\lambda}x_{ijk} \qquad\qquad (6\text{-}22)$$

场景匀速并行机调度的最大后悔模型(SUPMS-WRM)如下。

$$（SUPMS\text{-}WRM）\qquad \min_{X}\max_{\lambda\in\Lambda}[F(X,\lambda)-F(X^*,\lambda)] \qquad (6\text{-}23)$$

其中 $F(X^*,\lambda)=\min\limits_{X\in SX}F(X,\lambda)$ 是场景 λ 下的最优总流水时间,简记为 F_{λ}^*。求解一个给定场景 λ 下的匀速并行机的最优总流水时间 F_{λ}^* 的问题可以被看作求解一个确定性匀速并行机调度问题 $Q_m\parallel\sum C_i$,可用多项式算法 MFT[116] 精确求解。

调度解 X 在场景 λ 下的后悔值 $R(X,\lambda)=F(X,\lambda)-F_{\lambda}^*$。对于调度解 X,其在场景集 Λ 中的最大后悔值 $R_{\max}(X)=\max\limits_{\lambda\in\Lambda}R(X,\lambda)$,解 X 的最大后悔场景 $\lambda^{wr}(X)=\arg\max\limits_{\lambda\in\Lambda}R(X,\lambda)$。

将区间场景下以总流水时间为性能的匀速并行机最大后悔调度问题记作 $Q_m\mid P^{\lambda[\ ]}_{\lambda}\mid$ min-max regret $\sum C_i$,该问题是 NP-hard 问题[114]。

对 $Q_m \mid \boldsymbol{P}^{\lambda[\ ]} \mid$ min-max $\underset{\lambda}{\text{regret}} \sum C_i$ 问题,下面给出数学规划方法。

6.3.3　数学规划法

$Q_m \mid \boldsymbol{P}^{\lambda[\ ]} \mid$ min-max $\underset{\lambda}{\text{regret}} \sum C_i$ 问题可以写成如下的混合整数规划形式 F1[147]。

（F1）
$$\min r \tag{6-24}$$

$$\text{s. t.} \quad \sum_{i=1}^{n}\sum_{j=1}^{m}\sum_{k=1}^{n}\frac{k}{q_j}p_i^\lambda x_{ijk} - F_\lambda^* \leqslant r, \quad \lambda \in \Lambda \tag{6-25}$$

$$\sum_{j=1}^{m}\sum_{k=1}^{n}x_{ijk}=1, \quad i=1,2,\cdots,n \tag{6-26}$$

$$\sum_{i=1}^{n}x_{ijk}\leqslant 1, \quad j=1,2,\cdots,m; k=1,2,\cdots,n \tag{6-27}$$

$$x_{ijk}\in\{0,1\}, \quad i=1,2,\cdots,n; j=1,2,\cdots,m; k=1,2,\cdots,n \tag{6-28}$$

式(6-24)和式(6-25)表明了整个问题是一个求解最小最大后悔值的鲁棒问题,式(6-26)~式(6-28)则是匀速并行机基本的工艺约束。

因为式(6-25)中的场景集 Λ 为区间场景,场景数无限,所以无法直接求解上面的混合整数规划模型,但对于一个给定的调度解 X,由于其最大后悔值出现的场景均为极点场景,因此可以用有限个极点场景代替无限个区间场景以计算。

用 $\pi_i^X = \sum_{j=1}^{m}\sum_{k=1}^{n}\frac{k}{q_j}x_{ijk}$ 表示工件 J_i 在调度解 X 中的位置比重,如果工件 J_i 是在机器 M_j 倒数第 k 个位置加工,则 $x_{ijk}=1$,因为 $\sum_{j=1}^{m}\sum_{k=1}^{n}x_{ijk}=1$,可得 $\pi_i^X=\dfrac{k}{q_j}$。用 $\lambda^w(X)$ 表示解 X 的最坏场景,$\lambda^w(X)$ 下的最优解用 $\boldsymbol{Y}=[y_{ihf}]_{n\times m\times n}$ 表示(其中当工件 J_i 在机器 M_h 上倒数第 f 个位置进行加工,$y_{ihf}=1$;否则,$y_{ihf}=0$),则有 $\pi_i^Y=\sum_{h=1}^{m}\sum_{f=1}^{n}\frac{f}{q_h}y_{ihf}$,此时调度解 X 的最大后悔值可以表示如下。

$$R_{\max}(X)=F(X,\lambda^w(X))-F_{\lambda^X}^*=F(X,\lambda^w(X))-F(\boldsymbol{Y},\lambda^w(X))$$

$$=\sum_{i=1}^{n}\sum_{j=1}^{m}\sum_{k=1}^{n}\frac{k}{q_j}p_i^{\lambda^w(X)}x_{ijk}-\sum_{i=1}^{n}\sum_{h=1}^{m}\sum_{f=1}^{n}\frac{f}{q_h}p_i^{\lambda^w(X)}y_{ihf}$$

$$=\sum_{i=1}^{n}(\pi_i^X-\pi_i^Y)p_i^{\lambda^w(X)}$$

定理 6-3 在 $Q_m \mid P^{\lambda[\ ]} \mid \underset{\lambda}{\text{min-max regret}} \sum C_i$ 问题中,对于任何一个调度解 $X \in \text{SX}$,存在一个最坏场景 $\lambda^w(X)$,其中各工件的标准加工时间满足当 $\pi_i^X > \pi_i^Y$ 时,$p_i^{\lambda^w(X)} = \overline{p}_i$,当 $\pi_i^X \leqslant \pi_i^Y$ 时,$p_i^{\lambda^w(X)} = \underline{p}_i$[147]。

按照定理 6-3,求解 X 的最大后悔值可以通过求解以下的 $n \times mn$ 个分配问题来解决。

$$(\text{F2}) \qquad \max \sum_{i=1}^{n} \sum_{j=1}^{m} \sum_{k=1}^{n} \left(\underline{p}_i \sum_{j=1}^{m} \sum_{k=1}^{\left|\frac{q_j f}{q_h}\right|} \left(\frac{k}{q_j} - \frac{f}{q_h} \right) x_{ijk} + \right.$$

$$\left. \overline{p}_i \sum_{j=1}^{m} \sum_{k=\left|\frac{q_j f}{q_h}\right|}^{n} \left(\frac{k}{q_j} - \frac{f}{q_h} \right) x_{ijk} \right) y_{ihf} \tag{6-29}$$

$$\text{s.t.} \quad \sum_{j=1}^{m} \sum_{f=1}^{n} y_{ihf} = 1, \quad i = 1, 2, \cdots, n \tag{6-30}$$

$$\sum_{i=1}^{n} y_{ihf} \leqslant 1, \quad h = 1, 2, \cdots, m; f = 1, 2, \cdots, n \tag{6-31}$$

$$y_{ihf} \in \{0, 1\}, \quad i = 1, 2, \cdots, n; h = 1, 2, \cdots, m; f = 1, 2, \cdots, n \tag{6-32}$$

因为 $\boldsymbol{Y} = [y_{ihf}]_{n \times m \times n}$ 中的参数是固定的,所以对一个调度解 X,其目标函数值可以通过 $\boldsymbol{Y} = [y_{ihf}]_{n \times m \times n}$ 确定。如果 J_i 在调度解 X 中的位置比重大于其在 $\boldsymbol{Y}$ 中的比重,则参数变量 y_{ihf} 为 $\overline{p}_i \left(\frac{k}{q_j} - \frac{f}{q_h} \right)$,否则 y_{ihf} 为 $\underline{p}_i \left(\frac{k}{q_j} - \frac{f}{q_h} \right)$。整个调度问题可以用一个二向图表示,该图有 n 个代表工件的节点和 $n \times m$ 个代表位置的节点。每个代表工件的节点可以由一个数字 $i (i = 1, 2, \cdots, n)$ 表示,每个位置节点可以由一组数字 $(h, f)(h = 1, 2, \cdots, m; f = 1, 2, \cdots, n)$ 表示。连接 i 和 (h, f) 的边的权重就是 y_{ihf} 的系数。式(6-30)~式(6-32)同样利用匀速并行机加工工艺约束保证了 $\boldsymbol{Y}$ 为可行解。F2 表示的分配问题可以采用匈牙利算法精确求解。

最后,$Q_m \mid P^{\lambda[\ ]} \mid \underset{\lambda}{\text{min-max regret}} \sum C_i$ 问题可以写成如下的混合整数规划形式[147]。

$$\min \left(\sum_{i=1}^{n} \eta_i + \sum_{r=1}^{n} \tau_r \right) \tag{6-33}$$

$$\text{s.t.} \quad \sum_{g=1}^{n} x_{ig} = 1, \quad i = 1, 2, \cdots, n \tag{6-34}$$

$$\sum_{i=1}^{n} x_{ig} = 1, \quad g = 1, 2, \cdots, n \tag{6-35}$$

$$x_{ig} \in \{0,1\}, \quad i=1,2,\cdots,n; \ g=1,2,\cdots,n \tag{6-36}$$

$$\eta_i + \tau_r \geqslant \underline{p}_i \sum_{g=1}^{r} (\sigma(g) - \sigma(r)) x_{ig} + \overline{p}_i \sum_{g=1}^{n} (\sigma(g) - \sigma(r)) x_{ig},$$
$$\{(\eta_i, \tau_r) \in R; \ (i,r)=1,2,\cdots,n\} \tag{6-37}$$

其中，σ 表示按升序排列的 $\dfrac{k}{q_j}$；g 表示 σ 中第 g 个位置的 (j,k)。

$Q_m \mid \boldsymbol{P}^{\lambda[\ ]} \mid \min_{\lambda} \text{-max regret} \sum C_i$ 问题的最优解可以通过上述混合整数规划求得。

6.4　最坏场景无关并行机调度

本节讨论加工时间不确定的场景无关并行机调度（scenario unrelated parallel machine scheduling，SUPMS）的最坏场景模型。

6.4.1　确定性无关并行机调度问题

性能指标为最大完工时间的确定性无关并行机调度问题的描述如下：设有 n 个工件，工件集为 $N = \{J_i \mid i=1,2,\cdots,n\}$，要由 m 台机器加工，每个工件只加工一次。机器集为 $M = \{M_j \mid j=1,2,\cdots,m\}$，每个工件可以由任意一台机器加工，工件在机器上的加工时间包含了装夹时间，同一工件在不同机器上的加工时间是独立不相同的。无关并行机调度要解决的问题就是将这 n 个工件分配给 m 台机器加工，使最大完工时间指标最小。

最大完工时间的数学表达式为

$$f = C_{\max} = \max\{C_i \mid i=1,2,\cdots,n\} \tag{6-38}$$

其中，C_i 为工件 J_i 的完工时间。用三元法表示该确定性无关并行机调度问题为 $R_m \parallel C_{\max}$，该问题是 NP-hard 问题[119]。

6.4.2　最坏场景鲁棒无关并行机调度模型

此处加工时间不确定的场景无关并行机调度（scenario unrelated parallel machine scheduling，SUPMS）中，不确定加工时间由有限数目的离散场景描述。用 Λ 表示所有可能的离散场景的集合，$\lambda \in \Lambda$ 表示场景集 Λ 中一个可能的场景，$q = |\Lambda|$ 表示集合 Λ 所有可能场景的数量。由于无关并行机调度问题中工件在不同机器上的加工时间是不相关的，如果用 $p_i^{\lambda} = (p_{i1}^{\lambda}, p_{i2}^{\lambda}, \cdots, p_{im}^{\lambda})$ 表示在场景 λ 下工件 J_i 在各台机器上的加工时间，其中 p_{ij}^{λ} 表示场景 λ 下工件 J_i 被

机器 M_j 加工的加工时间,则一个场景 λ 就对应了 $n \times m$ 个加工时间的一个可能组合,则场景 λ 下的加工时间矩阵为 $P^\lambda = (p_{ij}^\lambda)_{n \times m}$。

对无关并行机调度问题,一个调度解是所有工件对机器集合中各台机器的分配,用 X 表示,所有可能的调度解集合用 SX 表示。对于任何一个调度解 $X \in \mathrm{SX}$,可以用 $C(X, \lambda)$ 表示调度解 X 在场景 λ 下的最大完工时间性能。令在场景 λ 下工件 J_i 的完成时间为 C_i^λ,则

$$C(X, \lambda) = \max\{C_i^\lambda \mid i = 1, 2, \cdots, n\} \tag{6-39}$$

调度解 X 的最坏场景性能为 $\mathrm{WC}(X) = \max_{\lambda \in \Lambda} C(X, \lambda)$。

以最小化最坏场景性能为目标,场景无关并行机调度 SUPMS 的最坏场景模型为

$$(\mathrm{SUPMS\text{-}WCM}) \qquad \min \mathrm{WC}(X) = \min \max_{\lambda \in \Lambda} C(X, \lambda) \tag{6-40}$$

SUPMS-WCM 问题用三元表示法可表示为 $R_m \mid P^\lambda \mid \min\text{-}\max_\lambda C_{\max}$。

下文给出求解 $R_m \mid P^\lambda \mid \min\text{-}\max_\lambda C_{\max}$ 问题的基于场景邻域的果蝇算法。

6.4.3　最坏场景邻域果蝇算法

果蝇算法是一种群智能搜索算法,其原理已在 4.2.3.3 节阐述。果蝇算法主要环节为嗅觉搜索和视觉搜索。嗅觉搜索阶段基于邻域搜索为种群产生新个体,而视觉搜索阶段则对种群个体进行评价和取舍。

本节提出求解 $R_m \mid P^\lambda \mid \min\text{-}\max_\lambda C_{\max}$ 问题的最坏场景邻域果蝇优化算法(the worst-scenario neighborhood fruit-fly optimization algorithm,WNFOA)。嗅觉搜索是果蝇优化算法解空间的重要阶段。WNFOA 的嗅觉搜索阶段基于最坏场景邻域的构建而进行。

6.4.3.1　最坏场景邻域的构造

最坏场景邻域是一种基于场景知识而构建的邻域结构,相关概念已经在4.2.2.1 节阐述,见定义 4-4。

最坏场景邻域结构是在单场景邻域的基础上构建的。给定单场景的场景调度问题对应一个确定性调度问题。对性能指标为最大完工时间的确定性UPMS 问题,已有文献产生了多种邻域构造方式。

在给定场景下运用确定性 UPMS 的邻域构造方法可产生单场景邻域。单场景邻域结构即确定性调度问题的邻域结构。如果确定性无关并行机调度问题的邻域结构与问题的加工时间有关,则场景无关并行机调度问题在不同单场景下可以得到不同的邻域。

本书采用基于关键机器的两种操作构造单场景邻域。①插入操作(inserting operation,IO):将关键机器上的一个工件插入到完工时间最小的非关键机器上;②交换操作(swapping operation,SO):将关键机器上的一个操作与非关键机器上的操作交换。由于不同场景下 UPMS 问题的关键机器不同,所以用上述操作构造邻域解时,对同一当前解在不同场景下产生的单场景邻域解可以是不同的。

最坏场景邻域是一个单场景邻域。在每次迭代中需要首先找出当前解 X 的最坏场景 $\lambda^w(X)$,然后在最坏场景 $\lambda^w(X)$ 下按照一定方式产生单场景邻域,构造最坏场景邻域 $WN(\lambda^w(X))$ 的伪代码见图 6-1。

```
Procedure:constructing WN
输入:当前解 X,场景集 Λ
输出:当前解 X 的最坏场景邻域 WN(λ^w(X))
Begin
    令 C(X,λ^w) = 0;
    For 每个场景 λ ∈ Λ,
        计算场景 λ 下解 X 的性能值 C(X,λ);
        如果 C(X,λ) > C(X,λ^w),则 λ^w = λ,C(X,λ^w) = C(X,λ);
    End for
    确定最坏场景 λ^w(X) = λ^w
    基于最坏场景 λ^w(X) 构造邻域 WN(λ^w(X))
End
```

图 6-1 构造最坏场景邻域 WN 的伪代码

6.4.3.2 最坏场景邻域果蝇算法

本节阐述基于前述最坏场景邻域为 $R_m \mid \boldsymbol{P}^\lambda \mid \min_\lambda\text{-max}C_{\max}$ 问题开发的果蝇算法。

$R_m \mid \boldsymbol{P}^\lambda \mid \min_\lambda\text{-max}C_{\max}$ 问题中的目标函数为调度解在最坏场景下的性能,在最坏场景下构造当前解的邻域,其中候选解的目标函数更有可能相对当前解发生变化。所以在果蝇算法中,每次迭代对当前解构造最坏场景邻域用于果蝇的嗅觉搜索,这里称其为最坏场景邻域果蝇优化算法(the worst-scenario-neighborhood fruit-fly optimization algorithm,WNFOA)。将基于最坏场景邻域的嗅觉搜索(smell search)算子表示为 $SSWN(\lambda^w(X))$,对果蝇种群中的果蝇个体执行 $SSWN(\lambda^w(X))$,即可产生新的果蝇个体。

在视觉搜索阶段,假如有 NS 个果蝇个体,每个果蝇个体通过嗅觉搜索产生 2 个新邻域解个体,整个种群共产生 2NS 个新果蝇个体,此时果蝇群体共有

3NS 个,删除 3NS 个果蝇个体中的重复项后,将得到 DS 个果蝇个体。将 DS 个果蝇个体根据目标函数值按质量由高到低选择 NS 个果蝇个体作为下一次迭代的果蝇种群。算法终止准则为最大迭代次数(Maxgen),当迭代次数达到给定的 Maxgen 值时,算法终止,输出种群中的最优个体为所得解。WNFOA 算法框架如图 6-2 所示。

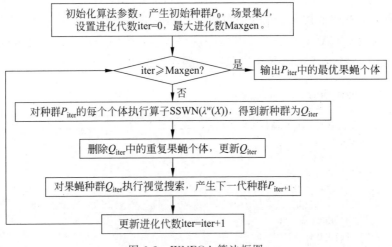

图 6-2　WNFOA 算法框图

6.4.4　仿真计算与分析

本节展示最坏场景邻域果蝇算法 WNFOA 与 Zheng 等[136]设计的果蝇算法 FOA 和 Vallada 等[148]设计的遗传算法(GA)求解 $R_m \mid \boldsymbol{P}^{\lambda} \mid \underset{\lambda}{\text{min-max}} C_{\max}$ 问题的比较结果,以显示 WNFOA 算法的有效性和优势。

实验在 CPU 主频 2.99 GHz 内存 2G 的计算机上进行,算法采用 C 语言开发并在 Windows 7 操作系统下运行。基于无关并行机调度问题的标准测试集 $U(1,100)$ 产生场景不确定加工时间下的测试算例。在测试集的给定规模下,SUPMS 算例将对确定性 UPMS 算例的加工时间进行不确定化处理。具体地,任意场景 $\lambda(\lambda \in \Lambda)$ 下,加工时间 p_{ij}^{λ} 是相互独立的,是在 $[p_{ij}^{\min}, p_{ij}^{\max}]$ 区间上随机产生的整数,这里 $p_{ij}^{\min} = 1, p_{ij}^{\max} = 100$,场景个数 $|\Lambda| = 10$。

为评价求解结果,计算每种规模算例的平均相对百分比偏差(relative percentage deviation,RPD)[145]为

$$\text{RPD} = \frac{\text{average}_{\text{sol}} - \text{best}_{\text{sol}}}{\text{best}_{\text{sol}}} \times 100\%$$

其中，$average_{sol}$ 表示对测试算例给定算法运算一定次数的性能平均值，$best_{sol}$ 表示三种算法在测试算例所有运算中的最好性能值。

实验对 10 种规模的算例进行了测试，每种算法对每种规模算例运行 20 次，计算结果见表 6-1。表 6-1 中加粗数值为三种算法所得最好值。可以看出，对每种规模算例，WNFOA 算法的 RPD 值明显优于其他两种算法，FOA 算法的 RPD 值优于 GA 算法。从所有规模算例的 RPD 平均值角度看也可以得出同样的结论。对性能为最大完工时间的最坏场景鲁棒无关并行机调度问题，WNFOA 算法得到解的质量相对 FOA 算法和 GA 算法有明显的改善，基于最坏场景邻域的 WNFOA 算法与普通 FOA 算法和 GA 算法相比表现出明显优势。

表 6-1　三种算法的比较

算例	WNFOA		FOA		GA	
	RPD	CPU/s	RPD	CPU/s	RPD	CPU/s
50×20	**5.19**	**90**	18.0	92	22.5	105
50×30	**13.3**	**103**	38.5	102	45.8	125
100×20	**2.75**	**121**	17.0	121	18.9	142
100×30	**3.21**	**164**	15.9	165	17.8	168
150×20	**3.19**	**115**	15.7	120	18.0	123
150×30	**3.38**	**133**	33.9	134	37.3	137
200×20	**2.51**	**130**	14.3	131	15.6	139
200×30	**3.82**	**162**	26.2	162	27.3	165
250×20	**1.57**	**170**	11.0	172	14.7	181
250×30	**1.23**	**196**	27.5	198	32.0	200
平均值	**4.01**	**138**	21.8	140	25.0	149

注：加粗数字代表最好的结果。

6.5　双目标鲁棒无关并行机调度

6.5.1　带有装夹时间的确定性无关并行机调度问题描述

在 6.4.1 节描述的以最大完工时间（makespan）为性能指标的确定性无关并行机调度问题中，如果工件加工前的装夹时间单独计算，不包含在加工时间内，则该问题变成带有装夹时间的无关并行机调度问题[149]。此处假设工件的装夹时间独立于机器但依赖工件排序（sequence-dependent setup times，SDST）。如果工件 J_k 在工件 J_i 之后加工，令工件 J_k 的装夹时间表示为 s_{ik}，则考虑装夹时间后在机器 M_j 上加工工件 J_k 的调整加工时间为 $ap_{ikj} = s_{ik} + p_{kj}$。

6.5.2　双目标鲁棒无关并行机调度模型描述

仍考虑加工时间不确定的场景无关并行机调度问题,假设工件的装夹时间是只依赖于工件排序的确定值,并不随加工时间场景而变化。

3.3 节阐述了笔者提出的双目标鲁棒优化模型(BROM),它的一个目标是最小化在所有场景中最坏场景的最大完工时间,该目标反映了解的鲁棒性;另一个目标是最小化所有场景的平均完工时间,该目标反映了解的优化性。显然,这里考虑的两个目标与离散场景描述的不确定性有直接关系。

鲁棒性目标由最小化所有场景中的最坏场景性能得到,即

$$WC(X) = \max_{\lambda \in \Lambda} C(\lambda, X) \tag{6-41}$$

优化性目标由最小化所有场景的平均性能得到

$$MC(X) = \frac{1}{|\Lambda|} \sum_{\lambda \in \Lambda} C(\lambda, X) \tag{6-42}$$

由式(6-41)和式(6-42)描述的双目标 SUPMS 问题(two-objective SUPMS, TSUPMS)为

$$(\text{TSUPMS}) \qquad \min_{X \in SX} \{WC(X), MC(X)\} \tag{6-43}$$

TSUPMS 问题可以表示为 $R_m \mid P^\lambda, \text{SDST} \mid \{WC, MC\}$,具有强 NP-hard 性。TSJSP 的鲁棒解比 WC 鲁棒解的保守性要弱,因为 TSJSP 的帕累托鲁棒解可以在解的优化性和解的鲁棒性之间进行折中权衡。

6.5.3　学习场景邻域双目标果蝇算法

针对上述 $R_m \mid P^\lambda, \text{SDST} \mid \{WC, MC\}$ 问题,笔者提出了一种双目标学习场景邻域果蝇优化算法(bi-objective LN fruit fly optimization algorithm, BLFOA)[101]。图 6-3 给出了 BLFOA 的流程图。在图 6-3 中,g 表示果蝇种群的当前迭代次数,P_g 表示第 g 次迭代时的果蝇种群,初始种群表示为 P_0,种群规模为 NS。在 BLFOA 的嗅觉搜索阶段,执行基于学习场景邻域的嗅觉搜索。

6.5.3.1　学习场景邻域的构造

学习场景邻域(LN)的概念见定义 4-5,它是基于单场景邻域而构造的。

对于 $R_m \mid P^\lambda, \text{SDST} \mid \{WC, MC\}$ 问题,单场景邻域除了可以采用 6.4.3.1 节基于关键机器的插入操作(SO)和交换操作(IO)产生,还可以通过基于工序相关的装夹时间,增加关键机器上的交换操作算子产生。

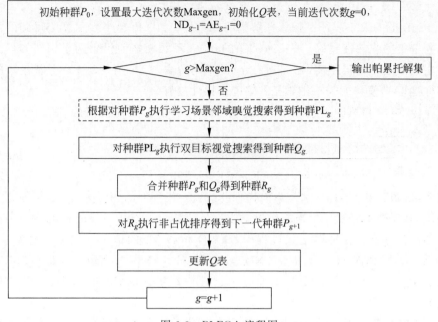

图 6-3　BLFOA 流程图

令当前解 X 在场景 λ 下的单场景邻域为 $N(\lambda,X)$。由于场景集 Λ 包含 $|\Lambda|$ 个不同场景,每个场景都可以为当前解产生一个单场景邻域,学习场景邻域采用强化学习中的 Q-learning 为当前解选择一个场景产生单场景邻域,表示为 $\mathrm{LN}(x,\Lambda)$。对于双目标的 $R_m\mid \boldsymbol{P}^\lambda,\mathrm{SDST}\mid\{\mathrm{WC},\mathrm{MC}\}$ 问题,所得解为帕累托解的集合,而帕累托解集的收敛性和多样性反映所得帕累托解集的质量,Wang 等[101]设计了如下定义的指标以反映所得帕累托解集的收敛性和多样性:

$$\mathrm{ND}=\sum_{i=1}^{|\mathrm{PF}|}D(x_i,x^*)/\mid\mathrm{PF}\mid \tag{6-44}$$

$$\mathrm{AE}=\frac{\sum\limits_{i=1}^{N-1}\mid d_i-\overline{d}\mid}{(N-1)\overline{d}} \tag{6-45}$$

式中,ND 表示非支配解集到帕累托前沿的平均距离(non-dominated solutions average distance to Pareto front,NDSAD);PF 表示种群中的帕累托解集组成的帕累托前沿;|PF|表示帕累托前沿中解的个数;x_i 是 PF 中的任意一个解;x^* 表示理想点。由于真正理想点无法获得,故采用近似方法计算理想点。令 $f_1(x^*)=\min\limits_j f_1(x_i)$,$f_2(x^*)=\min\limits_j f_2(x_j)$,$D(x_i,x^*)$ 表示解空间内的解 x_i 与理想点 x^* 的距离,则其表达式为

$$D(x_i, x^*) = \sqrt{[f_1(x_i) - f_1(x^*)]^2 + [f_2(x_i) - f_2(x^*)]^2}$$

ND 值的大小表征了帕累托解集的收敛性。ND 值越小表示算法得到的帕累托解集的收敛性越好。式(6-45)中的 d_i 表示帕累托前沿中两个相邻帕累托解之间的欧几里得距离，$\bar{d}$ 是所有 d_i 的平均距离。AE 值反映了帕累托解集的多样性，AE 值越大表示帕累托解集的多样性越好。

令 ND_g 和 AE_g 分别表示第 g 代果蝇种群中帕累托前沿的 ND 值和 AE 值。令

$$\Delta ND = ND_{g-1} - ND_g \tag{6-46}$$

$$\Delta AE = AE_g - AE_{g-1} \tag{6-47}$$

其中，ΔND 和 ΔAE 分别是当前代种群与上一代种群的 ND 值和 AE 值的变化情况，其反映 BLFOA 中当前代嗅觉搜索对种群中帕累托解集的收敛性和多样性的改善程度。在种群迭代过程中，ΔND 和 ΔAE 的值一共构成 4 种情况：① $\Delta ND > 0, \Delta AE > 0$；② $\Delta ND > 0, \Delta AE \leqslant 0$；③ $\Delta ND \leqslant 0, \Delta AE > 0$；④ $\Delta ND \leqslant 0, \Delta AE \leqslant 0$。这 4 种情况分别定义为 Q-learning 中智能体的 4 种状态。

在算法第 g 次迭代时，基于在每代加强学习中不断更新的 Q 表，采用ϵ贪婪方法从场景集 Λ 中选择一个场景作为学习场景，用于学习场景邻域构造。

在执行选择场景的动作后，智能体将得到一个奖励值，该奖励值可能为正数也可能为负数。因为 ND 值反映了帕累托解集的收敛性，所以当算法收敛时，ND 值的变化很小。然而，AE 值反映了帕累托解集的多样性，在算法的整个迭代过程中可能一直会发生剧烈的变化。因此状态①和状态②可能主要发生在算法的早期迭代阶段，状态③和状态④会在算法收敛时发生。为了保证算法迭代后期的局部搜索中 Q-learning 的有效性，奖励值 R 的计算如下。

$$R = \begin{cases} \mu \times NS, & \Delta AE > 0 \\ 0, & \Delta AE \leqslant 0 \end{cases} \tag{6-48}$$

其中，NS 表示种群的规模；μ 是奖励系数，因为学习场景邻域搜索是对种群中每个个体执行的，因此奖励值被设定与种群的规模有关。如果种群在当前代得到的帕累托解的多样性更好，则当前选择的动作会获得奖励，同时更新 Q 表。更新 Q 表的算法的伪代码如图 6-4 所示。

6.5.3.2　学习场景邻域嗅觉搜索

当前代的嗅觉搜索基于 Q-learning 选择的场景生成单场景邻域，学习场景邻域嗅觉搜索对当前种群中的每个个体进行，学习场景邻域嗅觉搜索算法的伪代码如图 6-5 所示。

算法　更新 Q 表。

输入：种群 P_{g+1}，状态 s_g，动作 a_g，ND_g，AE_g，学习率 α，折扣系数 γ，Q 表。

输出：更新后的 Q 表。

Begin

　　根据式(6-44)和式(6-45)计算种群 P_{g+1} 的 ND_{g+1} 和 AE_{g+1}；

　　计算 $\Delta \mathrm{ND} = \mathrm{ND}_g - \mathrm{ND}_{g+1}$，$\Delta \mathrm{AE} = \mathrm{AE}_{g+1} - \mathrm{AE}_g$；

　　确定 P_{g+1} 的状态 s_{g+1}；

　　计算 $R(s_g, a_g) = \begin{cases} \mu \times \mathrm{NS}, & \Delta \mathrm{AE} > 0 \\ 0, & \Delta \mathrm{AE} \leqslant 0 \end{cases}$；

　　$Q(s_g, a_g) \leftarrow (1-\alpha)Q(s_g, a_g) + \alpha[R(s_g, a_g) + \gamma * \max\limits_{a \in AC} Q(s_{g+1}, a)]$；

　　输出更新后的 Q 表；

End

图 6-4　更新 Q 表的算法伪代码

算法　学习场景邻域嗅觉搜索。

输入：种群 P_g，ND_{g-1}，AE_{g-1}，Q 表，贪婪因子 ϵ，场景集 Λ。

输出：种群 PL_g。

Begin

　　根据式(6-44)和(6-45)计算种群 P_g 的 ND_g 和 AE_g；

　　计算 $\Delta \mathrm{ND} = \mathrm{ND}_{g-1} - \mathrm{ND}_g$；$\Delta \mathrm{AE} = \mathrm{AE}_g - \mathrm{AE}_{g-1}$；

　　确定种群 P_g 的当前状态 s_g；

　　在区间 $(0,1)$ 内产生一个随机数 rand；

　　If $\mathrm{rand} < \epsilon$

　　　　$a_g = \underset{\lambda \in \Lambda}{\arg\max} Q(s_g, \lambda)$；

　　　　选择场景 $a_g = \lambda$；

　　Else

　　　　随机选择场景 $a_g = \lambda$；

　　种群 $P'_g = P_g$；

　　种群 $\mathrm{PL}_g = \varnothing$；

　　For 种群 P_g 中的每个解 $x \in P_g$ **do**

　　　　生成单场景邻域 $N(x, \lambda)$；

　　　　学习场景邻域 $\mathrm{LN}(x, \Lambda) = N(x, \lambda)$；

　　　　$\mathrm{PL}_g = \mathrm{PL}_g \bigcup \mathrm{LN}(x, \Lambda)$；

　　　　$P'_g = P'_g - \{x\}$；

　　End For When $P'_g = \varnothing$；

End

图 6-5　学习场景邻域嗅觉搜索算法的伪代码

6.5.3.3　双目标视觉搜索

BLFOA 在对种群执行学习场景邻域嗅觉搜索得到的新解并入原来的种群，因而得到的新种群的规模会大于原种群的规模，这种做的目的是为了尽可能保留种群多样性,不丢失搜索到的帕累托解。在视觉搜索阶段,通过对扩大的种群执行非占优排序(non-dominated sorting),淘汰掉种群中的被占优劣解,保持种群规模的恒定。所以,下一代种群 P_{g+1} 是在对嗅觉搜索得到的扩大种群进行非占优排序后才得到的,更新 Q 表的算法在得到下一代种群 P_{g+1} 后才进行。

6.5.4　仿真计算与分析

Wang 等[101]将 BLFOA 与五个可能的替代算法进行了比较。其中,BUFOA 是将 BLFOA 中的学习场景邻域以合并场景邻域取代而生成的算法,另外四个算法分别为 MFOA[136]、IABC[150]、MDEA[151] 和 RMOEA/D[152]。所有算法采用C++语言编程,所有仿真实验在硬件配置为 Intel(R) Xeon(R) Gold 5188 的工作站上进行。中规模算例为工件数为 50,机器数分别为 5,10,15,20,25 的组合,以及工件数为 100,机器数分别为 10,20,30,40,50 的组合。大规模算例为工件数分别为 200,500,机器数分别为 10,20,30,40,50 的组合。场景 λ 下工件的加工时间 $p_{kj}^{\lambda}(k=1,2,\cdots,n;j=1,2,\cdots,m)$ 在区间$[1,100]$上产生,工件的装夹时间在区间$[1,50]$上产生。

超体积(hypervolume,HV)指标能综合体现帕累托解集的多样性和收敛性。HV 值越高表示多目标算法的性能越好,它的计算公式如下:

$$\mathrm{HV}(\mathrm{PF},r) = \bigcup_{x \in \mathrm{PF}}^{\mathrm{PF}} v(x,r) \tag{6-49}$$

$$f_i^*(x) = \frac{f_i(x) - f_{i\min}}{f_{i\max} - f_{i\min}}, \quad i=1,2 \tag{6-50}$$

其中,PF 表示算法得到的帕累托前沿;r 表示所有帕累托前沿的预设参考点,通常设定为 $r=(1.2,1.2)$;x 表示 PF 中的一个帕累托解,在实际计算时,通常按照式(6-50)对目标函数值进行归一化处理;$f_{i\min}$ 表示解空间中第 i 个目标函数值中的最小值;$f_{i\max}$ 表示解空间中第 i 个目标函数值中的最大值。HV 值越大表示帕累托前沿的收敛性和多样性越好。

首先比较 BLFOA 和 BUFOA 在不同场景规模算例中的表现,表 6-2 展示了比较结果。结果显示 BUFOA 在场景规模较小时存在一定优势,但当场景规模增大时,BLFOA 所得解显示出明显的优势。尤其是从所消耗的计算(CPU)时间的角度来看,随着场景规模增大,BLFOA 相对 BUFOA 的优势增加,这说明 BLFOA 通过加强学习动态选择不同场景生成单场景邻域对解空间进行嗅觉搜索,在场景规模增大时大大节省了计算时间,且所得解的质量也有所改善。

表 6-3 和表 6-4 是 6 个算法的比较结果,6 个算法所获得的最好 HV 和 ND 值加粗标注。计算结果表明,BLFOA 在 6 个算法中具有明显优势,以较少的计算时间却获得更好的求解质量。

表 6-2　BLFOA 和 BUFOA 在不同场景规模下的求解结果对比

算例 (n×m)	|Λ|=10 BLFOA			|Λ|=10 BUFOA			|Λ|=20 BLFOA			|Λ|=20 BUFOA			|Λ|=30 BLFOA			|Λ|=30 BUFOA		
	ND	HV	CPU/s	ND	HV	CPU/s	ND	HV	CPU/s	ND	HV	CPU/s	ND	HV	CPU/s	ND	HV	CPU/s
50×10	9.77	0.89	20	**6.52**	**1.07**	18	**18.23**	**1.22**	27	22.39	1.02	29	**14.11**	**1.27**	39	21.22	1.01	52
50×25	**10.68**	**1.03**	35	14.36	0.92	28	22.35	1.09	28	**19.51**	**1.25**	43	**7.59**	**1.24**	56	15.65	0.98	75
100×30	34.43	0.91	63	**12.71**	**1.24**	66	**9.12**	**1.33**	79	11.42	1.21	82	25.63	1.13	99	**23.64**	**1.11**	142
200×30	36.04	0.79	112	**11.75**	**1.15**	113	**13.34**	**1.24**	143	16.98	1.10	151	**22.63**	**1.39**	186	30.44	1.07	352
500×30	13.37	0.92	241	**9.46**	**1.16**	232	17.83	1.23	232	**16.08**	**1.27**	322	**8.53**	**1.36**	397	13.26	1.16	485
平均值	20.86	0.91	94	**10.96**	**1.11**	91	**15.77**	**1.22**	91	17.27	1.17	124	**15.69**	**1.27**	155	20.84	1.07	221

注：数字加粗表示最好的结果。

表 6-3　6 种算法在中规模下的结果对比

算法	性能指标	算例($n \times m$)										平均值
		50×5	50×10	50×15	50×20	50×25	100×10	100×20	100×30	100×40	100×50	
BLFOA	ND	**11.72**	16.00	24.35	**14.74**	18.87	17.14	15.34	21.52	**13.65**	19.47	17.28
	HV	**1.27**	**1.31**	1.08	**1.33**	0.88	1.32	1.23	1.22	**1.17**	1.13	1.19
	CPU/s	21	28	39	45	47	50	64	79	89	94	**56**
BUFOA	ND	19.91	**14.51**	23.71	20.36	**17.62**	18.15	**14.61**	**19.44**	18.73	17.88	18.49
	HV	1.13	1.12	1.11	0.94	**1.24**	1.27	**1.27**	**1.33**	1.01	1.15	1.16
	CPU/s	18	35	44	56	61	59	67	87	96	108	63.1
RMOEA/D	ND	25.25	18.15	**19.37**	18.64	20.44	**11.4**	19.92	26.95	25.33	**15.43**	20.09
	HV	1.09	1.15	**1.35**	1.12	1.09	**1.33**	1.01	0.92	0.94	**1.36**	1.14
	CPU/s	20	29	36	49	48	52	69	81	101	105	59
MFOA	ND	34.65	39.00	35.62	26.87	29.57	50.29	28.57	35.65	44.21	33.79	35.82
	HV	0.35	0.26	0.29	0.41	0.36	0.34	0.28	0.47	0.39	0.31	0.35
	CPU/s	26	36	47	60	63	74	92	113	121	145	78
IABC	ND	32.38	32.48	27.35	24.65	26.33	39.40	27.59	33.98	35.65	36.54	31.64
	HV	0.58	0.43	0.55	0.62	0.57	0.49	0.44	0.66	0.59	0.58	0.55
	CPU/s	24	39	51	59	58	69	75	95	103	111	68
MDEA	ND	38.25	41.25	29.65	33.58	36.49	44.75	25.78	42.26	41.78	40.35	37.41
	HV	0.28	0.23	0.39	0.35	0.17	0.39	0.49	0.21	0.44	0.41	0.33
	CPU	26	39	51	62	63	71	82	101	108	129	73

注：数字加粗表示最好的结果。

表 6-4　6 种算法在大规模下的结果对比

算法	性能指标	算例($n \times m$)										平均值
		200×10	200×20	200×30	200×40	200×50	500×10	500×20	500×30	500×40	500×50	
BLFOA	ND	26.19	19.41	**15.68**	**14.95**	20.23	**18.56**	**19.85**	16.54	**16.84**	**19.65**	18.79
	HV	**1.21**	1.22	**1.34**	**1.23**	1.09	**1.39**	**1.19**	1.08	**1.39**	**1.25**	**1.24**
	CPU/s	82	117	143	158	181	199	265	322	340	356	**216**
BUFOA	ND	26.30	**18.66**	18.39	21.57	**13.26**	27.59	22.16	**14.62**	19.76	24.34	20.67
	HV	0.87	**1.32**	1.11	0.88	**1.25**	1.13	1.01	**1.26**	1.22	0.98	1.10
	CPU/s	95	138	160	172	205	206	287	354	364	388	236
RMOEA/D	ND	**19.4**	20.36	29.27	18.15	29.32	36.3	27.65	25.63	22.35	35.07	26.35
	HV	0.83	1.02	0.88	0.95	0.77	0.95	0.92	0.86	0.88	0.81	0.89
	CPU/s	92	132	151	163	198	192	263	349	378	376	229
MFOA	ND	64.16	36.39	37.69	48.23	46.67	70.36	41.86	51.08	42.54	52.35	49.13
	HV	0.23	0.35	0.42	0.21	0.32	0.36	0.48	0.23	0.38	0.56	0.35
	CPU/s	118	165	197	230	264	278	387	468	503	532	314.20
IABC	ND	62.15	23.44	27.63	24.65	31.26	61.73	35.15	37.25	29.68	32.14	36.51
	HV	0.42	0.85	0.65	0.68	0.73	0.74	0.77	0.81	0.77	0.74	0.72
	CPU/s	106	151	170	182	225	268	365	412	483	501	286
MDEA	ND	65.33	33.13	38.87	47.26	60.19	72.37	43.87	60.68	53.67	57.11	53.85
	HV	0.26	0.45	0.40	0.18	0.12	0.37	0.43	0.19	0.27	0.39	0.30
	CPU/s	102	141	159	192	220	264	359	415	477	502	283

注：数字加粗表示最好的结果。

6.6　本章小结

　　本章阐述了鲁棒并行机调度的模型和求解算法,分别阐述了三种类型的鲁棒并行机调度问题,包括最大后悔模型和最坏场景模型,介绍了求解的精确算法和启发式算法。

　　特别地,在无关并行机的最坏场景鲁棒调度问题中,本章使用了基于最坏场景邻域的果蝇算法。此处最坏场景邻域的构造是结合无关并行机调度问题特点和场景鲁棒优化模型特点的特别设计,实现了在离散场景中结合问题特点和模型特点构造邻域的思想,为开发高效算法提供了思路。

　　最坏场景邻域的构造是笔者团队的研究成果,可以推广应用于离散场景下更广泛的鲁棒优化问题中。

第7章 鲁棒流水车间调度

流水车间调度问题(flow shop scheduling problem,FSP)是很多实际流水线生产调度问题的简化模型,也是目前研究最广泛的一类经典调度问题。

根据工艺约束和生产条件的限制可将流水车间调度分为置换流水车间调度问题、无等待流水车间调度问题、零空闲流水车间调度问题、阻塞流水车间调度问题、有限缓冲流水车间调度问题、批量流水车间调度问题等。流水车间调度问题的性能指标有最大完工时间、总流水时间、完成任务的滞后时间以及相对交货期的客户满意度等。

由于鲁棒调度的复杂性,鲁棒流水车间调度问题的研究是从两台机器的置换流水车间调度问题开始的。Kouvelis 等[111]在区间场景和离散场景描述下对不确定加工时间的置换流水车间调度问题建立了最大后悔模型,给出了分支定界算法和启发式算法。韩兴宝[81]和邬波[85]分别在区间场景和离散场景下建立了最坏场景模型,并给出了基于和声搜索的智能优化算法进行求解。

本章介绍两台机器置换流水车间调度问题的相关鲁棒优化模型及其求解算法。

7.1 确定性置换流水车间调度问题

在置换流水车间调度问题中,所有机器的工件加工次序都相同。置换流水车间调度问题(permutation flow shop scheduling problem,PFSP)是研究流水车间调度问题的基础,无论是在离散制造工业还是在流程工业中都具有广泛的应用。

置换流水车间调度问题可以描述为:n 个工件由 m 台机器加工,每个工件需要接受 m 道工序,每个工序需要独占一定的加工时间且不能被抢占,工序的准备时间与加工顺序无关,且被包含在加工时间中。n 个工件由 m 台机器加工的顺序相同,此为流水车间调度的特征,如果同时所有机器加工的工件顺序也相同,则为置换流水车间调度,调度目标就是求出这 n 个工件在每台机器上的加工顺序,从而确保某个调度指标达到最优。

$N = \{J_i \mid i = 1, 2, \cdots, n\}$ 表示所有工件的集合,其中 J_i 表示第 i 个工件;$M =$

$\{M_j \mid j=1,2,\cdots,m\}$表示所有机器的集合,其中$M_j$表示第$j$台机器。工件$J_i$在机器$M_j$上的加工操作可被记为工序$o_{ij}$,$p_{ij}$为工序$o_{ij}$的加工时间,$C_{ij}$为工件$J_i$在机器$M_j$上的完工时间。如果所有工序的加工时间已知且已被确定,则为确定性置换流水车间调度问题。

对确定性两台机器置换流水车间调度(permutation 2-machine flow-shop scheduling, P2FS)问题,$m=2$,n个工件由两台机器的置换流水车间加工,共有$2n$个操作。

调度性能指标为最大完工时间时,即调度目标是寻找所有工件的某个加工序列,使最大完工时间最小。

$$\min_{X \in SX} C_{\max}(X) = \max_{J_i \in J} C_{i2}(X) \tag{7-1}$$

该问题可用三元法表示为$F_2 \mid prmu \mid C_{\max}$。

Johnson[125]的研究成果表明$F_2 \mid prmu \mid C_{\max}$问题是多项式可解的,其算法复杂度为$O(n\log n)$,可用多项式的Johnson算法求解$F_2 \mid prmu \mid C_{\max}$的最优解[116]。

7.2　最大后悔置换流水车间调度

本节讨论加工时间不确定的P2FS问题,用离散场景或区间场景描述不确定的加工时间,这也称为场景两台机器置换流水车间调度(scenario permutation 2-machine flow-shop scheduling, SP2FS)问题。

7.2.1　最大后悔置换流水车间调度模型

在SP2FS中,所有工序的加工时间均是不确定的,且不同工序的不确定加工时间是相互独立的,加工时间的不确定性由一个加工时间场景的集合Λ来描述。每一个场景$\lambda(\lambda \in \Lambda)$代表所有工序独有的一组加工时间,由$p_{ij}^{\lambda}$代表场景$\lambda$下工序$o_{ij}$的加工时间,$\boldsymbol{P}^{\lambda}=\{p_{ij}^{\lambda}:i=1,2,\cdots,n,j=1,2\}$代表场景$\lambda$下的加工时间向量。

SP2FS的解与P2FS的解一样是n个工件的加工序列。用$\sigma=\{\sigma(1),\sigma(2),\cdots,\sigma(k),\cdots,\sigma(n)\}$表示一个工件序列,其中$\sigma(k)$表示占据着序列$\sigma$的第$k$个位置的工件。$\Omega$表示$n$个工件组成的所有可行序列的集合。$\sigma_{\lambda}^{*}=\{\sigma_{\lambda}^{*}(1),\sigma_{\lambda}^{*}(2),\cdots,\sigma_{\lambda}^{*}(n)\}$表示场景$\lambda$下的最优工件序列,$\sigma_{\lambda}^{*}$可以由Johnson算法轻易构造出。

以$f(\sigma,\lambda)$表示场景λ下给定序列$\sigma \in \Omega$的最大完工时间性能,则场景λ下的最优序列σ_{λ}^{*}须满足

$$f(\sigma_\lambda^*,\lambda)=\min_{\sigma\in\Omega}f(\sigma,\lambda) \tag{7-2}$$

后悔值 $R(\sigma,\lambda)$ 的定义是场景 λ 下加工序列 σ 的最大完工时间性能与场景 λ 下最优序列的最大完工时间性能的绝对偏差,即

$$R(\sigma,\lambda)=f(\sigma,\lambda)-f(\sigma_\lambda^*,\lambda) \tag{7-3}$$

因此,SP2FS 的最大后悔模型(SP2FS-MRM)表示如下。

$$(SP2FS\text{-}MRM) \qquad \min_{\sigma\in\Omega}\max_{\lambda\in\Lambda}R(\sigma,\lambda) \tag{7-4}$$

令 WR(σ) 表示序列 σ 在场景集 Λ 中的最大后悔值,则

$$WR(\sigma)=\max_{\lambda\in\Lambda}R(\sigma,\lambda) \tag{7-5}$$

从而 SP2FS-MRM 也可表示为

$$\min_{\sigma\in\Omega}WR(\sigma) \tag{7-6}$$

令 $WR^*=\min_{\sigma\in\Omega}WR(\sigma)$,则 WR^* 是最优最大后悔值。

定义如下决策变量:

$$x_{ik}=\begin{cases}1, & \text{如果}\ \sigma(k)=i\\0, & \text{否则}\end{cases}$$

令 B_k^λ 为场景 λ 下序列 σ 中工件 $\sigma(k)$ 在机器 2 上的起始加工时间,则 SP2FS-MRM 问题可写为如下的数学规划形式。

$$\text{minimize}\, y \tag{7-7}$$

$$\text{s.t.}\ \sum_{i=1}^n p_{i2}^\lambda x_{in}+B_n^\lambda\leqslant y+z^\lambda,\quad \lambda\in\Lambda \tag{7-8}$$

$$\sum_{i=1}^n\sum_{l=1}^k p_{i1}^\lambda x_{i1}\leqslant B_n^\lambda,\quad k=1,2,\cdots,n;\lambda\in\Lambda \tag{7-9}$$

$$B_k^\lambda+\sum_{l=1}^k p_{i2}^\lambda x_{ik}\leqslant B_{k+1}^\lambda,\quad k=1,2,\cdots,n-1;\lambda\in\Lambda \tag{7-10}$$

$$\sum_{i=1}^k x_{ik}=1,\quad k=1,2,\cdots,n \tag{7-11}$$

$$\sum_{k=1}^n x_{ik}=1,\quad i=1,2,\cdots,n \tag{7-12}$$

$$x_{ik}\in\{0,1\},\quad i,k=1,2,\cdots,n \tag{7-13}$$

7.2.2　离散场景情形调度算法

离散场景下的 SP2FS-MRM 问题用三元表示法可表示为 $F_2\mid prmu,\boldsymbol{P}^\lambda\mid \min\text{-}\max_\lambda regret\, C_{max}$。

定理 7-1　即使对于两个场景，$F_2 \mid \text{prmu}, \boldsymbol{P}^\lambda \mid \min\text{-}\max \text{ regret}_\lambda C_{\max}$ 也是强 NP-hard。（证明过程见文献[112]，此处略）

离散场景可以区分有界情况和无界情况。有界情况中场景的数目是限定常数，无界情况中场景的数目是输入的一部分。

对 $F_2 \mid \text{prmu}, P^\lambda \mid \min\text{-}\max \text{ regret}_\lambda C_{\max}$ 问题，Kouvelis[111]给出了求解的分支定界算法和启发式算法。

由于 P2FS 问题是多项式可解的简单问题，所以在有限数目的离散场景集 Λ 下可用多项式时间算法计算给定序列下的最大后悔场景和对应的最大后悔值。

离散场景确定最大后悔值方法（the procedure of identifying the worst-case regret [discrete scenarios]，PIWR[DS]）如下[114]。

输入　给定加工序列 $\sigma = \{\sigma(1), \sigma(2), \cdots, \sigma(n)\}$，不确定加工时间场景集 $\{\boldsymbol{P}^\lambda : \lambda \in \Lambda, \Lambda = \{1, 2, \cdots, |\Lambda|\}\}$，其中 $\boldsymbol{P}^\lambda = \{p_{ij}^\lambda\}; i = \{1, 2, \cdots, n\}; j = \{1, 2\}$。

输出　加工序列 σ 在场景集 Λ 中的最大后悔值 $WR(\sigma)$ 和最大后悔场景 $\lambda^{WR}(\sigma)$。

步骤 1　初始化 $\lambda = 0$，设置序列 σ 在场景集 Λ 中的最大后悔值初值 $\text{WR}(\sigma) = 0$

步骤 2　$\lambda = \lambda + 1$，选取场景集 Λ 中的场景 $\lambda \in \Lambda$，计算序列 σ 在场景 λ 下的费用 $f(\sigma, \lambda)$。用 Johnson 算法[129]构造场景 λ 下的最优序列 σ_λ^*，计算 σ_λ^* 的最大完工时间性能 $f(\sigma_\lambda^*, \lambda)$。

步骤 3　计算序列 σ 在场景 λ 下的后悔值 $R(\sigma, \lambda) = f(\sigma, \lambda) - f(\sigma_\lambda^*, \lambda)$，如果 $R(\sigma, \lambda) > \text{WR}(\sigma)$，则 $\text{WR}(\sigma) = R(\sigma, \lambda)$，$\lambda^{WR}(\sigma) = \lambda$；否则，如果 $\lambda < |\Lambda|$，转到步骤 2。如果 $\lambda = |\Lambda|$，停止，输出 $\text{LB}(\sigma_l)$。

PIWR[DS]的计算复杂度为 $O(|\Lambda| n)$，该方法在下面的调度算法中将被反复用到。

7.2.2.1　分支定界算法

对 P2FS 问题，所求解为 n 个工件的一个序列，所以分支定界算法的分支方法类似单机调度问题。分支定界算法将产生 n 层分支，第一层分支产生 n 个节点。搜索树上的每个节点对应一个当前工件，位于第 $h(0 < h \leqslant n)$ 层分支上的节点对应的当前工件在部分调度中位于第 h 位加工，对第 h 层的节点进行分支是将该节点的剩余 $n - h$ 个未调度工件放入由该节点分支引出的第 $h + 1$ 层的节点上。然后，对所有的节点进行评价，按照剪枝规则和上下界关系剪掉该层部分节点，选择没被剪掉的节点进行下一层分支，直到最后一层。从最后一层

的节点中选择使目标函数最优的节点,该节点对应的已调度工件序列即为调度问题的最优解。

离散场景下节点 σ_l 处最优最大后悔值 WR^* 的下界计算方法(the procedure of computing the lower bound for WR [discrete scenarios],PCLB [DS])如下[111]。

输入　给定已调度部分序列 $\sigma_h=\{\sigma(1),\sigma(2),\cdots,\sigma(h)\}$ 和 $n-h$ 个未调度工件集 u_{n-h},不确定加工时间场景集 $\{\boldsymbol{P}^\lambda:\lambda\in\Lambda,\Lambda=\{1,2,\cdots,|\Lambda|\}\}$,其中 $\boldsymbol{P}^\lambda=\{p_{ij}^\lambda\}$;$i=\{1,2,\cdots,n\}$;$j=\{1,2\}$。

输出　节点 σ_h 处最优最大后悔值的下界 $LB(\sigma_h)$。

步骤 1　初始化 $\lambda=0$,设置节点 σ_h 处在最优最大后悔值初值 $LB(\sigma_h)=0$。

步骤 2　$\lambda=\lambda+1$,选取场景集 Λ 中的场景 $\lambda\in\Lambda$,用 Johnson 算法[125]构造场景 λ 下 $n-h$ 个未调度工件集 u_{n-h} 的最优序列 σ_{n-h}^λ,将 σ_h 和 σ_{n-h}^λ 组成 n 个工件的全序列 $\sigma^\lambda=\sigma_h+\sigma_{n-h}^\lambda$,计算序列 σ^λ 在场景 λ 下的最大完工时间性能 $f(\sigma^\lambda,\lambda)$。

步骤 3　用 Johnson 算法[125]构造场景 λ 下 n 个工件的最优序列 σ_λ^*,计算序列 σ^λ 和 σ_λ^* 在场景 λ 下的性能偏差值 $R(\sigma^\lambda,\lambda)=f(\sigma^\lambda,\lambda)-f(\sigma_\lambda^*,\lambda)$,如果 $R(\sigma^\lambda,\lambda)>LB(\sigma_h)$,则 $LB(\sigma_h)=R(\sigma^\lambda,\lambda)$;否则,如果 $\lambda<|\Lambda|$,转到步骤 2,如果 $\lambda=|\Lambda|$,停止,输出 $LB(\sigma_h)$。

上述步骤中,每次迭代过程计算的序列 σ^λ 和 σ_λ^* 在场景 λ 下的性能偏差值 $R(\sigma^\lambda,\lambda)$ 即序列 σ^λ 在场景 λ 下的后悔值,但 $R(\sigma^\lambda,\lambda)$ 并不是序列 σ^λ 在场景集 Λ 中的最大后悔值,$R(\sigma^\lambda,\lambda)$ 会比序列 σ^λ 在场景集 Λ 中的最大后悔值小,所以,每次迭代过程中得到的 $R(\sigma^\lambda,\lambda)$ 是序列 σ^λ 在场景集 Λ 中的最大后悔值的下界。

节点 σ_h 处最优最大后悔值的上界计算方法[离散场景](the procedure of computing the upper bound for WR [discrete scenarios],PCUB [DS])如下[111]。

输入　给定已调度部分序列 $\sigma_h=\{\sigma(1),\sigma(2),\cdots,\sigma(h)\}$ 和 $n-h$ 个未调度工件集 u_{n-h},不确定加工时间场景集 $\{\boldsymbol{P}^\lambda:\lambda\in\Lambda;\Lambda=\{1,2,\cdots,|\Lambda|\}\}$,其中 $\boldsymbol{P}^\lambda=\{p_{ij}^\lambda\}$;$i=\{1,2,\cdots,n\}$;$j=\{1,2\}$。

输出　节点 σ_h 处 n 个工件最优最大后悔值的上界 $UB(\sigma_h)$。

步骤 1　初始化 $\lambda=0$,设置节点 σ_h 处在场景集 Λ 中的最优最大后悔值 $UB(\sigma_h)=\infty$。

步骤 2　$\lambda=\lambda+1$,用 Johnson 算法[125]构造场景 λ 下 $n-h$ 个未调度工件

集 u_{n-h} 的最优序列 σ_{n-h}^{λ}，将 σ_h 和 σ_{n-h}^{λ} 组成 n 个工件的全序列 $\sigma^{\lambda}=\sigma_h+\sigma_{n-h}^{\lambda}$。

步骤 3　用 PIWR[DS]得到 n 个工件序列 σ^{λ} 在场景集 Λ 中的最大后悔值 WR(σ^{λ})，如果 WR(σ^{λ})<UB(σ_h)，则 UB(σ_h)=WR(σ^{λ})；否则，如果 $\lambda<|\Lambda|$，转到步骤 2，如果 $\lambda=|\Lambda|$，停止，输出 UB(σ_h)。

7.2.2.2　启发式算法

探索离散场景情况下的启发式方法，可以采用这样一种合理的方式：基于某一单独场景构造最优调度，然后进行 $|\Lambda|$ 次迭代以改善所构造的序列。在第 λ 次迭代中，加工时间被设置为与场景 λ 相关的参数，即 $p_{ij}=p_{ij}^{\lambda}$；$i=\{1,2,\cdots,n\}$；$j=\{1,2\}$。

启发式算法[离散场景情形]求解过程(heuristic procedure，HP[DS])[114]如下。

输入　加工时间场景集 $\{\boldsymbol{P}^{\lambda}:\lambda\in\Lambda,\Lambda=\{1,2,\cdots,|\Lambda|\}\}$，其中 $p_{ij}=p_{ij}^{\lambda}$；$i=\{1,2,\cdots,n\}$；$j=\{1,2\}$。

输出　启发式序列 σ_h 和 σ_h 提供最优最大后悔值的一个上界(UB)。

步骤 1　设置 $\lambda=0,S=\varnothing$，和 UB=∞。

步骤 2　令 $\lambda=\lambda+1$。在场景 λ 下用 Johnson 算法[125]构造序列 σ_h^{λ}，用 PIWR[DS]方法计算序列 σ_h^{λ} 在场景集 Λ 中的最大后悔值 WR(σ_h^{λ})，并令 UB$^{\lambda}$=WR(σ_h^{λ})。如果 $\sigma_h^{\lambda}\in S$，重复步骤 2；否则，令 $S=S\cup\{\sigma_h^{\lambda}\}$，UB($\sigma_h^{\lambda}$)=$\infty$，$j=0,k=l=1$。

步骤 3　令 $l=l+1$。如果 $l=k$，则令 $l=l+1$；如果 $l>n$，则令 $k=k+1$ 和 $l=1$；如果 $k>n$，令 $k=l=1$，并转到步骤 4；否则，通过交换序列 σ_h^{λ} 中第 k 个和第 l 个工件 $\sigma_h^{\lambda}(k)$ 和 $\sigma_h^{\lambda}(l)$ 来得到序列 $\sigma_{k,l}$。如果 $\sigma_{k,l}\in S$，重复步骤 3；否则，令 $S=S\cup\{\sigma_{k,l}\}$，用 PIWR[DS]方法确定序列 $\sigma_{k,l}$ 在场景集 Λ 中的最大后悔值 WR($\sigma_{k,l}$)。如果 WR($\sigma_{k,l}$)<UB(σ_h^{λ})，令 UB(σ_h^{λ})=WR($\sigma_{k,l}$)，$j=1$，$k^*=k$，$l^*=l$，重复步骤 3。

步骤 4　令 $l=l+1$。如果 $l=k$，则令 $l=l+1$；如果 $l>n$，则令 $k=k+1$ 和 $l=1$；如果 $k>n$，转到步骤 5，否则，通过对序列 σ_h^{λ} 将第 k 个工件 $\sigma_h^{\lambda}(k)$ 插入到位置 l 以得到序列 $\sigma_{k,l}'$；如果 $\sigma_{k,l}'\in S$，重复步骤 4，否则，令 $S=S\cup\{\sigma_{k,l}\}$，对序列 $\sigma_{k,l}'$ 用 PIWR[DS]方法计算序列 $\sigma_{k,l}'$ 在场景集 Λ 中的最大后悔值 WR($\sigma_{k,l}'$)。如果 WR($\sigma_{k,l}'$)<UB(σ_h^{λ})，令 UB(σ_h^{λ})=WR($\sigma_{k,l}'$)，$j=2,k^*=k$，$l^*=l$，重复步骤 4。

步骤 5　如果 $\mathrm{UB}(\sigma_h^\lambda) \geqslant \mathrm{UB}^\lambda$，转到步骤 6；否则，令 $\mathrm{UB}^\lambda = \mathrm{UB}(\sigma_h^\lambda)$。如果 $j = 1$，令 $\sigma_h^\lambda = \sigma_{k^* , l}$；否则，令 $\sigma_h^\lambda = \sigma'_{k^* , l}$。设置 $\mathrm{UB}(\sigma_h^\lambda) = \infty, j = 0, k = l = 1$，转到步骤 3。

步骤 6　如果 $\mathrm{UB}^\lambda < \mathrm{UB}$，令 $\mathrm{UB} = \mathrm{UB}^\lambda$ 且 $\sigma_h = \sigma_h^\lambda$。如果 $\lambda = |\Lambda|$，终止，输出序列 σ_h 和 UB；否则，转到步骤 2。

7.2.3　区间场景情形调度算法

区间场景下的 SP2FS-MRM 问题用三元表示法可表示为 $F_2 | \mathrm{prmu}, \boldsymbol{P}^{\lambda[\ ]} | \underset{\lambda}{\mathrm{min\text{-}max}}\ \mathrm{regret}\,C_{\max}$。

在区间场景下，场景集 Λ 中场景数目为无穷多个，这为在给定解下寻找最大后悔场景带来很大难度，下面的定理可以把寻找最大后悔场景的范围从无穷多个场景的场景集 Λ 转化为有限多个极点场景。

定理 7-2　① $F_2 | \mathrm{prmu}, \boldsymbol{P}^{\lambda[\ ]} | \underset{\lambda}{\mathrm{min\text{-}max}\,\mathrm{regret}}\,C_{\max}$ 问题中对任意序列 σ 和给定的最大完工时间性能标准，最大后悔场景 $\lambda^{\mathrm{WR}}(\sigma)$ 属于极点场景；②序列 σ 的最大后悔场景 $\lambda^{\mathrm{WR}}(\sigma)$ 满足

$$p_{ij}^{\lambda^{\mathrm{WR}}(\sigma)} = \begin{cases} \overline{p}_{ij}\ \{如果(i \in V_1^\sigma \bigcup \{\sigma(i_0)\}\ 且\ j = 1)\ 或\ (i \in V_2^\sigma \bigcup \{\sigma(i_0)\}\ 且\ j = 2)\} \\ \underline{p}_{ij}\ \{否则\ (i \in V_2^\sigma\ 且\ j = 1)\ 或\ (i \in V_1^\sigma\ 且\ j = 2)\} \end{cases}$$

对于最大后悔场景 $\lambda^{\mathrm{WR}}(\sigma)$，这里 $\sigma(i_0)$ 是序列 σ 上位置为 i_0 的一个关键性工件，V_1^σ 和 V_2^σ 被分别定义为 $V_1^\sigma = \{\sigma(k) : k < i_0\}$ 和 $V_2^\sigma = \{\sigma(k) : k > i_0\}$[111]。

确定最大后悔值［区间场景］(the procedure of identifying the worst-case regret [discrete scenarios]，PIWR[IS]) 的方法如下[111]。

输入　给定序列 $\sigma = \{\sigma(1), \sigma(2), \cdots, \sigma(n)\}$ 和区间加工时间场景 $p_{ij}^\lambda \in [\underline{p}_{ij} ; \overline{p}_{ij}]; i = \{1, 2, \cdots, n\}; j = \{1, 2\}$。

输出　对于给定序列 σ 在区间场景中的最大后悔值 $\mathrm{WR}(\sigma)$、最大后悔场景 $\lambda^{\mathrm{WR}}(\sigma)$。

步骤 1　初始化 $k = 0$，设置序列 σ 在区间场景中的最大后悔值 $\mathrm{WR}(\sigma) = 0$。

步骤 2　$k = k + 1$，设序列 σ 中的第 k 个工件 $\sigma(k)$ 为最后一个关键工件，按照定理 7-2，所有工件的加工时间按如下方式分配为场景 λ：工件 $\sigma(k)$ 由两台机器加工的时间都被分配为最大值，即 $p_{k1}^\lambda = \overline{p}_{k1}$、$p_{k2}^\lambda = \overline{p}_{k2}$；$\sigma(k)$ 之前的工件 $\sigma(1), \sigma(2), \cdots, \sigma(k-1)$ 在机器 1 上被分配为最大加工时间，在机器 2 上被分配为最小加工时间，即 $p_{11}^\lambda = \overline{p}_{11}, p_{21}^\lambda = \overline{p}_{21}, \cdots, p_{k-1,1}^\lambda = \overline{p}_{k-1,1}$，且 $p_{12}^\lambda = \underline{p}_{12}$，$p_{22}^\lambda = \underline{p}_{22}, \cdots, p_{k-1,2}^\lambda = \underline{p}_{k-1,2}$；而 $\sigma(k)$ 之后的工件 $\sigma(k+1), \sigma(k+2), \cdots$，$\sigma(n)$ 在机器 1 上被分配为最小加工时间，在机器 2 上被分配为最大加工时间，

即 $p_{11}^{\lambda}=\underline{p}_{11},p_{21}^{\lambda}=\underline{p}_{21},\cdots,p_{k-1,1}^{\lambda}=\underline{p}_{k-1,1}$,且 $p_{12}^{\lambda}=\overline{p}_{12},p_{22}^{\lambda}=\overline{p}_{22},\cdots,$ $p_{k-1,2}^{\lambda}=\overline{p}_{k-1,2}$。在所给的加工时间场景 λ 下计算序列 σ 的性能 $f(\sigma,\lambda)$。用 Johnson 算法[129]构造场景 λ 下的最优序列 σ_{λ}^{*},计算最优序列 σ_{λ}^{*} 的性能 $f(\sigma_{\lambda}^{*},\lambda)$。

步骤 3 计算序列 σ 在场景 λ 下的后悔值 $R(\sigma,\lambda)=f(\sigma,\lambda)-f(\sigma_{\lambda}^{*},\lambda)$。

步骤 4 如果 $R(\sigma,\lambda)>\mathrm{WR}(\sigma)$,则 $\mathrm{WR}(\sigma)=R(\sigma,\lambda),\lambda^{\mathrm{WR}}(\sigma)=\lambda$;否则, 如果 $k<n$,转到步骤 2。如果 $k=n$,停止,输出 $\mathrm{WR}(\sigma)$ 和 $\lambda^{\mathrm{WR}}(\sigma)$。

7.2.3.1 分支定界算法

节点 σ_l 处最优最大后悔值的下界计算方法(the procedure of computing the lower bound for WR [interval scenarios],PCLB[IS])过程[114]如下。

输入 给定已调度部分序列 $\sigma_h=\{\sigma(1),\sigma(2),\cdots,\sigma(h)\}$ 和 $n-h$ 个未调度 工件集 u_{n-h},加工时间场景集 $p_{ij}\in[\underline{p}_{ij},\overline{p}_{ij}];i=\{1,2,\cdots,n\};j=\{1,2\}$。

输出 节点 σ_h 处 n 个工件最优最大后悔值的下界 $\mathrm{LB}(\sigma_h)$。

步骤 1 初始化 $k=0$,设置序列 σ 在区间场景中的最大后悔值 $\mathrm{LB}(\sigma_h)=0$。

步骤 2 $k=k+1$,设序列 σ 中的第 k 个工件 $\sigma(k)$ 为最后一个关键工件,按 照定理 7-2,所有工件的加工时间按如下方式分配为场景 λ:工件 $\sigma(k)$ 由两台机 器加工的时间都被分配为最大值,即 $p_{k1}^{\lambda}=\overline{p}_{k1},p_{k2}^{\lambda}=\overline{p}_{k2}$;$\sigma(k)$ 之前的工件 $\sigma(1),\sigma(2),\cdots,\sigma(k-1)$ 在机器 1 上被分配为最大加工时间,在机器 2 上被分配 为最小加工时间,即 $p_{11}^{\lambda}=\overline{p}_{11},p_{21}^{\lambda}=\overline{p}_{21},\cdots,p_{k-1,1}^{\lambda}=\overline{p}_{k-1,1}$,且 $p_{12}^{\lambda}=\underline{p}_{12}$, $p_{22}^{\lambda}=\underline{p}_{22},\cdots,p_{k-1,2}^{\lambda}=\underline{p}_{k-1,2}$;而 $\sigma(k)$ 之后的工件 $\sigma(k+1),\sigma(k+2),\cdots,$ $\sigma(n)$(包括 $n-l$ 个未调度工件)在机器 1 上被分配为最小加工时间,在机器 2 上被分配为最大加工时间,即 $p_{11}^{\lambda}=\underline{p}_{11},p_{21}^{\lambda}=\underline{p}_{21},\cdots,p_{k-1,1}^{\lambda}=\underline{p}_{k-1,1}$,且 $p_{12}^{\lambda}=\overline{p}_{12},p_{22}^{\lambda}=\overline{p}_{22},\cdots,p_{k-1,2}^{\lambda}=\overline{p}_{k-1,2}$。在所给的加工时间场景 λ 下计算序 列 σ 的最大完工时间性能的下界为 $f_{\mathrm{LB}}(\sigma_l)=\sum\limits_{i=1}^{k}\overline{p}_{k1}+\sum\limits_{i=k}^{n}\underline{p}_{k2}$。

步骤 3 用 Johnson 算法[125]构造场景 λ 下的最优序列 σ_{λ}^{*},计算最优序 列 σ_{λ}^{*} 的性能 $f(\sigma_{\lambda}^{*},\lambda)$,计算序列 σ 在场景 λ 下的后悔值下界 $R_{\mathrm{LB}}(\sigma,\lambda)=$ $f_{\mathrm{LB}}(\sigma_h)-f(\sigma_{\lambda}^{*},\lambda)$。

步骤 4 如果 $R_{\mathrm{LB}}(\sigma,\lambda)>\mathrm{LB}(\sigma_h)$,则 $\mathrm{LB}(\sigma_l)=R_{\mathrm{LB}}(\sigma,\lambda)$;否则,如果 $k<h$, 转到步骤 2,如果 $k=h$,停止,输出 $\mathrm{LB}(\sigma_h)$。

区间场景下 $F_2|\mathrm{prmu},\boldsymbol{P}^{\lambda[\ ]}|\min\text{-}\max\limits_{\lambda}\ \mathrm{regret}\,C_{\max}$ 问题分支定界算法的剪 枝规则可以按如下定理进行。

定理 7-3　对于两个工件 J_i 和 J_h，如果 $\overline{p}_{i1} \leqslant \underline{p}_{h1}$ 和 $\underline{p}_{i2} \geqslant \overline{p}_{h2}$，则存在一个最大后悔鲁棒调度，其中工件 J_i 先于工件 J_h[111]。

定理 7-4　对于两个工件 J_i 和 J_h，如果 $\min\{\overline{p}_{i1}, \overline{p}_{h2}\} \leqslant \min\{\underline{p}_{h1}, \underline{p}_{i2}\}$，则最大后悔鲁棒调度不存在工件 J_h 先于工件 J_i 的情况[111]。

Kouvelis 等[111]对离散场景情形和区间场景情形下用分支定界算法求解 $F_2 | \text{prmu}, \boldsymbol{P}^{\lambda[\ ]}_{\lambda} | \text{min-max regret} \, C_{\max}$ 问题进行了详细阐述，分支定界算法的细节参见文献[111]，此处不再赘述。

分支定界算法是精确算法，只能求解中小规模问题。Kouvelis 等[111]还给出了一种启发式算法，分别应用于加工时间离散场景和区间场景的情形[93]。

7.2.3.2　启发式算法

$F_2 | \text{prmu}, \boldsymbol{P}^{\lambda[\ ]}_{\lambda} | \text{min-max regret} \, C_{\max}$ 问题的复杂性刺激了人们开发使用极少计算量的启发式方法产生近似鲁棒调度。在 7.2.3.1 节的分支定界算法中，可将启发式解作为初始的上界值。下面详细介绍离散场景和区间场景情形下的启发式算法。

利用启发式算法求解 $F_2 | \text{prmu}, \boldsymbol{P}^{\lambda[\ ]}_{\lambda} | \text{min-max regret} \, C_{\max}$（区间场景）的步骤如下[111]。

输入　工件的加工时间区间场景$[\underline{p}_{ij}, \overline{p}_{ij}]$；$i = \{1, 2, \cdots, n\}$；$j = \{1, 2\}$。

输出　启发式序列 σ_h 及其提供的一个最优最大后悔值的上界（UB）。

步骤 1　令 $L = R = \varnothing$。对于工件 $J_i(i = 1, 2, \cdots, n)$，如果 $\overline{p}_{i1} \leqslant \overline{p}_{i2}$，则 $L = L \cup \{J_i\}$；否则 $R = R \cup \{J_i\}$。对在集合 L 中的工件用 Johnson 算法[125]基于机器 1 和机器 2 的 $\overline{p}_{i1}$ 和 $\underline{p}_{i2}$ 加工时间进行排序，然后对在集合 R 中的工件用 Johnson 算法[125]基于机器 1 和机器 2 的 $\underline{p}_{i1}$ 和 $\overline{p}_{i2}$ 加工时间进行排序，上述安排所得序列为 σ_h。用 PIWR[IS]方法计算序列 σ_h 的最大后悔值 $\text{WR}(\sigma_h)$，令 $\text{UB} = \text{WR}(\sigma_h)$。令 $S = \{\sigma_h\}$，$\text{UB}_{\sigma h} = \infty$，$j = 0$，$k = l = 1$。

步骤 2　令 $l = l + 1$。如果 $l = k$，令 $l = l + 1$。如果 $l > n$，令 $k = k + 1$ 且 $l = 1$。如果 $k > n$，令 $k = l = 1$，转到步骤 3。否则，对序列 σ_h 中第 k 个和第 l 个工件 $\sigma_h(k)$ 和 $\sigma_h(l)$ 的位置进行交换，得到序列 $\sigma_{k,l}$。如果 $\sigma_{k,l} \in S$，重复步骤 2；否则，用 PIWR[IS]方法计算序列 $\sigma_{k,l}$ 的最大后悔值 $\text{WR}(\sigma_{k,l})$。如果 $\text{WR}(\sigma_{k,l}) < \text{UB}_{\sigma_h}$，令 $\text{UB}_{\sigma_h} = \text{WR}(\sigma_{k,l})$，$j = 1$，$k^* = k$ 和 $l^* = l$。重复步骤 2。

步骤 3　令 $l = l + 1$。如果 $l = k$，令 $l = l + 1$。如果 $l > n$，令 $k = k + 1$ 且

$l=1$。如果 $k>n$，令 $k=l=1$，并转到步骤 4。否则，对序列 σ_h 中将工件 $\sigma_h(k)$ 插入到位置 l 构成序列 $\sigma'_{k,l}$。如果 $\sigma'_{k,l}\in S$，重复步骤 3；否则，用 PIWR[IS]方法计算序列 $\sigma'_{k,l}$ 的最大后悔值 $WR(\sigma'_{k,l})$。如果 $WR(\sigma'_{k,l})<UB_{\sigma_h}$，令 $UB_{\sigma_h}=WR(\sigma'_{k,l})$，$j=2$，$k^*=k$ 和 $l^*=l$，重复步骤 3。

步骤 4　如果 $UB_{\sigma_h}\geqslant UB$，停止，输出 UB；否则，令 $UB=UB_{\sigma_h}$。如果 $j=l$，令 $S=S\cup\{\sigma_{k^*,l^*}\}$ 且 $\sigma_h=\sigma_{k^*,l^*}$；否则，令 $S=S\cup\{\sigma'_{k^*,l^*}\}$ 且 $\sigma_h=\sigma'_{k^*,l^*}$。令 $UB_{\sigma_h}=\infty$，$j=0$，$k=l=1$，转到步骤 2。

7.3　区间场景最坏场景流水车间调度

本节讨论有交货期的场景置换两台机器流水车间调度 SP2FS 问题，调度性能指标为提前滞后加权和，这是及时(just-in-time)制造环境下的调度目标。

7.3.1　问题描述

在 7.2.1 节的 SP2FS 问题中，工序 o_{ij} 的加工时间 p_{ij} 是不确定的，用区间场景集合描述：$\boldsymbol{P}^\lambda=\{p_{ij}^\lambda\mid i=\{1,2,\cdots,n\};j=\{1,2\}\}$ 表示场景 λ 下的加工时间向量，每个场景表示所有工序加工时间的一种实现，$\lambda\in\Lambda$，Λ 为所有可能场景的集合，p_{ij}^λ 服从区间 $[\underline{p}_{ij},\overline{p}_{ij}]$ 上的均匀分布。如果每个工件 J_i 有交货期 d_i 且该交货期是事先已知的，那么所要求的调度解 X 为 n 个工件在两台机器上加工的排序。

对于解 X，场景 λ 下各工件相对交货期的提前时间为

$$E_i(X,\lambda)=\max\{0,d_i-c_{i2}(X,\lambda)\},\quad i=1,2,\cdots,n \tag{7-14}$$

其中，$c_{i2}(X,\lambda)$ 表示工件 J_i 在第二台机器上的完工时间。

对于解 X，场景 λ 下各工件相对交货期的滞后时间为

$$T_i(X,\lambda)=\max\{0,c_{i2}(X,\lambda)-d_i\},\quad i=1,2,\cdots,n \tag{7-15}$$

场景 λ 下准时制(just-in-time)调度工件 J_i 的费用为

$$f_i(X,\lambda)=\alpha_i E_i(X,\lambda)+\beta_i T_i(X,\lambda) \tag{7-16}$$

其中，α_i，β_i 分别为工件提前时间和滞后时间的权重系数。因此，可以建立场景置换两台机器流水车间调度的最坏场景模型(SP2FS-WCM)如下。

$$(\text{SP2FS-WCM})\qquad \min_{X\in SX}\max_{\lambda\in\Lambda}\sum_{i=1}^n f_i(X,\lambda) \tag{7-17}$$

SP2FS-WCM 可用三元法表示为 $F_2\mid prmu,\boldsymbol{P}^{\lambda[\ ]}\mid \min\text{-}\max_\lambda \sum \alpha_i E_i+\beta_i T_i$。

Lenstra 等[8]指出以加权滞后和为目标函数的确定性两机器置换流水车

间问题是 NP-hard 问题。因此，$F_2 \mid \text{prmu}, \boldsymbol{P}^{\lambda[\ ]} \mid \underset{\lambda}{\text{min-max}} \sum \alpha_i E_i + \beta_i T_i$ 也是 NP-hard 问题。

令

$$f_i(c_{i2}(X,\lambda)) = \max \begin{Bmatrix} \alpha_i(d_i - c_{i2}(X,\lambda)), \\ \beta_i(c_{i2}(X,\lambda) - d_i) \end{Bmatrix}, \quad f(\lambda,X) = \sum_{i=1}^{n} f_i(c_{i2}(X,\lambda))$$

则式(7-17)可表述为

$$\min_{X \in \text{SX}} \max_{\lambda \in \Lambda} f(\lambda,X) \tag{7-18}$$

利用 WC(X) 表示解 X 下的最坏场景性能，则 $F_2 \mid \text{prmu}, \boldsymbol{P}^{\lambda[\ ]} \mid \underset{\lambda}{\text{min-max}}$ $\sum \alpha_i E_i + \beta_i T_i$ 问题的内层 Max 优化问题为

$$\text{WC}(X) = \max_{\lambda \in \Lambda} \sum_{i=1}^{n} f_i(c_{i2}(X,\lambda)) \tag{7-19}$$

7.3.2　两层和声搜索算法

针对 $F_2 \mid \text{prmu}, P^{\lambda[\ ]} \mid \underset{\lambda}{\text{min-max}} \sum \alpha_i E_i + \beta_i T_i$ 问题，本书将阐述两层和声搜索算法(two-loop harmony search, TLHS)求解[81]。其中外层和声搜索算法(outer harmony search, OHS)用以搜索调度解空间，内层和声搜索(inner harmony search, IHS)在场景集中用来搜索每个调度解的最坏场景。

式(7-17)描述的 min-max 问题实际上包含两个子问题，首先，对给定调度解，要确定其最坏场景；其次，要根据调度解在最坏场景下的目标值对调度进行优化。区间场景下场景集 Λ 中有无穷多个场景，穷举法寻找最坏场景是不可能实现的。实际上只要在每个工序加工时间取上界或下界构成的极点场景中寻找最坏场景即可，但其需要搜索的场景空间仍然巨大。

TLHS 算法包含外层和声搜索和内层和声搜索两种搜索机制，其中，外层和声搜索用于优化工件排序，其和声库被记为外层和声记忆库(outer harmony memory, OHM)，该库中只包含代表工件排序个体。内层和声搜索用来搜索在给定排序下得到最坏场景，其和声库被记为内层和声记忆库(inner harmony memory, IHM)，该库中只包含代表场景个体。外层和声搜索和内层和声搜索协同搜索可用于求解 $F_2 \mid \text{prmu}, \boldsymbol{P}^{\lambda[\ ]} \mid \underset{\lambda}{\text{min-max}} \sum \alpha_i E_i + \beta_i T_i$ 问题。

7.3.2.1　外层和声搜索

外层和声搜索中和声采用基于工件排序的编码。如果用 $\sigma = \{\sigma(1), \sigma(2), \cdots, \sigma(n)\}$ 表示一个调度解，其中 $\sigma(i)(i=1,2,\cdots,n)$ 表示序列 σ 中位置为

i 的工件。由于传统的和声向量 $\boldsymbol{X}$ 是实数编码，解码采用 largest-order-value (LOV) 规则将和声向量 $\boldsymbol{X}=[x_1,x_2,\cdots,x_n]$ 转化为整数编码的工件排序 $\sigma=\{\sigma(1),\sigma(2),\cdots,\sigma(n)\}$。每个和声向量将对应一个可行调度。

采用基于启发式方法 NEH[130] 生成外层和声搜索的初始和声库，NEH 具体步骤见 4.2.1 节。产生新解后，启动内层和声搜索以搜索该解下的最坏场景，用内层和声搜索输出的最坏场景性能作为评价解的目标值。如果该新解目标值小于和声库中的最差解的目标值，则用新解代替和声库中的最差解。否则，外层和声库将继续产生新解，以最大迭代次数 O_{maxiter} 作为外层和声搜索算法的终止条件。

7.3.2.2 内层和声搜索

在两层和声搜索算法中，用内层和声搜索调度解 $\boldsymbol{X}$ 的最坏场景，在此过程中，内层和声记忆库中的最差个体记为 $\lambda^w(\boldsymbol{X})$，$\lambda^w(\boldsymbol{X})=\arg\max\limits_{\lambda\in\text{IHM}}f(\lambda,\boldsymbol{X})$。如果内层和声搜索产生的新解 λ^{new} 优于和声库中的最差个体，则以 λ^{new} 代替 λ^w。外层和声搜索根据内层搜索出的各个调度解的近似最坏场景下的目标值 WC($\boldsymbol{X}$) 来评价各个调度解。在搜索过程中，外层和声搜索每产生一个新的调度解，就用内层和声搜索确定其近似最坏场景，内层每产生一个新的场景，该场景就会根据外层调度解评价新产生的场景，从而实现内层、外层和声搜索的协同。

内层和声记忆库中个体表示 $2n$ 个工序加工时间的取值情况。记内层和声搜索的个体编码为 $x(\text{inner})=[x_{11},x_{21},\cdots,x_{n1},x_{12},x_{22},\cdots,x_{n2}]$，其中 $x_{ij}\in\{0,1\}$，每个个体对应一个场景。如果 $x_{ij}=0$，则 $p_{ij}=\underline{p}_{ij}$。若 $x_{ij}=1$，则 $p_{ij}=\overline{p}_{ij}$。根据该编码方式，和声库中的个体与场景是一一对应的关系。

例如，内层的一个个体编码为 $x(\text{inner})=[0,1,\cdots,1,1,0,\cdots,0]^{\text{T}}$，该个体对应场景中各工序的加工时间：$p_{11}=\underline{p}_{11}$，$p_{21}=\overline{p}_{21}$，$\cdots$，$p_{n1}=\overline{p}_{n1}$，$p_{12}=\overline{p}_{12}$，$p_{22}=\underline{p}_{22}$，$\cdots$，$p_{n2}=\underline{p}_{n2}$。对给定调度解，当每个工序加工时间取下界时，该调度解对应的提前期最大。当每个工序取其加工时间上界时，该调度解对应的滞后期最大。内层和声搜索每个调度解最坏场景的过程均是一个二进制优化问题。

考虑到内层和声搜索解决的也是 0-1 编码优化问题，故可采用 Kong[153] 类似的方法产生新解。

$$x_{ij}^{\text{new}}=\begin{cases}x_{ij}^{r_1}+(-1)^{\Lambda}x_{ij}^{r_1}\,|\,x_{ij}^{\text{best}}-x_{ij}^{r_2}\,|\,, & \text{rand}<\text{IHMCR}\\ \text{rand}\{0,1\}, & \text{其他}\end{cases} \tag{7-20}$$

其中,IHMCR 为内层和声搜索的和声库考虑概率;best 为当前和声库中最优解在相应位置的值;r_1 和 r_2 为在{1,2,…,IHMS}中随机选择的两个互不相同且都不同于 best 的整数;rand{0,1}可以等概率随机产生 0 或 1。产生新解变量时,式(7-20)右边第一项(rand<IHMCR 时)相当于从和声库中随机选择一个变量,并根据最优个体在该位置的取值与随机产生个体在该位置的取值的差异决定是否调节该位置的变量。第二项相当于对已选择的和声进行变异。

产生新解后,就可得出新解对应场景下每个工序的加工时间。根据外层解对应的工件排序可计算相应目标函数。由于内层和声搜索是 max 优化问题,因此对一个确定排序,内层解对应的目标函数值越大越优。如果新产生的解优于和声库中的最差解就用新解代替和声库中的最差解,以最大迭代次数 I_{maxiter} 作为内层和声搜索算法的终止条件。

7.3.3　仿真计算与分析

本节对 TLHS 算法进行测试。测试算例的工件数目包括 $n=\{20,30,40,$ $50,60,80,100\}$。加工时间场景由文献[108]中的方法产生,即 $p_{ij} \in [\underline{p}_{ij},\overline{p}_{ij}]$,其中下界 $\underline{p}_{ij}$ 和上界 $\overline{p}_{ij}$ 分别取值于整数离散均匀分布,故 $\underline{p}_{ij} \in U[10,50\theta_1]$,$\overline{p}_{ij} \in U[\underline{p}_{i2},p_{i2}(1+\theta_2)]$;参数 θ_1,θ_2 用以控制加工时间的变化范围,分别取 $\theta_1=\{0.2,0.4\},\theta_2=\{0.2,0.4,0.6,0.8,1.0\}$。取每个工序的期望加工时间 $\widetilde{p}_{ij}=(\underline{p}_{ij}+\overline{p}_{ij})/2$,以每个工序的期望加工时间 $\widetilde{p}_{ij}$ 作为每个工件的加工时间,并利用 Johnson 规则求所有工件完成时的完工时间为 $\widehat{M}$,以计算出的 $\widehat{M}$ 作为一个基准产生每个工件的交货期。每个工件的交货期 $d_i \in [0,1.1\widehat{M}]$。每个工件的提前和滞后的权重系数 α_i、β_i 服从[1,3]上均匀分布。

两层和声搜索算法相关参数:外层和声搜索算法参数为 OHMS=10;外层和声库考虑概率 OHMR=0.90;外层和声库调整概率 OPAR=0.3;外层和声调整带宽 OBW=0.05;外层和声搜索的最大迭代次数设置为 $O_{\text{maxiter}}=n \times 10^2$;内层和声搜索算法的参数为内层和声库考虑概率 IHMCR=0.9;内层迭代次数 $I_{\text{maxiter}}=500$;内层和声搜索的和声库大小 IHMS 由仿真实验确定;将内层和声搜索算法的内层和声库大小设为 20。算法用 C++ 语言开发,在 Windows 7 操作系统下的 Microsoft Visual C++ 6.0 开发工具上运行,实验在硬件配置为 pentium G630 2.7 GHz CPU/2.0 GB RAM 的计算机上进行。对每个算例求解 10 次,取 10 次的平均性能作为该算例的结果。

将 SP2FS-WCM 问题与期望场景模型下的 SP2FS-ECM 问题求解结果对比,期望场景是指每个工序的加工时间取其上下界的均值[154]。用每个工序的期望加工时间 $\widetilde{p}_{ij}=(\underline{p}_{ij}+\overline{p}_{ij})/2$ 代替该工序的不确定加工时间,可将 SP2FS-ECM

转化为期望场景下的确定性问题以进行求解。由于确定性 P2FS 问题仍是 NP-hard 问题,以外层和声搜索来搜索期望场景下的最优调度,其算法参数与两层和声搜索算法的对应参数将完全相同。

针对生成的所有算例,在多种情况下比较 SP2FS-WCM 和 SP2FS-ECM 问题的求解结果。求解期望场景问题的和声搜索算法可被记为 EHS。针对生成的算例,采用 TLHS 对 SP2FS-WCM 问题求解得出的调度可被记为 X_{WCM},采用 EHS 对 SP2FS-ECM 进行求解得到的调度可被记为 X_{ECM}。在区间 $[\underline{p}_{ij},$ $\overline{p}_{ij}]$ 上随机产生 5000 个场景作为区间场景的模拟,以 X_{WCM} 和 X_{ECM} 在这 5000 个随机场景中的最差性能作为该次仿真下求解模型 SP2FS-WCM 和 SP2FS-ECM 的目标函数值。对每个算例的 SP2FS-WCM 问题和 SP2FS-ECM 问题分别仿真 10 次,将求解 SP2FS-WCM 的 10 次目标函数值的平均值记为 f_{WCM}。将求解 SP2FS-ECM 的 10 次目标函数值的平均值(记为 f_{ECM})作为 SP2FS-ECM 下所得调度的性能。SP2FS-WCM 相对于 SP2FS-ECM 所求调度的最差性能的改善率(WPI)按下式计算。

$$\text{WPI} = (f_{\text{ECM}} - f_{\text{WCM}})/f_{\text{WCM}} \tag{7-21}$$

表 7-1 展示了不同问题参数在不同的问题规模下 SP2FS-WCM 相对 SP2FS-ECM 所得调度的最差性能平均改善率。WPI 值为正表示 SP2FS-WCM 所求得的调度的鲁棒性要优于 SP2FS-ECM 下求得的调度,WPI 值越大说明 SP2FS-WCM 的优势越大。由表 7-1 可以看出,在不同问题参数及不同问题规模下 WPI 都为正值,这说明 SP2FS-WCM 所得解的鲁棒性要优于 SP2FS-ECM 下求得的解。

表 7-1　WCM 与 ECM 的比较

θ_1	θ_2	WPI/%				
		$n=20$	$n=40$	$n=60$	$n=80$	$n=100$
	0.2	0.717	2.033	0.805	2.313	7.747
	0.4	16.02	0.711	1.116	7.913	3.832
0.2	0.6	20.07	3.762	5.211	3.206	5.527
	0.8	21.09	14.50	4.604	13.82	6.388
	1.0	17.27	3.326	2.524	1.255	4.597
	0.2	6.686	0.631	4.517	2.198	15.39
	0.4	12.21	6.151	1.326	10.47	8.731
0.4	0.6	2.044	6.556	1.032	7.895	9.067
	0.8	5.580	1.951	6.974	4.320	0.341
	1.0	11.37	3.623	4.707	3.185	3.057

7.4　离散场景最坏场景流水车间调度

7.4.1　问题描述

在 7.3.1 节讨论的带交货期的 P2FS 问题中，如果所有工件有共同的交货期 d，解 X 中工件 J_i 的滞后时间为 $T_i(X)=\max\{0,C_{ij}(X)-d\}$，那么所有工件的加权滞后时间之和为

$$\mathrm{WT}(X)=\sum_{i=1}^{n}w_i T_i(X) \tag{7-22}$$

其中，w_i 为工件 J_i 滞后时间的加权值。以 $\mathrm{WT}(X)$ 为调度性能指标的 P2FS 问题可被简称为 TP2FS（total-tardiness permutation 2-machine flow-shop scheduling），其调度目标为

$$(\text{TP2FS}) \qquad \min_{X\in\mathrm{SX}}\mathrm{WT}(X) \tag{7-23}$$

该问题可以表示为 $F_2\,|\,\mathrm{prmu}\,|\,\min\sum w_i T_i$。Lenstra 等指出 $F_2\,|\,\mathrm{prmu}\,|\,\min\sum w_i T_i$ 是 NP-hard 问题[6]。

如果工序 o_{ij} 的不确定加工时间 p_{ij} 以有限数目离散场景的集合 Λ 描述，场景 $\lambda\in\Lambda$ 下的加工时间向量为 $\boldsymbol{P}^\lambda=\{p_{ij}^\lambda\,|\,i=(1,2,\cdots,n);j=(1,2)\}$，每个场景表示所有工序加工时间的一种实现。所要求的调度解 X 为 n 个工件在两台机器上加工的排序。场景 λ 下解 X 中工件 J_i 的滞后时间为 $T_i(X,\lambda)=\max\{0,C_{ij}(X,\lambda)-d\}$，$\{i=(1,2,\cdots,n);(j=2)\}$，则场景 λ 下所有工件的加权滞后时间之和为

$$\mathrm{WT}(X,\lambda)=\sum_{i=1}^{n}w_i T_i(X,\lambda) \tag{7-24}$$

因此，场景 TP2FS（scenario TP2FS，STP2FS）的最坏场景集模型（STP2FS-WCM）如下。

$$(\text{STP2FS-WCM}) \qquad \min_{X\in\mathrm{SX}}\max_{\lambda\in\Lambda}\mathrm{WT}(X,\lambda) \tag{7-25}$$

该问题可表示为 $F_2\,|\,\mathrm{prmu},\boldsymbol{P}^\lambda\,|\,\min\text{-}\max_\lambda\sum w_i T_i$，也是 NP-hard 问题。

7.4.2　混合和声搜索算法框架

为求解上述 $F_2\,|\,\mathrm{prmu},\boldsymbol{P}^\lambda\,|\,\min\text{-}\max_\lambda\sum w_i T_i$ 问题，可以将改进和声搜索算法（improved harmony search）与基于场景邻域模拟退火算子（SA based on scenario neighborhood，SASN）相结合，构成混合和声搜索算法（improved harmony simulated-annealing algorithm with scenario neighborhood，IHSASN）框架。

改进和声搜索算法将和声库的产生和音调微调过程融合[155]，不需要 PAR 和 BW 的设定，减少了和声搜索算法的参数。改进和声搜索算法中新解 $NH=[NH_1, NH_2, \cdots, NH_n]$ 的产生过程表示如下。

$$NH_j = \begin{cases} H_j^{r_1} + (-1)^{r_1} \times \mid H_j^{\text{best}} - H_j^{r_2} \mid /\text{iter}, & r_3 < \text{HMCR} \\ \underline{H} + r_4 \times (\overline{H} - \underline{H}), & \text{其他} \end{cases}$$

其中，r_1 和 r_2 为从 $[1, \text{HMS}]$ 上选取的一个随机整数；r_3 和 r_4 分别为从 $[0,1]$ 上产生的独立随机实数；H_j^{best} 为和声库中的最好和声；iter 为和声库迭代次数；HMCR 为和声库的考虑概率；$\overline{H}$ 和 $\underline{H}$ 为音节的上下取值范围。

初始化和声库时，可用 NEH 规则产生一条和声[126]，其余的和声向量则随机产生，并以最大迭代次数作为 IHSASN 算法的终止准则。

7.4.3 基于场景邻域的局部搜索

在上述 IHSASN 算法框架中，SASN 局部搜索算子是算法的核心环节，该算子基于场景邻域计算。基于场景的邻域概念见 4.2.2.1 节。下面将面向本节 STP2FS 问题特征阐述基于场景的邻域构造方法。

7.4.3.1 构造单场景邻域

在单一场景下，STP2FS 问题相当于确定性的 TP2FS 问题。对所有工件具有相同交货期的 TP2FS 问题在一个调度解中可能会存在三种类型的加工工件：在交货期之前完成所有加工工序的工件，加工过程中第一个滞后的工件和其后的滞后加工工件。相应地依据共同交货期把一个调度解中的工件序列描述为三划分 (E, L_1, L)，其中，E 表示提前工件集，L_1 表示第一个滞后的工件，L 表示第一个滞后工件之后加工的所有滞后工件集，如图 7-1 所示。

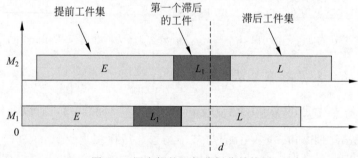

图 7-1 调度解的三部分划分甘特图

单场景邻域采用 Blazewicz[156] 对确定性 TP2FS 问题提出的一种局部贪婪邻域搜索(local greedy neighborhood search，LGNS)进行构造。LGNS 的原理是：一个邻域解是通过从当前调度解的滞后工件集 L 中选择一个工件插入到调度的提前工件集 E 中而产生的，其将根据工件的加工时间权值选择工件。LGNS 实际是一种启发式构造解的方法，作为邻域解的构造方法，其存在计算时间较长且只能产生一个邻域候选解的缺点。

针对 STP2FS 问题具有多场景数据的优势，可以在不同场景下产生邻域候选解，无需在单场景邻域的构造上花费过长的计算时间。本节将 LGNS 应用于 STP2FS 问题产生单场景邻域时进行了改进，花费较少的计算时间且能产生两个邻域候选解。

对于给定解 X，在场景下 λ 构造的邻域表示为 $N(X,\lambda)$。单场景邻域 $N(X,\lambda)$ 的构造方法如图 7-2 的伪代码所示。

算法　对 STP2FS 问题产生单场景邻域 $N(X,\lambda)$。
输入：前解 X，给定场景 λ。
输出：单场景邻域 $N(X,\lambda)$。

Begin

将当前解 X 在给定场景 λ 下的排序划分为三个工件子集；

计算场景 λ 下工件 $J_i \in (E^\lambda, L_1^\lambda, L^\lambda)$ 的 $(p_{1i}^\lambda + p_{2i}^\lambda) \, \omega_i$ 的值；

在 $J_i \in \{L_f^\lambda\} \bigcup L^\lambda$ 中选择 $(p_{1i}^\lambda + p_{2i}^\lambda) \, \omega_i$ 值最大的工件 J_m；

在 $J_i \in L^\lambda \bigcup \{L_f^\lambda\}$ 中选择 $(p_{1i}^\lambda + p_{2i}^\lambda) \, \omega_i$ 值最大的工件 J_j；

在 $J_i \in E^\lambda$ 中选择 $(p_{1i}^\lambda + p_{2i}^\lambda) \, \omega_i$ 值最小的工件 J_k；

将工件 J_m 移动到子集 E^λ，并使用 Johnson 规则对子集 E^λ 的工件重新排序，以获得新的三个工件子集 $(E_1^\lambda, L_{1f}^\lambda, L_1^\lambda)$；

根据权重值 ω_i 的降序重新调度子集 $\{L_{1f}^\lambda\} \bigcup L_1^\lambda$ 的工件，得到邻域解 X_1；

$N(x,\lambda) \leftarrow X_1$

交换工件 J_j 和 J_k 的位置，并使用 Johnson 规则对子集 E^λ 的工件重新排序，得到新的三个工件子集 $(E_2^\lambda, L_{2f}^\lambda, L_2^\lambda)$；

根据权重值 ω_i 的降序重新调度子集 $\{L_{2f}^\lambda\} \bigcup L_2^\lambda$ 的工件，得到邻域解 X_2；

$N(X,\lambda) \leftarrow X_2$

输出 $N(X,\lambda)$。

End

图 7-2　对 STP2FS 问题产生单场景邻域的伪代码

7.4.3.2　最坏场景邻域局部搜索

对调度解 X 来说，$\lambda^w(X) = \underset{\lambda \in \Lambda}{\arg\max} \sum_{i=1}^{n} w_i T_i(X,\lambda)$ 为调度解 X 的最坏场

景。解 X 在最坏场景下的邻域可由 $N(\lambda^w(X))$ 表示,为最坏场景邻域。

　　基于最坏场景的模拟退火局部搜索操作算子 SAWN(simulated annealing with worst-scenario neighborhood)的流程图如图 7-3 所示。由于 $N(\lambda^w(X))$ 得到的邻域解只有一个,所以局部搜索 SAWN 算子中同一温度下将采用多次抽样,最大抽样次数为 Samp。退温函数仍采用单调退温 $t_q = \eta \times t_{q-1}$。

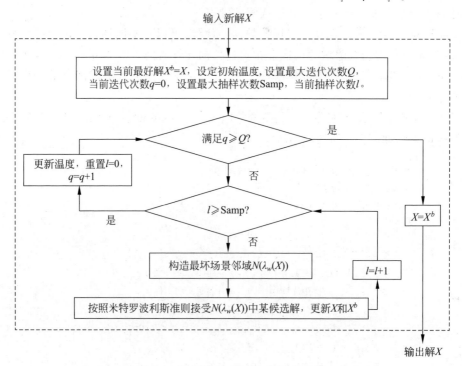

图 7-3　局部搜索 SAWN 算子流程图

7.4.4　仿真计算与分析

　　本节对 $F_2 \mid \mathrm{prmu}, \boldsymbol{P}^\lambda \mid \min\text{-}\max\limits_{\lambda} \sum w_i T_i$ 问题测试 IHSAWN 算法的有效性,测试算例将参照文献[111],每个场景中的工件加工时间都从区间 $[10,50\alpha]$ 均匀分布上产生,加工时间控制参数 $\alpha=1.0$;场景数 $\mid \Lambda \mid=15$;工件的共同交货期取值 $d=0.35 \times \sum\limits_{i=1}^{n} \sum\limits_{j=1}^{2} \overline{p}_{ij}$,其中 $\overline{p}_{ij}$ 为操作 O_{ij} 在所有场景下的平均加工时间;工件的滞后权重 ω_i 在区间 $[1,3]$ 上随机选取。所有程序由 C++ 语言开发,在 Windows 7 操作系统下的 Visual Studio 2012 上运行,仿真实验在硬件配置为 Intel Core I5-7200U 2.5G CPU 的计算机上执行。

IHSAWN 算法相关参数为:和声库考虑概率 HMCR＝0.95;SA 局部搜索算子的终止条件为最大迭代次数 $Q＝2$;抽样次数 Samp＝10;初始温度 $t_0＝F_{\text{best}}/\ln(p_r)$,其中 F_{best} 为初始解种群中最佳个体的目标函数值,$p_r＝0.1$;退温率 $\eta＝0.9$。

用 IHSAWN 算法求解不同规模算例,并与 IHSA 算法[155]、HSA 算法[81]和 VNSA 算法[81]比较,所得求解结果见表 7-2,表中加粗数值为同一算例中四种算法所得解的最好结果。由表 7-2 的计算结果可以看出,绝大多数算例中 IHSAWN 算法所得解质量都要好于 IHSA 算法和 VNSA 算法。这是因为 IHSAWN 算法采用了本章设计的最坏场景邻域结构,相对普通邻域结构加强了局部搜索,直接有利于改善目标函数,加强了算法的寻优能力。

表 7-2　四种算法的比较

n	α	IHSAWN		IHSA		HSA		VNS-SA	
		WT	CPU/s	WT	CPU/s	WT	CPU/s	WT	CPU/s
50	0.5	3063	18.41	**2990**	13.95	3487	40.28	4210	44.73
	1.0	**6035**	17.85	6531	13.89	7007	45.23	8818	48.80
	2.0	**12450**	17.22	13699	15.87	14387	45.47	17127	48.77
ave		7182	17.83	7740	14.57	8293	43.67	10051	47.43
80	0.5	**6644**	34.92	6650	42.32	7562	64.59	8453	81.69
	1.0	**12325**	35.54	13788	45.12	15936	68.15	17264	82.46
	2.0	**25249**	35.28	28271	44.58	30420	66.18	36184	84.16
ave		14739	35.25	16236	44.01	17972	66.30	20633	82.77
110	0.5	**12831**	62.18	13190	66.59	11983	82.84	12242	135.00
	1.0	**24325**	64.32	24715	68.34	26845	80.95	32436	134.00
	2.0	**52743**	65.56	53204	69.52	44801	81.56	57339	138.00
ave		29966	64.02	30369	68.15	27876	81.78	34005	136.00
140	0.5	**18450**	113.36	19585	125.64	41401	164.00	43570	188.00
	1.0	**38763**	114.21	40544	126.85	79030	163.00	89332	189.00
	2.0	**68032**	116.81	71871	128.69	156143	164.00	175431	194.00
ave		41748	114.79	44000	127.06	92191	164.00	102777	190.00

注:数字加粗表示最好的结果。

7.5　本章小结

本章阐述了流水车间调度的鲁棒优化模型和求解算法,分别阐述了三种类型的流水车间调度问题的最大后悔模型和最坏场景模型,介绍了求解的精确算法和启发式算法。

　　特别地，本章在流水车间调度的最坏场景鲁棒调度问题中使用了基于场景的邻域结构的和声搜索算法。此处基于场景的邻域结构包括合并场景邻域和最坏场景邻域。基于场景的邻域构造是结合流水车间调度问题特点和鲁棒优化模型特点的特别设计，实现了在离散场景中结合问题特点和模型特点构造邻域的思想，为开发高效算法提供了思路。

第8章　鲁棒作业车间调度

　　作业车间调度问题是经典的生产调度问题,它广泛存在于现实世界尤其是离散制造业中。很多实际问题如制定火车的时刻表、排列课程表、管理路面的车辆以及分配物流运输、调度资源受限项目问题等都可应用类似的作业车间调度模型求解,对作业车间调度问题的研究具有重要的现实意义[157]。

　　作业车间调度问题是生产调度问题中最有代表性的模型[158-161],即使是确定性问题往往也具有 NP-hard 性质,许多其他调度模型都可以看作特定情形下的作业车间调度问题,因此对作业车间调度问题的研究还具有深远的理论意义和学术价值。

　　对场景方法下的不确定车间调度问题的研究一直是热点。经典的最大后悔模型至今未在作业车间调度问题等困难问题中得到应用,究其原因是因为最大后悔模型需要在不同场景下求解对应的确定性问题的最优解,而作业车间调度问题在确定性环境下已经是强 NP-hard 问题,因而,最大后悔模型在作业车间调度等困难问题中的应用还存在很大障碍。最初有研究用区间数描述不确定加工时间的作业车间调度问题[162-165],但研究离散场景下的鲁棒作业车间调度问题的报道很少,笔者最先在这方面做了相关工作[75,83,95-100]。

　　本章将以这些研究成果为基础,阐述在不确定加工时间的离散场景描述下阈值坏场景集模型、两阶段阈值坏场景集模型和双目标鲁棒优化三种模型的鲁棒作业车间调度。

8.1　确定性作业车间调度问题

　　本章讨论一种经典的作业车间调度问题(job-shop scheduling problem,JSP),其相应的确定性描述为:在 m 台机器上处理 n 个工件,每台机器一次只能处理一个工件,不允许抢占;每个工件在一台机器上加工一次,称为操作;假设操作的优先关系(即工件访问机器的顺序)是先验已知的,每个操作的加工时间是已知的并且是固定的。作业车间调度问题的解是半活动调度,其由满足上述约束的每台机器的一系列操作组成。此处作业车间调度问题的目标是最小化最后一次操作的完成时间,即最大完工时间。这个确定性的作业车间调度问题可以表示为 $J \parallel C_{\max}$,它是强 NP-hard 问题[6]。

8.2 阈值坏场景集作业车间调度

8.2.1 问题描述

在 $J \parallel C_{\max}$ 问题中,如果所有操作的加工时间都是不确定的,都由离散的场景集 Λ 描述。设每个场景 $\lambda \in \Lambda$ 代表场景集中一组唯一的工件加工时间,具体地,场景 λ 下操作 O_{ij} 的加工时间为 $p_{ij}^{\lambda} : (i = \{1,2,\cdots,n\}; j = \{1,2,\cdots,m\})$,$\boldsymbol{P}^{\lambda} = \{p_{ij}^{\lambda} \mid i = (1,2,\cdots,n); j = (1,2,\cdots,m)\}$ 表示场景 λ 下所有操作的加工时间向量。这里考虑纯场景情况,没有关于最终会出现哪种场景的先验知识,并且不能为这些场景分配概率。设 SX 表示所有可能的可行调度解的集合,对任一调度解 $X \in \mathrm{SX}$,令 $C(X,\lambda)$ 表示场景 λ 下解 X 的最大完工时间性能。此时所讨论的作业车间调度问题称为场景作业车间调度问题(scenario job-shop scheduling problem,SJSP)。

8.2.2 阈值坏场景集优化模型

8.2.2.1 阈值坏场景集惩罚模型

按照定义 3-4,给定一个性能阈值 T 作为标准,对于调度 $X \in \mathrm{SX}$,阈值坏场景集定义为 $\Lambda_T(X) = \{\lambda \mid C(X,\lambda) \geqslant T, \lambda \in \Lambda\}$。

对于任一调度 $X \in \mathrm{SX}$,阈值坏场景集上的惩罚总量是对阈值坏场景集所有坏场景的惩罚总和(PT 函数),即

$$\mathrm{PT}(X) = \sum_{\lambda \in \Lambda_T(X)} \left[C(X,\lambda) - T \right]^2 \tag{8-1}$$

SJSP 问题的阈值坏场景集惩罚模型为

$$(\mathrm{SJSP\text{-}PTM}) \qquad \min_{X \in \mathrm{SX}} \mathrm{PT}(X) \tag{8-2}$$

由 SJSP-PTM 产生的解为 SJSP 问题的 PT 鲁棒解。

8.2.2.2 阈值坏场景集均值模型

令 $|\Lambda_T(X)|$ 表示场景集 $\Lambda_T(X)$ 中坏场景的数量。对于任何调度 $X \in \mathrm{SX}$,阈值坏场景集中坏场景的平均性能(MT 函数)表示如下。

$$\mathrm{MT}(X) = 1 / |\Lambda_T(X)| \sum_{\lambda \in \Lambda_T(X)} C(X,\lambda) \tag{8-3}$$

SJSP 的阈值坏场景集均值模型为

$$(\mathrm{SJSP\text{-}MTM}) \qquad \min_{X \in \mathrm{SX}} \mathrm{MT}(X) \tag{8-4}$$

由 SJSP-MTM 产生的解为 SJSP 问题的 MT 鲁棒解。

确定性作业车间调度问题可以被视为具有单个场景的 SJSP 的特例。由于相应的确定性作业车间调度问题(单一 SJSP)是强 NP-hard[6]问题,因此 SJSP-PTM 和 SJSP-MTM 都是强 NP-hard 问题。

8.2.3 禁忌搜索算法

在为确定性作业车间调度问题开发的各种启发式方法中,禁忌搜索算法是最有前途的算法之一[166-176]。禁忌搜索算法已被广泛用于确定性作业车间调度问题的求解,并且人们已经为它们开发了各种有效的邻域结构。

对于以最大完工时间为性能的作业车间调度问题,只有关键路径上操作序列的变化才会导致当前解的最大完工时间变化。这个重要的属性被用来构建高效的邻域。那些为确定性作业车间调度问题设计的最著名的邻域主要是基于关键块(critical block)概念。Van Laarhoven 等[177]提出了 N1 领域,在作业车间调度问题的邻域构造上做出重要贡献。Nowicki 等为 TSAB(taboo search algorithm with back Jump tracking)[166]和 i-TSAB[167]算法定义了高效的 N5 邻域结构,基于 N5 邻域结构提出的禁忌搜索算法获得了最好的结果,代表了当时最先进的作业车间调度问题算法。

基于确定性作业车间调度问题在邻域构造上的成果,Wang 等[96]面向场景描述的 SJSP 构造了面向阈值坏场景集的合并场景邻域结构,这是一种为 SJSP-PTM 或 SJSP-MTM 问题设计的面向问题特征的邻域结构。

8.2.3.1 单场景邻域

对于 SJSP-PTM 和 SJSP-MTM 问题,$PT(X)$ 和 $MT(X)$ 基于阈值坏场景集进行度量。阈值坏场景集是场景集 Λ 的子集,仅包含 Λ 中部分场景。对于评估调度解 X 的质量,除了阈值坏场景集之外的那些场景不需要被纳入考虑。阈值坏场景集中任何单个坏场景下的最大完工时间变化都可能导致 PT 或 MT 性能的变化,因此,将所有与阈值坏场景集的各个坏场景相关联的单场景邻域合并起来,构建合并场景邻域结构是合理的。

对当前解 X 下的阈值坏场景集 $\Lambda_T(X)$,任给场景 $\lambda \in \Lambda_T(X)$ 的单场景邻域为 $N(\lambda, X)$。按照定义 4-1,在 SJSP 中,单场景 SJSP 实际上是一个相应的确定性作业车间调度问题。

根据 Nowicki 等[167]提出的邻域 N5 定义生成 SJSP 的单场景邻域 $N(\lambda, X)$。按照邻域 N5 的定义,关键路径上的操作称为关键操作。这里把由至少两个关键操作组成的块称为"合格"块(block)。N5 邻域的每个候选解都可以通过交换"合格"块的边界操作对来获得,这里可以称其为交换操作对(swapping operation pair，SOP）。$N(\lambda，X)$ 的每个候选解是执行用于调度 X 的交换操作对运算而获得的。换句话说，每个交换操作对实际上对应 $N(\lambda，X)$ 的一个邻域候选解。所以为方便起见，下文使用 SOP 代表 $N(\lambda，X)$ 的候选解。

　　一般地，操作 o_{ik} 的加工时间表示为 p_{ik}。$(o_{ik}-o_{jk})$ 表示在机器 M_k 上由工件 J_i 和工件 J_j 的有序操作组成的块，并且以 $(o_{ik}，o_{jk})$ 表示由机器 M_k 上的工件 J_i 和工件 J_j 的有序操作组成的 SOP。

　　图 8-1 显示了一个大小为 3×3 的 SJSP 算例，其中（a）和（b）两种情况提供了当前解在两个场景 λ_1 和 λ_2 下的甘特图。采用基于工序的编码，两个场景下显示的是同一个当前解 $[1,2,3,1,1,3,2,2,3]$，其存在相同的优先关系但有不同的操作加工时间。在图 8-1（a）中，显示了场景 λ_1 下的两条关键路径 CP_1 和 CP_2。在 CP_1 中有一个"合格"块 $(o_{12}-o_{32})$；在 CP_2 中有一个"合格"块 $(o_{13}-o_{33})$；在图 8-1（b）中，仅显示场景 λ_2 下的一条关键路径 CP。在 CP 中，有两个"合格"块 $(o_{13}-o_{33}-o_{23})$ 和 $(o_{21}-o_{31})$。三个"合格"块生成了五个 SOP：$(o_{12}，o_{32})$，$(o_{13}，o_{33})$，$(o_{13}，o_{33})$，$(o_{33}，o_{23})$ 和 $(o_{21}，o_{31})$。其中 $(o_{13}，o_{33})$ 出现了两次，因为 $(o_{13}-o_{33})$ 和 $(o_{13}-o_{33}-o_{23})$ 两者都生成了相同的 $SOP(o_{13}，o_{33})$。

　　由图 8-1 可以看出，同一个当前解 X 在两个不同场景下可得到不同的"合格"块，即在不同场景下可以得到不同的单场景邻域 $N(\lambda，X)$。

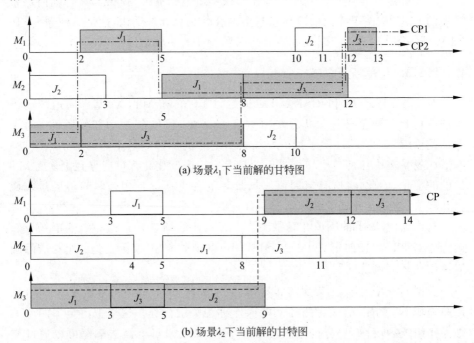

(a) 场景λ_1下当前解的甘特图

(b) 场景λ_2下当前解的甘特图

图 8-1　在 3×3 大小的 SJSP 算例中一个当前解在两个场景下的甘特图

8.2.3.2　面向坏场景集的合并场景邻域结构

按照定义 4-3,对于任一场景 $\lambda \in \Lambda_T(X)$,构造单场景邻域 $N(\lambda, X)$,$\Lambda_T(X)$ 中场景下的单场景邻域的并集构成面向坏场景集的合并场景邻域 $\mathrm{UN}(\Lambda_T(X))$,即

$$\mathrm{UN}(\Lambda_T(X)) = \bigcup_{\lambda \in \Lambda_T(X)} N(\lambda, X) \tag{8-5}$$

如果 SOP 在合并集合中出现多次,即为重复 SOP。将 $\lambda \in \Lambda_T(X)$ 下所有的 $N(\lambda, X)$ 合并构成合并场景邻域 $\mathrm{UN}(\Lambda_T(X))$ 时,重复 SOP 将产生重复的候选解,这些解会被重复评估并导致不必要的额外计算负担。因此,应从集合中删除重复 SOP。

一般地,用 $\mathrm{Uso}(\Lambda_T(X))$ 表示基于 $\Lambda_T(X)$ 生成的 SOP 集合。通过从 $\mathrm{Uso}(\Lambda_T(X))$ 中删除重复 SOP 可获得 $\mathrm{UN}(\Lambda_T(X))$。构造 $\mathrm{UN}(\Lambda_T(X))$ 的过程由"构造 $\mathrm{UN}(\Lambda_T(X))$"子函数实现,其伪代码见图 8-2。$\mathrm{UN}(\Lambda_T(X))$ 就是面向坏场景集 $\Lambda_T(X)$ 构造的 UN 结构。

Procedure:构造 $\mathrm{UN}(\Lambda_T(X))$
Input:当前解 X 和它的坏场景集 $\Lambda_T(X)$
Output:$\mathrm{UN}(\Lambda_T(X))$
Begin
Step 1　**For** 每个场景 $\lambda \in \Lambda_T(X)$,
　　　　　在不同机器上产生"块"集 $B(\lambda, X)$;
　　　　　从"块"集 $B(\lambda, X)$ 按照 N5 定义产生 SOP 集合 $SO(\lambda, X)$;
　　　　End for
Step 2　对所有的场景 $\lambda \in \Lambda_T(X)$ 合并 $SO(\lambda, X)$ 产生 SOP 并集 $\mathrm{Uso}(\Lambda_T(X))$;
　　　　For　$\mathrm{Uso}(\Lambda_T(X))$ 中表示为 so_1 的每一个 SOP,
　　　　　　For　每一个其他 SOP 表示为 so_2,
　　　　　　　　If so_2 与 so_1 相同,从 $\mathrm{Uso}(\Lambda_T(X))$ 中删除;
　　　　　　End for
　　　　End for
Step 3　设置邻域初值 $\mathrm{UN}(\Lambda_T(X)) = \varnothing$
Step 4　**For** $\mathrm{Uso}(\Lambda_T(X))$ 中每一个 SOP,
　　　　　对当前解 X 执行 SOP,得到一个新的邻域候选解 $so(X)$;
　　　　　将新的邻域候选解 $so(X)$ 加入 $\mathrm{UN}(\Lambda_T(X))$
　　　　End for
Output　$\mathrm{UN}(\Lambda_T(X))$
End

图 8-2　构造合 $\mathrm{UN}(\Lambda_T(S))$ 子函数的伪代码

8.2.3.3　禁忌搜索算法流程

具有 UN 结构的 TS 算法可称为 TSUN（tabu search based on UN）算法。TSUN 算法框架的流程图如图 8-3 所示。

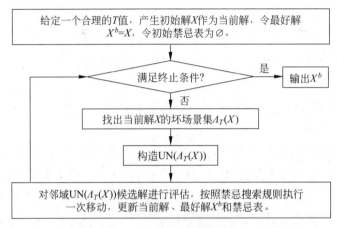

图 8-3　TSUN 算法流程图

根据 Nowicki 等[166]提出的方法，禁忌列表元素被定义为移动的属性。如果通过执行 SOP 选择了移动，则应禁止其反向移动并将其添加到禁忌列表中。移动选择规则是选择具有最小完工时间或满足特赦准则的非禁忌移动。然而可能出现这样的情况：所有可能的移动都是被禁忌的，并且它们都不能满足特赦准则。在这种情况下，可选择任意解作为当前解。对于以最大完工时间为性能的确定性作业车间调度问题，禁忌列表长度在很大程度上取决于工件和机器的数量，建议按照 Taillard[178]给出的最小值和最大值之间的范围随机选择。随着搜索迭代继续，可以提供动态禁忌列表长度。Zhang 等[179]的研究进一步表明，对于确定性作业车间调度问题，随着工件数量与机器数量的比率增加，合适的禁忌列表长度也应该增加。当邻域的规模较大时，通常需要较长的禁忌列表。在 TSUN 算法中，UN 的规模远远大于任何一个单场景邻域。因此，禁忌列表长度应该比为确定性作业车间调度问题设计的禁忌列表长度更长。

UN 结构不仅取决于单场景领域的规模，还取决于阈值坏场景集的规模。原则上，随着阈值 T 的增加，UN 的规模可能会减少，因为随着 T 的增加，阈值坏场景集的规模将会减少。因此，应根据阈值 T 和所涉及的不确定参数以实验调整合适的禁忌列表长度。

TSUN 的迭代终止准则可以按照与确定性作业车间调度问题中使用的禁

忌搜索算法类似的方式给出。当执行连续的 $k(k \geqslant \text{maxiter})$ 步移动而没有改善迄今获得的最佳解时,算法将终止。这里 maxiter 是一个给定的值,其在特定算例中的取值可以通过权衡求解质量和计算负担来调整。

8.2.4　仿真计算与分析

本节对 TSUN 算法进行测试,测试算例来自四种经典的作业车间调度基准问题,包括 Muth 等[180]设计的 FT10,Lawrence[181]设计的 LA01,LA13 和 LA36,问题规模分别为 10×10、10×5、20×5 和 15×15。使用场景方法将所有操作的加工时间不确定化,每个操作 O_{ij} 在所有可能的场景下的加工时间按照区间 $[p_{ij\min}, p_{ij\max}]$ 上的均匀分布随机生成离散的有限个场景。此处为了简便,统一取 $p_{ij\min} = 10, p_{ij\max} = 100$。令"~FT10""~LA01""~LA13"和"~LA36"分别代表 FT10,LA01,LA13 和 LA36 四种基准问题下产生的SJSP 算例类型。在实验中,将"~LA01"和"~LA13"类型视为较小的算例,将"~FT10"和"~LA36"类型视为较大的算例。令 $|\Lambda| = 20$,生成 40 个算例。在 Microsoft Visual C++ 6.0 开发环境下,所有算法以 C 语言开发。实验在硬件配置为 16.0 G RAM 的 Intel Core I7-4790 3.6G CPU 的工作站上进行。从 20个随机生成的解中选择最好的一个解作为算法的初始解。由于启发式方法的性质,所涉及的每个算例将运行 20 次,记录 20 次运行中的最好解作为算法的求解结果。

8.2.4.1　TSUN 算法与两种替代算法的比较

将 TSUN 与两种可能的替代算法进行比较,一种比较算法是基于均值邻域(mean-value neighborhood,MN)的禁忌搜索(tabu search based on MN,TSMN)算法。TSMN 具有与 TSUN 相同的禁忌搜索机制,但是具有不同的邻域结构。TSMN 的邻域采用均值路径生成[182]。在阈值坏场景集的均值场景下为当前解确定一条均值场景路径。阈值坏场景集的均值场景是一个构造场景,在该场景下,操作加工时间是阈值坏场景集的坏场景下这些加工时间的平均值。在这里,TSMN 算法使用 N5 邻域结构为 SJSP 生成均值邻域。另一种比较算法是混合遗传模拟退火算法(mixed genetic simulated annealing,MGSA)[183-184]。

在每个算例中,给定阈值的 SJSP-PTM 分别由 TSUN,TSMN 和 GSA 算法求解。表 8-1 和表 8-2 报告了三种算法的比较结果。ave 代表每种类型的 10个算例所得结果的平均值。计算结果表明,由 TSUN 算法获得的解几乎一致地优于由 TSMN 或 GSA 算法获得的解；而 TSUN 算法在几乎所有算例中消耗的计算时间都更少。就计算结果的平均值而言，这四种类型的算例中 TSUN 算法明显胜过 TSMN 算法。计算结果表明，在每次迭代中，UN 结构使 TSUN 算法在候选解中的搜索深度和效率远远高于 TSMN 算法，而面向阈值坏场景集的邻域结构可以明显提高禁忌搜索算法用于 SJSP-PTM 问题的效率。与 GSA 算法相比，TSUN 算法在几乎所有算例下都获得了更好的解。此外，无论是在单个算例还是在四种类型的所有算例的平均值上，TSUN 算法消耗的计算时间都比 GSA 算法少得多。在更多情况下，TSUN 算法的表现要优于 GSA 算法。

表 8-1　三种算法在求解较大规模 SJSP 算例中的比较：$|\Lambda| = 20$

类型	算例	T	UNTS			MNTS			GSA		
			PT	BSN	CPU/s	PT	BSN	CPU/s	PT	BSN	CPU/s
~LA01	1	720	30.85	2	3.74	113.7	6	3.39	156.8	7	1.54
	2	728	347.8	8	0.84	404.7	9	1.05	390.2	8	1.55
	3	710	99.05	8	1.44	201.6	11	4.57	316.0	9	1.54
	4	738	125.8	8	1.17	455.2	8	5.57	318.0	10	1.55
	5	730	673.9	4	4.09	965.1	7	8.36	951.6	10	1.54
	6	711	588.8	12	9.83	747.2	9	8.02	771.4	9	1.53
	7	701	276.9	8	1.03	321.1	9	2.47	276.9	8	1.53
	8	710	282.2	7	1.67	593.9	10	6.88	522.0	10	1.53
	9	729	65.20	6	0.62	66.05	7	1.86	202.4	7	1.55
	10	708	264.7	7	0.61	384.8	9	1.75	579.5	9	1.53
平均值			275.5	7	2.50	425.3	8.5	4.39	448.5	8.7	1.54
~LA13	11	1304	914.6	6	1.75	1773	12	1.86	960.5	11	4.98
	12	1274	590.0	8	2.92	2141	10	5.32	967.7	11	4.77
	13	1302	3635	4	0.94	4928	12	1.12	3640	6	4.73
	14	1266	973.1	3	4.52	2696	16	2.42	1235	8	5.55
	15	1301	963.2	5	1.25	2463	14	2.12	1106	12	4.96
	16	1280	949.3	6	4.81	2859	11	5.59	1207	12	4.73
	17	1279	658.0	5	1.65	2106	13	3.26	909.4	10	4.70
	18	1288	2271	7	1.12	2632	8	5.31	2271	7	4.68
	19	1308	1306	6	1.87	1554	13	3.18	1325	8	4.76
	20	1310	1012	7	1.61	2323	12	5.71	1270	8	4.74
平均值			1327	5.7	2.24	2616	12	3.59	1562	9.7	4.86

表 8-2　三种算法在求解较大规模 SJSP 算例中的比较：$|A|=20$

类型	算例	T	TSUN			TSMN			GSA		
			PT	BSN	CPU/s	PT	BSN	CPU/s	PT	BSN	CPU/s
~FT10	21	1230	136.2	3	36.2	531.0	7	60.4	209.4	4	37.1
	22	1240	13.28	2	23.1	283.8	6	27.2	297.1	10	36.3
	23	1241	144.0	6	33.0	707.3	8	40.1	152.0	10	37.2
	24	1242	35.71	4	27.3	880.2	11	35.3	93.36	4	35.7
	25	1253	206.5	8	36.4	607.1	10	43.0	321.6	9	37.2
	26	1241	24.35	4	12.3	248.5	10	68.5	74.50	5	37.0
	27	1219	67.87	3	27.1	299.7	10	32.7	81.49	5	36.8
	28	1216	192.3	4	12.4	683.5	9	34.2	193.0	8	36.3
	29	1231	40.55	7	37.8	377.9	9	68.8	68.76	5	36.0
	30	1243	81.53	6	8.79	576.0	9	39.1	130.2	8	37.4
平均值			97.24	4.6	25.4	519.0	8.9	44.9	162.1	6.8	36.7
~FA36	31	1580	8.167	5	183	467.7	10	188	42.15	4	791
	32	1567	30.01	6	224	146.8	11	501	116.5	6	792
	33	1565	5.714	4	481	624.2	8	249	73.21	5	789
	34	1562	13.96	2	254	235.3	9	920	30.92	5	790
	35	1550	1.800	1	260	450.2	6	656	60.58	8	821
	36	1549	19.16	5	309	681.7	8	428	49.45	4	807
	37	1553	17.76	5	200	228.4	10	598	52.10	4	812
	38	1579	28.08	6	399	998.8	7	806	225.6	7	816
	39	1570	58.51	4	311	952.1	6	968	181.9	8	812
	40	1540	30.91	5	377	1063	11	765	210.3	10	801
平均值			21.41	4.3	300	584.8	8.6	608	104.3	6.1	803

　　还可以注意到,更好的 PT 鲁棒解通常会产生较小的 BSN 值。这种关系表明,更好的 PT 解通常会实现较少数量的不合格性能。但是也有例外,有些解的PT 值较小,而 BSN 较大,原因是算法可以通过折中最坏场景的性能和坏场景的数量以获得 PT 性能的值。更好的 PT 鲁棒解可以显示更大的 BSN,但具有更好的最坏场景性能。这种趋势正好验证了 PT 鲁棒解的特性,从而可以在性能较差的质量与坏场景的数量之间权衡。

　　综上所述,在三种算法中,对于 SJSP-PTM 问题,TSUN 算法表现最佳,而TSMN 算法表现最差。该现象表明,均值场景可能不是为 SJSP-PTM 问题生成邻域的好选择,因为它是虚构场景。可以注意到,TSUN 算法的性能要好得多,尤其是在大规模算例类型"~FT10"和"~LA36"中,其比小规模算例类型例"~LA01"和"~LA13"更好。表 8-1 和表 8-2 中的计算结果表明,对于 SJSP-PTM 问题,TSUN 算法比 TSMN 算法和 GSA 算法更有优势。

8.2.4.2　TSUN 算法在不同场景规模下的计算性能比较

对于每种类型的 SJSP 问题，针对三种场景规模（$|\Lambda|=20$，$|\Lambda|=40$ 和 $|\Lambda|=60$），每种类型生成了五个算例。在不同场景规模的情况下，为每种类型的算例指定相同的阈值以建立 PTM。基于"~FT10""~LA01""~LA13"和"~LA36"这四种类型生成 60 个算例。在每个算例中，给定特定阈值的 PTM 问题都由 TSUN 算法使用适当的参数设置进行求解，计算结果见表 8-3。

表 8-3　不同场景规模下 TSUN 算法所得结果的比较

类型	算例	T	$\|\Lambda\|=20$			$\|\Lambda\|=40$			$\|\Lambda\|=60$		
			PT	BSN	CPU/s	PT	BSN	CPU/s	PT	BSN	CPU/s
~LA01	1	720	30.85	2	3.74	472.6	14	9.39	323.8	22	14.5
	2	728	347.8	8	0.842	278.1	14	7.52	668.0	18	13.7
	3	710	99.05	8	1.44	1074	15	8.22	518.5	23	13.6
	4	738	125.8	8	1.17	56.10	7	6.69	47.28	11	8.05
	5	730	673.9	4	4.09	170.4	11	9.31	377.2	15	11.6
平均值			255.5	6	2.26	410.2	12.2	8.23	386.9	17.8	12.28
~LA13	6	1304	914.6	6	4.524	503.8	11	9.64	1517	15	17.8
	7	1274	590.0	8	4.898	1642	4	5.21	1305	19	47.2
	8	1302	3635	4	0.765	141.8	4	4.96	1127	17	16.3
	9	1266	973.1	4	4.368	744.8	10	6.44	1331	20	44.7
	10	1301	963.2	5	1.435	492.3	5	5.41	462.6	8	18.3
平均值			1415	5.2	3.198	704.9	6.8	6.33	1149	15.8	28.8
~FT10	11	1230	136.2	3	36.2	305.2	13	56.5	926.5	20	151
	12	1240	13.31	2	23.1	311.9	11	121	645.2	23	112
	13	1241	144.0	6	33.0	493.4	15	104	170.0	16	73.3
	14	1242	35.73	4	27.3	169.4	10	80.6	387.4	15	158
	15	1253	205.6	8	36.4	209.8	13	147	246.9	17	136
平均值			107.0	4.6	31.5	297.9	12.4	102	475.2	18.2	126
~LA36	16	1580	5.888	5	226	90.68	11	729.1	320.1	13	1274
	17	1567	17.64	9	386	143.3	11	1561	129.6	13	1359
	18	1565	8.460	2	250	33.29	11	139.3	679.5	20	1540
	19	1561	12.09	4	428	363.6	10	998.0	406.9	20	1137
	20	1550	1.800	1	260	906.1	16	1088	353.5	19	2454
平均值			9.176	4.2	310	307.4	11.8	903	377.9	17	1553

表 8-3 的计算结果表明，在所有算例中，TSUN 算法消耗的计算时间都随着场景规模的增加而增加。这种趋势表明，随着场景规模的增加，计算负担也会增加。此外，显然在较困难的算例中计算负担比较容易的算例要大。同时，

表 8-3 的结果还显示,随着场景规模的增加,TSUN 算法消耗的 CPU 时间也会以相似的程度增加,并且未显示出相对算例规模和场景规模成比例的增加,原因应归因于 TSUN 算法的元启发式算法性质。

从解的质量角度来看,具有较小场景规模的算例并不总能导致较小的目标值(尽管大多数算例确实如此)。原因是它们实际上不是同一算例,并且目标值无法与不同的场景大小相比较。然而,计算结果表明,在所有算例中,更大的场景规模几乎总是导致更大的 BSN 值。该现象表明,给定特定阈值的 PTM 在较大场景规模的算例中始终出现更多的坏场景是合理的。

8.3　两阶段阈值坏场景集作业车间调度

本节讨论 3.2 节给出的两阶段阈值坏场景集模型在 8.2.1 节描述的 SJSP 问题中的应用。

以阈值 T 的合理值和 PT 鲁棒解作为决策变量,建立 3.2 节描述的双目标优化问题,该问题实际上是一个鲁棒优化的阈值坏场景集惩罚模型框架(PTM framework,PTMF)。在合理区间中阈值 T 含有无穷多个合理阈值,因此,理论上 PTMF 可以产生无穷多个有效解供决策者选择。但实际应用中 PTMF 只需向决策者提供有限数目的有效解即可满足需要。3.2.3 节提供的代理两阶段模型框架 TSPF 便可以为 PTMF 产生有限数目个有效解。

然而由于 SJSP 的 NP-hard 性质,求解 SJSP 的 SFTP 中模型 MCM 和 PTM｜T 都具有 NP-hard 性质,很难用精确算法求解,因此,下面将为 SJSP 问题提供如下的近似代理两阶段模型框架。

8.3.1　两阶段近似模型代理框架

PTMF 框架的近似模型代理框架(surrogate framework with two-stage approximate models,SFTAP)可以重新形式化 PTMF 为如下所示的两阶段近似模型[95]。

(1)第一阶段近似模型。

$$(\mathrm{ECM}\sim)\quad \mathrm{EC}^{\sim}\approx \min_{X\in \mathrm{SX}}\mathrm{EC}(X)\quad \left[\mathrm{EC}(X)=\frac{1}{|\varLambda|}\sum_{\lambda\in\varLambda}C(X,\lambda)\right]\quad(8\text{-}6)$$

(2)第二阶段近似模型。

$$(\mathrm{PTM}\sim)\quad \mathrm{PT}^{\sim}(T_k)\approx \min_{X\in \mathrm{SX}}\mathrm{PT}(X,T_k)\quad\quad(8\text{-}7)$$

$$\mathrm{PT}(X,T_k)=\sum_{\lambda\in\varLambda_{T_k}(X)}\left[C(X,\lambda)-T_k\right]^2$$

$$T_k = \beta_k \cdot \text{EC}^{\sim} \tag{8-8}$$

其中

$$\beta_1 = 1, \beta_{k+1} = \beta_k + \Delta\beta, \Delta\beta > 0; \; k = 1, 2, \cdots, x-1 \tag{8-9}$$

$$\Lambda_{T_k}(X) \neq \varnothing \tag{8-10}$$

SFTAP 不对 ECM 和 WCM 精确求解，而是满足于在得到 ECM 一个近似解的情况下确定 PTMF 的一组有效解，所以 SFTAP 可以被应用于确定性问题及具有 NP-hard 性质的复杂问题。

在 SFTAP 的第一阶段，问题 ECM∼是近似求解 ECM 以获得 EC^* 的近似值，由 $\text{EC}^{\sim}$ 表示。在第二阶段，问题 PTM∼是近似求解一组 PTM$|T$，从而在一系列阈值 T 下获得一系列 $\text{PT}(X(T))$ 值。一系列有效解 $(T, \text{PT}(X(T)))$ 构成了 PTMF 的一个有效解集（SES）。从式（8-8）和式（8-9）可以看出，阈值 T 的设定值由 $\text{EC}^{\sim}$ 和 $\Delta\beta$ 提供。$\text{EC}^{\sim}$ 是 SES 中阈值 T 的第一个值。参数 $\Delta\beta$ 用于在 $[\text{EC}^*, \text{WC}^*]$ 区间内定位阈值 T 的特定合理值。为了讨论代理框架 SFTAP，下面给出另一个定义。

定义 8-1　只有当 SFTAP 能够为 SES 生成至少一个有效的 PTMF 解时，才可以将 SFTAP 称为 PTMF 的有效代理框架[95]。

使用近似模型代替 PTMF 的原因是，在考虑以近似算法解决 ECM∼ 和 PTM∼ 的基础上给出分析。此外，分析近似解接近精确解的情况，不妨考虑以迭代搜索结构为 SFTAP 的两个阶段提供解的算法。用 A_1 和 A_2 分别表示求解 ECM∼ 和 PTM∼ 的两个近似算法。在 A_1 和 A_2 近似解决 ECM∼ 和 PTM∼ 的情况下，可能无法保证 SFTAP 对 PTMF 的有效性。事实上，如果是一个相当差的近似，则 SFTAP 可能是无效的。为了保证 SFTAP 的有效性，须设计一种反馈调整机制，该机制从第一阶段到第二阶段被嵌入在代理框架中。SFTAP 的解框架如图 8-4 所示。

在 SFTAP 中，$\text{EC}^{\sim}$ 是提供一系列合理阈值 T 的基准，保证 SFTAP 有效性的 $\text{EC}^{\sim}$ 值应该满足关系 $\text{EC}^{\sim} \leqslant \text{WC}^*$。因此，可得如下的命题 8-1。

命题 8-1　只有符合条件 $\text{EC}^{\sim} \leqslant \text{WC}^*$ 的 SFTAP 才是对 PTMF 的有效近似[95]。

证明　根据式（8-8），当 $\beta = 1$ 时，SFTAP 提供的 T 的第一个值恰好是 $\text{EC}^{\sim}$。如果 $\text{EC}^{\sim}$ 是 T 的合理值，则满足 $\text{EC}^{\sim} \leqslant \text{WC}^*$。由于 $\text{EC}^{\sim}$ 是 EC^* 的上界，即 $\text{EC}^{\sim} \geqslant \text{EC}^*$，因此，$\text{EC}^{\sim}$ 是合理的阈值 T。根据定义 3-2，相应的 PTM$|T$ 是有效的，至少可以生成一个 PT 鲁棒解，这恰好构成了 PTMF 的有效解，这时 SFTAP 是对 PTMF 的有效近似。　　□

从命题 8-1 来看，$\text{EC}^{\sim}$ 的近似程度对于 SFTAP 的有效性而言至关重要。

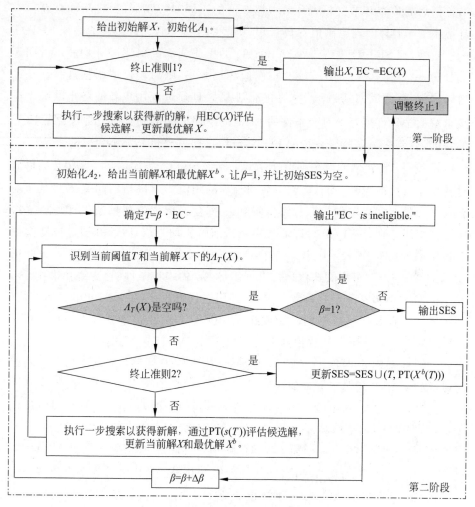

图 8-4　SFTAP 的近似解框架

如何确保一个符合条件的 $EC^\sim$？如果使用近似算法 A_1 求解 ECM 以获得 $EC^\sim$，则 $EC^\sim$ 的近似度将取决于 A_1。假设确定了 A_1 的搜索机制，ECM 解的质量就取决于算法参数的设置，包括 A_1 的终止条件。将终止准则 1 命名为 A_1 的终止条件，假设已经适当地设置了 A_1 的其他算法参数，则终止准则 1 是 A_1 的唯一参数，其被用于调整 $EC^\sim$ 的近似程度。

观察 SFTAP 的整个求解过程可以发现，实际上其没有求解 WCM 问题。那么 SFTAP 如何确保 $EC^\sim \leqslant WC^*$？实际上，一个检查环节在第二阶段的搜索算法中承担了这一任务。第二阶段的目的是通过迭代地执行 A_2 以求解 PTM 问题。假设 A_2 采用搜索算法，SFTAP 检查阈值坏场景集是否为空的环节被命名为检查环节。检查环节根据 β 值的不同对应不同的情况,如果在检查环节中 $\beta=1$ 时出现空阈值坏场景集,则表明 $\mathrm{EC}^{\sim}$ 不合格。为了保证 SFTAP 的有效性,在 SFTAP 中应嵌入 A_2 到 A_1 的反馈调整机制(图 8-4 中所示的阴影部分)。一旦在 $\beta=1$ 时 A_2 变为空阈值坏场景集,则启动反馈调整机制,即 A_2 暂时停止,算法返回到 A_1 调整终止准则 1,并且通过使用更新的终止准则 1 再次求解 ECM,直到获得符合条件的 $\mathrm{EC}^{\sim}$。反馈调整机制实际上是对合格 $\mathrm{EC}^{\sim}$ 的保证,只要在第一阶段获得的 $\mathrm{EC}^{\sim}$ 合格,反馈调整机制就不会启动。

让 SFTAP 获得的最小阈值 T 为 $T_{\min}$,然后 $T_{\min}=\mathrm{EC}^{\sim}$。SFTAP 可以通过在第二阶段的 $\mathrm{EC}^{\sim}$ 和 β 提供一系列合理的阈值 T。随后的阈值 T 将基于前者获得增量 $\Delta\beta$。由于阈值 T 和当前解 X 都会影响阈值坏场景集,因此在 A_2 中存在两层迭代,SETAP 可以通过更新当前解驱动内层迭代,并通过更新阈值 T 值驱动外层迭代。由于 $\mathrm{EC}^{\sim}$ 是在第一阶段确定的,因此更新阈值 T 正好更新了 β。在 $\beta=1$ 时内层迭代运行直到满足 A_2 的终止条件(称为终止准则 2),并且在 SES 中包括一个有效解。因此,外层迭代通过 $\beta=1+\Delta\beta$ 更新 β 运行,直到将另一个有效解包括在 SES 中或终止 SFTAP。对于每个 β 值,A_2 仅运行一次相应的 $\mathrm{PTM}\mid T$。随着 β 值的更新,一系列 $\mathrm{PTM}\mid T$ 将得以执行 A_2。仅当满足 $\beta>1$,检查段的结果为空阈值坏场景集时 SFTAP 才终止。这种情况表明此时提供的阈值 T 超出了合理值区间。

总之,在 SFTAP 中检查环节具有两个不同的功能:在 $\beta=1$ 时空阈值坏场景集将启动反馈调整机制,在 $\beta>1$ 时空阈值坏场景集将终止 SFTAP。

定义 8-2　在 SFTAP 中如果提供的阈值 T 超出合理值区间 $[\mathrm{EC}^*,\mathrm{WC}^*]$,则称这样的阈值 T 为伪合理值,在伪合理值下获得的有效解称为伪有效解[95]。

在 SFTAP 的第二阶段,由于终止准则 2 是内层迭代的终止条件,所以终止准则 2 会影响 SES 的质量。如果 A_2 是近似算法,则有些可能的可行解不会由检查环节检查。设阈值 $T_{\max}$ 为式(8-8)中的最后一个阈值 T,则可能发生阈值 $T_{\max}>\mathrm{WC}^*$,SES 中可能包含伪有效解。两个伪合理值如图 8-5 所示。SFTAP 因其近似性质而生成伪合理值,人们则往往希望随着 A_2 的近似程度的提高,伪有效解的数量减少到零。

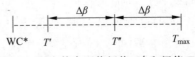

图 8-5　两个伪合理值阈值 T' 和阈值 T''

8.3.2　近似模型代理求解框架的性质

实际上，对于 SFTAP，SES 的质量和基数可以分别表征有效解的质量和有效解的多样性，可以评估 SFTAP 的近似程度。

设 $X^b(T)$ 表示由 SFTAP 获得阈值 T 下的 PT 解。$X^b(T)$ 是最佳 PT 解 $X^*(T)$ 的近似值，即 $X^*(T) = \arg\min\limits_{X(T)\in SX} PT(X(T))$ 和 $X^b(T) \approx \arg\min\limits_{X(T)\in SX} PT(X(T))$。SFTAP 获得的阈值 T 在区间 $[T_{\min}, T_{\max}]$ 内，则 SES 可以表示为 $SES = \{(T, PT(X^b(T))): T = T_{\min}, \cdots, T_{\max}\}$。

通过有效解 $(T, PT(X(T)))$ 的两个要素可以评估 SES 的质量，包括区间 $[T_{\min}, T_{\max}]$ 和 $PT(X^b(T))$ 质量。具体地，$g_r = |T_{\max} - WC^*|$ 和 $g_l = |EC^* - T_{\min}|$ 分别在所获得的合理值区间 $[T_{\min}, T_{\max}]$ 和最佳合理值区间 $[EC^*, WC^*]$ 之间定义了右间隙 g_r 和左间隙 g_l。当然，g_r 和 g_l 两者的值越小，表示 $[T_{\min}, T_{\max}]$ 质量越好。SES 中的伪有效解是 SFTAP 代替 PTMF 的结果，其数量（恰好是伪合理值的数量）应该是 SFTAP 的近似度指标。为了讨论 SFTAP 的近似程度，本节给出以下定义。

定义 8-3　$\forall \varepsilon \geqslant 0$，如果 $|g_r| \leqslant \varepsilon$，$|g_l| \leqslant \varepsilon$ 且 $|PT(X^b(T)) - PT(X^*(T))| \leqslant \varepsilon$，则可称 SFTAP 为 PTMF 的 ε-optimal 解框架[95]。

定理 8-1　如果 A_1 和 A_2 分别为 ECM～和 PTM～生成 $\varepsilon = 0$ 的 ε-optimal 解，则 SFTAP 是 PTMF 的 $\varepsilon = 0$ 的 ε-optimal 解框架，即如果 A_1 和 A_2 分别是 ECM～和 PTM～的精确算法，则 SFTAP 是 PTMF 的精确解框架，且 SES 中不存在伪有效解[95]。

证明　根据式(8-9)，$T_{\min} = EC^\sim$。如果 A_1 可以生成 $\varepsilon = 0$ 的 ECM～的 ε-optimal 解，则意味着 ECM～解恰好可以是 ECM 的最优解，然后 $T_{\min} = EC^\sim = EC^*$。

如果 A_2 可以生成 $\varepsilon = 0$ 的 PTM 的 ε-optimal 解，则意味着 A_2 可以在区间 $[T_{\min}, T_{\max}]$ 上生成 $\varepsilon = 0$ 的每个 $PTM \mid T$ 的 ε-optimal 解。它表明每个 $PTM \mid T$ 都是有效的。对于在区间 $[T_{\min}, T_{\max}]$ 上的任何阈值 T，当 $X^*(T) = \arg\min\limits_{X\in SX} PT(X)$，则通过在 $PTM \mid T$ 执行 A_2 可以获得最优解 $X^*(T)$。在 SFTAP 中，须检查 $X^*(T)$ 并且结果是非空 $\Lambda_T(X^*(T))$，因为如果不是，SFTAP 必须终止于该阈值 T。根据式(8-1)，一定有 $PT(X^*(T)) \geqslant 0$。因此除 $X^*(T)$ 之外的任何可行解 $X(T)$ 都满足 $0 \leqslant PT(X^*(T)) \leqslant PT(X(T))$。如果 $PT(X^*(T)) = 0$，由于非空 $\Lambda_T(X^*(T))$，一定有 $T = WC^*$；如果 $PT(X^*(T)) > 0$，则 $PT(X(T)) > 0$，$\Lambda_T(X)$ 必然是非空的，并且 $T <$

WC^*。无论如何,对于区间 $[T_{min}, T_{max}]$ 上的任何阈值 T,都有 $T \leqslant WC^*$,最优解 $(T, PT(X^*(T)))$ 必是有效解,并且不可能是伪有效解,特别是当 $T = T_{max}$,有 $T_{max} \leqslant WC^*$。相反,若 $T = T_{max} + \varepsilon$,对于任何 $\varepsilon > 0$,T 超出区间 $[T_{min}, T_{max}]$,SFTAP 一定会在内部迭代中被检查环节终止,即一定存在一个可行解使 $\Lambda_T(X)$ 为空,这个结果证明了 $T_{max} + \varepsilon > WC^*$。因此,对任意 $\varepsilon > 0$,有 $WC^* - \varepsilon < T_{max} \leqslant WC^*$,当 $\varepsilon \to 0$,有 $T_{max} = WC^*$,那么区间 $[T_{min}, T_{max}]$ 就是 $[EC^*, WC^*]$。

由于在区间 $[T_{min}, T_{max}]$ 的任一阈值 T 下 $X^*(T) = \arg\min\limits_{X \in SX} PT(X)$,这表明对于任一解 $X^b \in SX$ 和 $X^b \neq X^*(T)$ 以及区间 $[EC^*, WC^*]$ 下的任一阈值 T 都满足 $\forall \varepsilon \geqslant 0$,$|PT(X^b) - PT(X^*(T))| \leqslant \varepsilon$。总之,SFTAP 是 $\varepsilon = 0$ 的 PTMFε-optimal 解框架,即 SFTAP 是 PTMF 的精确解框架,并且 SES 中不存在伪有效解。□

定理 8-2 如果 A_1 和 A_2 分别产生 $\varepsilon > 0$ 的 ECM~ 和 PTM~ 的解,则 SFTAP 是 PTMF $\varepsilon > 0$ 的 ε-optimal 近似框架。伪有效解的数量最多为 $N_{ps} = \lceil \varepsilon / \Delta\beta \rceil$ [95]。

证明 如果 A_1 产生具有 $\varepsilon > 0$ 的 ECM~ε-optimal 解,则存在满足 $|g_l| = |EC^* - T_{min}| \leqslant \varepsilon$ 的 $\varepsilon > 0$。如果 A_2 在区间 $[T_{min}, T_{max}]$ 上为每个 PTM$|T$ 生成了 $\varepsilon > 0$ 的 ε-optimal 解,参考定理 8-1 的证明,得到 $T_{max} + \varepsilon > WC^*$ 并且它证明了 $|g_r| = |T_{max} - WC^*| \leqslant \varepsilon$。另外,对于区间 $[T_{min}, T_{max}]$ 上 T 的任何值,A_2 将为 PTM$|T$ 生成具有 $\varepsilon > 0$ 的 ε-optimal 解,这意味着存在满足 $|PT(X^b(T)) - PT(X^*(T))| \leqslant \varepsilon$ 的 PTM$|T$ 解 X^b。因此,SFTAP 是一个 $\varepsilon > 0$ 的 PTMFε-optimal 解框架。

如果 $T_{max} \leqslant WC^*$,T_{max} 是阈值 T 的合理值,则对于区间 $[T_{min}, T_{max}]$ 上的任何阈值 T 都不会生成伪有效解。如果 $T_{max} > WC^*$,由于 $g_r = T_{max} - WC^* \leqslant \varepsilon$,位于 WC^* 和 T_{max} 之间的阈值 T 一定是伪有效合理值,如图 8-5 所示。伪有效解的数量是伪有效合理阈值 T 的数量,最多为 $N_{ps} = \lceil (T_{max} - WC^*)/\Delta\beta \rceil \leqslant \lceil \varepsilon/\Delta\beta \rceil$。□

从定理 8-2 可以得出结论,A_1 可以影响左间隙 g_l,A_2 可以影响右间隙 g_r 以及 $PT(X(T))$ 的解质量。特别是在 SFTAP 的第二阶段,T_{max} 接近 WC^*,并且 SES 中的伪有效解数量减少到零,而 A_2 接近完全枚举。约束 $T \leqslant WC^*$ 被视为 SFTAP 中的软约束,而不像 PTMF 中的那样是硬约束。约束 $T \leqslant WC^*$ 通过检查环节实现,不用求解 WCM,而 PTM$|T$ 在第二阶段期间通过近似算

法 A_2 求解,这就是 SFTAP 将生成伪有效解的原因。可以说生成伪有效解正是近似框架 SFTAP 代替精确框架 PTMF 的成本。

伪合理阈值 T 实际上意味着相应的 PTM $\mid T$ 将失去区分精英解的能力,因为它们的目标值 PT($X(T)$) 都同样为零。虽然 T 的值大于 WC* 可以使 PTM $\mid T$ 在理论上无效,但伪有效解在实践中可能具有实际意义,在精英解不被决策者所知的情况下,提供给决策者的伪有效解有可能被决策者所接受。

从式(8-9)中可以看出,SES 的基数应该是 x。实际上,在 SFTAP 终止之前 SES 的基数是未知的。SES 的基数取决于区间 $[T_{\min}, T_{\max}]$ 的近似程度和 $\Delta\beta$。较大的区间 $[T_{\min}, T_{\max}]$ 和较大的 $\Delta\beta$ 将导致 SES 的基数较小。显然,SFTAP 获得的 SES 的基数是 $y = [(T_{\max} - T_{\min})/\Delta\beta]$。当然,更大的 SES 可以改善解的多样性,然而事实上 SES 不仅可以包括许多真正的有效解,还可以包括可能的伪有效解。根据定理 8-2 的结论,只有 $\varepsilon < \Delta\beta$ 才能消除伪有效解。因此,可以设置更大的 $\Delta\beta$ 值,以避免在某些 ε 中 SES 获得太多的伪有效解。然而更大的 $\Delta\beta$ 将使 SES 的基数变小。因此,改善 SFTAP 有效解多样性的最佳方法是改善 SFTAP 两阶段问题的近似程度。

总之,SFTAP 实际上是一个鲁棒优化模型的识别和优化两阶段的集成过程。阈值 T 是在鲁棒优化模型的识别中确定的变量,鲁棒解 $X(T)$ 是在鲁棒优化模型的优化中要求解的变量。SFTAP 的第一阶段承担了为鲁棒优化模型提供基准 T 值的任务。

8.3.3　仿真计算与分析

本节在 SJSP 算例中对 SFTAP 进行测试。第一阶段算法 A_1 采用混合遗传模拟退火算法[184],第二阶段 A_2 采用专用于 PTM $\mid T$ 的合并场景禁忌搜索(scenario-merging tabu search,SNTS)算法[95]。

将进化的最大代数(用 MaxGen 表示)设置为终止准则 1 的终止条件,A_2 分别涉及两个迭代层的两个终止条件,终止准则 2 是 SNTS 的内层迭代的终止条件。一旦终止准则 2 满足,当前阈值 T 下的内层迭代将会停止,有效解将被输出到 SES 中。将终止准则 2 定义为 SNTS 中最好解至今没有改善的最大迭代次数(用 maxiter 表示)。

测试算例源自 Fisher 和 Thompson 设计的基准算例 FT10[171]。将算例中所有操作的加工时间不确定化,并使用场景集描述不确定的加工时间,场景的生成方式同 8.2.4 节,每次测试生成 10 个算例。所有测试均在 Microsoft Visual C++ 6.0 开发环境下以 C 语言开发,并在硬件配置为 Pentium G630 2.7 GHz CPU 和 2 GB RAM 的计算机上执行。

　　通过检查有效解的质量和 SES 的规模以测试 SFTAP 解框架的有效性。首先,观察终止准则 1 和终止准则 2 的影响以及参数 $\Delta\beta$ 对 SES 解质量和多样性的影响。这里测试了一个算例,以观察随终止准则 1 或终止准则 2 的变化而引起的 SES 的变化。给定 $\Delta\beta=0.02$,终止准则 1 是在两个不同的条件下给出的,分别是:MaxGen=30 和 MaxGen=60,终止准则 2 是在从 maxiter=200 到 maxiter=5000 的五个不同条件下给出的。

　　表 8-4 详细列出了在终止准则 1 和终止准则 2 的不同条件下获得的 SES 有效解,在较高的终止准则 1 下可获得更好有效解,因为在 MaxGen=60 条件下可获得更好的 $EC^\sim$,并且扩大了间隔 $[T_{\min}, T_{\max}]$。 比较终止准则 2 在不同条件下的结果还可以注意到:终止准则 2 处于 MaxGen=60 下提供的任一阈值 T ,解的质量都得到了改善。此外,从 MaxGen=30 到 MaxGen=60,随着终止准则 2 的条件从 maxiter=200 到 maxiter=5000,SES 的基数在变小。原因可能是在较高的终止准则 2 条件下检查了更好的可行解时,可识别出在较低的终止准则 2 下获得的伪有效解,并将其从 SES 中删除,直到 maxiter=5000 才获得了 SES 中较少数量的伪有效解。这表明随着 A_1 和 A_2 提高有效解的质量,伪有效解的数量减少了。表 8-4 的结果佐证了定理 8-2 的结论。

表 8-4　终止准则 1 和 2 下所得 SES（$\Delta\beta=0.02$）

终止准则 2	终止准则 1: MaxGen = 30
(maxiter)	SES:(T, PT($s(t)$))
200	(1268, 475.8), (1293, 171.1), (1318, 32.6)
500	(1268, 475.8), (1293, 28.3), (1318, 12.6)^p
1000	(1268, 416.5), (1293, 28.3)
2000	(1268, 87.4), (1293, 28.3)^p
5000	(1268, 87.4)

终止准则 2	终止准则 1: MaxGen = 60
(maxiter)	SES:(T, PT($s(t)$))
200	(1199, 2258),(1223, 1089),(1247, 395.3), (1271, 91.3), (1295, 7.3)
500	(1199, 2258),(1223, 1089),(1247, 395.3), (1271, 91.3), (1295, 7.3)
1000	(1199, 2258),(1223, 1089),(1247, 283.7), (1271, 52.0), (1295, 7.3)
2000	(1199, 2258),(1223, 1089),(1247, 283.7), (1271, 52.0), (1295, 7.3)^p
5000	(1199, 1265),(1223, 1089),(1247, 283.7), (1271, 52.0)

p: 伪有效解

　　终止准则 1 和终止准则 2 在不同条件下 SES 基数变化的结果列于表 8-5 中。表 8-5 数据表明,在 10 个算例中,在给定终止准则 1 的情况下,随着终止准则 2 的提高,SES 的基数始终在变小,这是因为更高的终止准则 2 改善了所得有效解的质量。而在给定终止准则 2 的情况下,终止准则 1 在 MaxGen＝60 时要比在 MaxGen＝30 时所得到的 SES 的基数要大,即在这 10 个算例中,在 MaxGen＝30 时至少可获得一种有效解,而在 MaxGen＝60 时将获得更多有效解。表 8-5 的结果证明,对决策者而言,SFTAP 产生至少一对有效解是有效的,提高终止准则 1 可以使 SFTAP 扩大间隔 $[T_{\min}, T_{\max}]$,并对特定的 $\Delta\beta$ 生成更多数量的有效解。提高终止准则 2 可以使 SFTAP 改善 PT 鲁棒解的质量,并且由于消除了伪有效解而降低了 SES 的基数。

表 8-5　终止准则 1 和 2 下所得 SES 的基数:($\Delta\beta＝0.02$)

算例	MaxGen	maxiter				
		200	500	1000	2000	5000
1	30	2	2	2	2	2
	60	5	5	5	4	4
2	30	3	3	3	3	2
	60	5	5	5	5	4
3	30	3	3	2	2	1
	60	5	5	5	5	4
4	30	2	2	2	2	1
	60	5	4	4	4	4
5	30	3	3	2	2	2
	60	5	4	4	4	4
6	30	2	2	1	1	1
	60	4	3	3	3	3
7	30	2	2	2	2	1
	60	4	4	4	4	4
8	30	3	2	2	2	2
	60	5	5	5	5	5
9	30	2	2	2	2	2
	60	5	5	5	5	5
10	30	3	2	2	1	1
	60	5	5	5	4	4
平均值	30	2.5	2.3	2.0	1.9	1.5
	60	4.8	4.5	4.5	4.3	4.1

8.4　双目标鲁棒作业车间调度

8.4.1　模型描述

　　3.4 节阐述了作者提出的双目标鲁棒优化模型(BROM),其中一个目标是最小化在所有场景中最坏场景的最大完工时间,这反映了解的鲁棒性,另一个目标是最小化所有场景的平均完工时间,这反映了解的优化性。显然,这里考虑的两个目标与离散场景描述的不确定性有直接关系。

在 SJSP 问题中,鲁棒性目标从最小化所有场景中的最坏场景性能中获得,即

$$\text{WC}(X) = \max_{\lambda \in \varLambda} C(\lambda, X) \qquad (8\text{-}11)$$

优化性目标从最小化所有场景的平均性能中获得,即

$$\text{MC}(X) = \frac{1}{|\varLambda|} \sum_{\lambda \in \varLambda} C(\lambda, X) \qquad (8\text{-}12)$$

则由式(8-11)和式(8-12)描述的双目标 SJSP 问题(two-objective SJSP,TSJSP)可表示为

$$(\text{TSJSP}) \qquad \min_{X \in \text{SX}} \{\text{WC}(X), \text{MC}(X)\} \qquad (8\text{-}13)$$

TSJSP 可以表示为 $J \mid \boldsymbol{P}^\lambda \mid \{\text{WC}, \text{MC}\}$,具有 NP-hard 性质。TSJSP 的鲁棒解比 WC 鲁棒解的保守性要弱,因为 TSJSP 的帕累托解可以在解的优化性和解的鲁棒性之间折中权衡。

8.4.2　混合多目标进化算法

本节介绍 NSGA-Ⅱ 算法与 SA 算子的混合算法(NSGA-Ⅱ simulated-annealing algorithm,NⅡSA)以求解 TSJSP 问题。

8.4.2.1　多目标进化算法框架

NSGA-Ⅱ算法的原理和流程见 4.3 节。NⅡSA 算法主体框架与 NSGA-Ⅱ 算法一致,区别在于 NⅡSA 算法每次通过遗传操作产生新种群后,对种群中个体用 SA 局部搜索算子进行了改善。NⅡSA 算法框图见图 8-6。

NⅡSA 算法的种群规模为 N。初始种群 P_0 是第一代父代种群。一般地,在产生第 g 代种群时,对父代种群 P_g 执行遗传算子可以获得后代种群 Q_g。然后种群 Q_g 的个体由局部 SA 算子改善更新。种群 P_g 和 Q_g 合并形成组合种群 R_g,从种群 R_g 中删除重复的个体,如果 R_g 规模小于 N,则可通过锦标赛法补充新的个体,直到不存在重复个体并且种群规模 $|R_g| < N$ 为止。在第 g 代迭代中,所有以前和现在的种群个体都被包括在 R_g 内,从而确保了精英解的留存。下一代父代种群 P_{g+1} 将通过对 R_g 执行非占优选择过程以形成。

产生下代新种群的遗传算子包括交叉、变异和复制操作,此时可应用锦标赛法选择以复制种群中个体。在 NSGA-Ⅱ算法的框架中,需要通过帕累托方法对个体进行评估,为简化起见,可通过归一化过程将两目标问题转换为单目标问题。

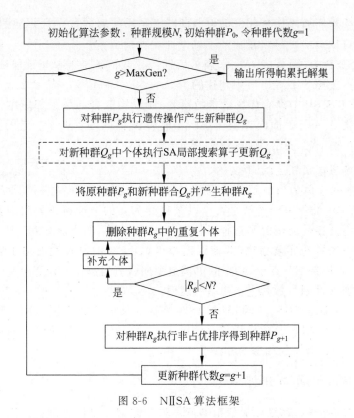

图 8-6　NⅡSA 算法框架

NⅡSA 算法的终止准则为：如果进化代数达到给定的最大数（由 MaxGen 表示），则 NⅡSA 算法终止，并获得帕累托解集。

8.4.2.2　合并场景邻域局部 SA 算子

NⅡSA 算法的每次迭代都会对后代种群 Q_g 的个体执行局部 SA 算子。局部 SA 算子旨在适应 TSJSP 问题离散场景描述的双目标和不确定性的特征。

设 ΔC 为当前解与候选解之间的目标值之差，设 t 为当前搜索的温度。米特罗波利斯准则根据 $p = \min\{1, \exp(-\Delta C/t)\}$ 确定跃迁概率 p，并根据退温曲线函数确定温度 t。

对 TSJSP，考虑两个目标 WC(X) 和 MC(X) 以评估 ΔC。令当前解为 X，候选解为 X'，计算 $\Delta C = \max\{\text{WC}(X') - \text{WC}(X), 0\} + \max\{\text{MC}(X') - \text{MC}(X), 0\}$，只有当候选解 X' 优于当前解 X 且 $\Delta C = 0$ 和 $p = 1$ 时，才可以概率 1 接受候选解 X'；否则，如果候选解 X' 不能优于当前解 X 且 $\Delta C > 0$、$p < 1$，则候选解 X' 将以概率 p 被接受。

邻域的定义和退温曲线的设定对 SA 很重要。在这里，将采用面向场景集

Λ 的合并场景邻域结构和相应的退温曲线方案以使局部 SA 算子适应场景的不确定性。

在 TSJSP 中,用 $N(\lambda, X)$ 来表示场景 λ 下当前解 X 的单场景邻域,单场景邻域的构造按照 8.2.3.1 节中阐述的 JSP 的 N5 邻域定义。与 8.2.3.2 节不同的是,本节 TSJSP 中没有坏场景集的概念,所以构造合并场景邻域结构将面向整个场景集 Λ 而不是面向 Λ 的子集。当前解 X 面向场景集 Λ 构造的合并场景邻域用 $\mathrm{UN}(\Lambda, X)$ 表示,则 $\mathrm{UN}(\Lambda, X) = \bigcup_{\lambda \in \Lambda} N(\lambda, X)$。

由于场景集 Λ 是给定不变的,令 $N(X) = \mathrm{UN}(\Lambda, X)$。在给定温度下,以种群 Q_g 中的个体为当前解执行局部 SA 算子。根据米特罗波利斯准则,依次确定 $N(X)$ 中的每个候选解是否可以被接受为新的当前解。若出现其中所有候选解均不被接受的情况则选择最佳解的扰动作为新的当前解。

与单一场景的邻域相比,即使温度很低,UN 结构也大大增加了邻域的规模。因此,对局部 SA 算子,简单的单调退温曲线就足够了。设置 $t_i = \eta \cdot t_{i-1}$,其中 η 是退火计划参数,t_0 是初始温度值。

局部 SA 算子的终止准则与 NⅡSA 算法框架的终止准则不同。作为局部 SA 算子的终止准则,其将采用最终温度 t_f。如果温度 t 低于给定的最终温度 t_f,则将停止对个体的局部 SA 算子。

8.4.3 仿真计算与分析

本节对 NⅡSA 算法求解 TSJSP 问题进行测试。测试算例仍然用 8.2.4 节的四种 SJSP 类型。在 Microsoft Visual C++ 6.0 开发环境下以 C 语言开发所有算法。实验在硬件配置为 Intel Pentium G630 2.70 GHz CPU 2 GB RAM 的计算机上进行。由于启发式算法的随机性,每个算例均记录了 20 次运行中的最佳结果。

将 NⅡSA 算法与四种算法进行比较,其中包括两种已有算法:Suresh 等提出的帕累托存档模拟退火(PASA)算法[185] 和 Deb 等提出的 NSGA-Ⅱ 算法[138],以及两种可能的替代算法 PASA-UN(具有 UN 结构的 PASA 算法)和 NⅡSA-N(NⅡSA 算法,但具有简单的邻域结构[185])。

为了评估所得帕累托解集的质量,须引入 Suresh 等[185] 使用的指标 NFCR (net front contribution ratio)和 Ren 等[186] 使用的指标 NDSAD (non-dominated solutions average distance)以衡量获得的帕累托前沿到理想帕累托前沿的距离。表 8-6 和表 8-7 报告了在四种类型的算例中五种算法的计算结果,其中 NF 表示获得的帕累托解集的 NFCR 值,ND 表示获得的帕累托解集的 NDSAD 值。五个算法的比较分别说明 NSGA-Ⅱ 框架、局部 SA 算子和 UN 结构对 NⅡSA 算法的影响。

表 8-6　小规模算例中五种算法所获帕累托解集的比较

类别	算例	PASA			PASA-UN			NSGA-II			NIISA-N			NIISA		
		CPU/s	NF	ND	CPU/s	NF	ND	CPU/s	NF	ND	CPU/s	NF	ND	CPU/s	NF	ND
~LA01	1	17.41	0	66.69	29.87	0	51.61	15.62	0	33.34	6.724	0	46.56	7.753	1	32.56
	2	19.31	0	79.17	29.76	0	34.66	12.79	0	21.91	6.637	0	32.45	7.525	1	19.26
	3	18.99	0	56.94	27.65	0	54.86	12.37	0.143	25.45	6.796	0	35.22	7.972	0.857	17.59
	4	19.18	0	25.89	34.72	0	29.87	12.81	0.200	23.88	6.764	0	33.33	8.126	1	20.29
	5	18.52	0	30.69	33.23	0	33.62	11.86	0	31.42	6.433	0	30.36	8.003	1	28.24
	6	17.92	0	74.60	23.45	0	37.56	12.39	0	22.13	6.615	0	24.55	7.769	1	9.315
	7	18.84	0	61.90	26.15	0	48.05	13.06	0	24.54	8.780	0	44.88	10.14	1	14.83
	8	16.85	0	66.89	29.10	0	49.16	12.04	0	40.50	6.649	0	58.90	7.831	1	36.75
	9	18.53	0	62.18	24.43	0	52.83	12.87	0	36.14	5.985	0	41.62	7.706	1	20.55
	10	17.59	0	79.21	29.30	0	66.06	12.93	0	38.30	6.690	0	57.99	7.885	1	14.86
平均值		18.31	0	60.42	28.77	0	45.83	12.87	0.034	29.76	6.807	0	40.59	8.071	0.985	21.42
~LA13	11	12.73	0	60.44	38.41	0	60.62	14.98	0	57.83	8.932	0	54.21	9.751	1	55.82
	12	23.07	0	92.32	35.80	0	42.08	14.26	0	41.31	8.581	0	46.70	9.555	1	20.23
	13	23.65	0	45.61	34.15	0	12.50	15.38	0	26.88	8.530	0	13.90	9.735	1	9.657
	14	25.21	0	89.97	38.21	0	31.35	15.81	0	44.29	8.413	0	29.40	9.641	1	26.29
	15	18.91	0	57.42	36.51	0	21.94	14.73	0	19.62	9.219	0	19.99	16.30	1	16.20
	16	22.32	0	86.64	34.10	0	46.23	15.21	0	39.62	8.452	0	46.30	9.750	1	26.07
	17	22.23	0	68.52	32.18	0	43.59	15.59	0	42.66	8.564	0	32.71	9.688	1	18.29
	18	24.32	0	72.88	35.45	0	54.34	14.80	0	44.84	8.371	0	45.21	9.689	1	19.25
	19	22.71	0	64.89	30.04	0	34.29	14.68	0	32.68	8.536	0	29.82	9.766	1	24.08
	20	19.48	0	58.10	31.32	0	32.33	14.93	0	30.64	8.501	0	31.41	9.698	1	28.44
平均值		21.46	0	69.68	34.62	0	37.93	15.04	0	38.04	8.611	0	34.97	10.36	1	24.43

表 8-7　大规模算例中五种算法所获帕累托解集的比较

类别	算例	PASA			PASA-UN			NSGA-II			NIISA-N			NIISA		
		CPU/s	NF	ND	CPU/s	NF	ND	CPU/s	NF	ND	CPU/s	NF	ND	CPU/s	NF	ND
~FT10	21	160.7	0	35.05	248.3	0	33.24	137.5	0	36.93	75.52	0	36.16	110.4	1	18.79
	22	195.9	0	40.92	284.8	0	31.68	137.9	0	55.34	76.60	0	25.28	112.1	1	15.71
	23	184.6	0	62.50	242.5	0	61.74	133.1	0	42.96	81.69	0	52.92	112.4	1	25.14
	24	184.3	0	75.28	256.9	0	66.85	138.6	0	86.49	101.1	0	63.79	134.5	1	15.72
	25	193.6	0	83.15	242.7	0	50.18	128.9	0	78.27	86.18	0	46.52	111.7	1	19.78
	26	201.1	0	103.9	286.8	0	85.34	139.6	0	56.44	82.51	0	68.10	113.5	1	41.85
	27	173.1	0	90.53	237.5	0	85.10	128.7	0	108.9	78.72	0	74.79	113.1	1	37.95
	28	172.8	0	88.10	242.1	0	70.20	139.1	0	62.12	81.94	0	50.68	113.5	1	23.41
	29	171.1	0	92.53	222.1	0	71.85	136.7	0	105.9	100.9	0	92.98	132.3	1	37.58
	30	165.7	0	69.66	226.8	0	68.05	132.2	0.125	41.66	97.33	0	49.68	132.7	0.875	23.29
平均值		180.3	0	74.16	247.0	0	62.42	135.2	0.013	67.50	86.25	0	56.09	118.6	0.988	25.92
LA36	31	216.7	0	74.94	335.5	0	88.27	242.3	0	82.95	128.5	0	85.86	158.6	1	63.83
	32	229.8	0	65.53	359.9	0	61.57	243.3	0	52.61	123.3	0	59.42	157.8	1	22.71
	33	228.4	0	68.35	316.3	0	56.17	243.8	0	72.68	124.8	0	51.42	155.3	1	19.29
	34	219.3	0	104.8	310.7	0	85.17	238.6	0	99.54	122.9	0	70.97	156.5	1	27.75
	35	232.6	0	107.6	356.7	0	107.36	240.3	0	89.12	121.5	0	71.56	154.2	1	25.83
	36	229.2	0	53.14	330.3	0	48.20	253.1	0	97.57	126.2	0	43.64	152.7	1	18.19
	37	216.3	0	86.07	337.9	0	60.76	247.9	0	102.3	123.6	0	56.21	154.2	1	22.27
	38	225.2	0	41.61	323.9	0	44.67	242.3	0	44.76	124.5	0	46.94	154.3	1	32.65
	39	225.6	0	76.98	335.1	0	71.85	243.4	0	85.35	123.4	0	65.40	155.4	1	43.59
	40	216.5	0	87.73	314.4	0	78.85	248.2	0	67.22	125.1	0	65.31	153.6	1	31.81
平均值		223.9	0	76.68	332.1	0	70.28	244.3	0	79.41	124.4	0	61.67	155.3	1	30.79

　　与 PASA 算法和 PASA-UN 算法相比,NⅡSA 算法在所有算例上都获得了更好的帕累托解集,而计算时间却消耗得少得多。原因可能是 PASA 算法和 PASA-UN 算法仅执行串行搜索机制,而并行 NSGA-Ⅱ框架则发挥了强大的全局搜索能力,对 NⅡSA 算法的计算结果起了主要影响。

　　与 NSGA-Ⅱ算法相比,NⅡSA 算法在所有算例中都获得了更好的帕累托解集,且计算时间消耗更少。就 NFCR 值而言,NⅡSA 算法在几乎所有算例中均得到 1。这种现象表明,在所有算例中,NⅡSA 算法几乎都获得了合并帕累托前沿(united Pareto front,UPF)中的所有帕累托解,而在算例 3、算例 4 和算例 30 中,NSGA-Ⅱ算法仅获得了 UPF 中的少数帕累托解。从 NDSAD 值的角度看,在所有算例中,NⅡSA 算法获得的解的质量均优于 NSGA-Ⅱ算法获得的。从平均值的角度看,NⅡSA 算法在所有类型的算例上均明显优于 NSGA-Ⅱ算法。原因可能是纯 NSGA-Ⅱ算法容易过早收敛,无法获得更好的帕累托解集,而 NⅡSA 算法却在每次 NSGA-Ⅱ算法迭代中通过局部 SA 算子避免了过早收敛。表 8-6 和表 8-7 的结果表明,合并场景邻域局部 SA 算子可以显著提高 NⅡSA 算法的效率。

8.5　本章小结

　　本章阐述鲁棒作业车间调度的模型和求解算法,分别阐述了三种基于离散场景的鲁棒优化模型在加工时间不确定的作业车间调度问题中的应用,介绍了相应的求解框架和智能优化算法。

　　本章应用的阈值坏场景集模型、两阶段阈值坏场景集模型和双目标场景鲁棒优化模型都是笔者提出的离散场景下的鲁棒优化新模型,这些模型在不确定作业车间调度问题中的成功应用说明其可以被推广应用于更广泛的组合优化方向以解决各种实际问题。

第 2 篇　反应模式鲁棒机器调度

第 9～12 章为第 2 篇：反应模式鲁棒机器调度。本篇采用定义 1-15 的广义鲁棒机器调度概念内涵。对反应模式鲁棒机器调度的阐述主要围绕本书作者单机调度问题的研究结果而展开，下文先对反应模式鲁棒机器调度的相关基本概念进行阐述。

第9章 反应模式机器调度的基本概念

本书从广义鲁棒机器调度概念的内涵角度把反应模式机器调度也看作一类鲁棒机器调度[187]。但由于这一类机器调度更侧重不确定性发生之后调度方案的修正和重新优化,常以改善调度鲁棒性为隐性目标,所以,传统上这类机器调度是与狭义"鲁棒调度"对立的"反应调度",在其具体种类名称中并未出现"鲁棒"一词。所以本篇下文遵从传统习惯,称这一类机器调度为"反应模式机器调度"。

9.1 反应模式机器调度的分类

不可预测的不确定因素也称为扰动(disruption)。如果机器调度环境发生扰动,则可采用反应模式机器调度(reactive machine scheduling)予以解决。

传统上,在调度环境和任务存在不可预测扰动时所进行的调度称为动态调度,所以反应模式机器调度也可称动态机器调度(dynamic machine scheduling)[188-194]。

由于反应模式机器调度对不确定因素是一种被动反应模式,在每次反应中只能局部优化,无法考虑全局性能的优化,也不能主动地采取措施防不确定性之患于未然,无法控制最终执行得到的全局调度方案性能的最坏情形,所以反应模式机器调度对调度鲁棒性的改善是被动的、有限的,这是反应模式机器调度相对主动模式机器调度的局限之处,这种局限是由无法预测扰动的信息而造成的[195]。

反应模式机器调度涉及反应驱动策略,此策略须回答什么时候和怎样对扰动进行反应的问题[196]。应用较多的反应驱动策略有周期性驱动、事件驱动和混合驱动三种类型。周期性反应驱动策略是指随着调度方案的执行每隔固定的时间或事件间隔,周期性地做出反应;事件驱动策略是指每逢指定的重要事件发生时做出反应;混合驱动策略则是周期性与事件驱动相结合的驱动策略。好的反应驱动策略既要能及时反馈调度系统的动态变化信息,对重要的动态扰动做出必要的反应,又要尽量减少调度次数,降低系统的敏感性(nervousness)。

反应模式机器调度按照反应机制可以分为三种:完全反应式调度

（completely reactive scheduling）、重调度（rescheduling）和滚动时域调度（rolling horizon scheduling）。

反应模式机器调度对调度方案的评价与主动模式有较大不同,虽然调度方案的质量仍然可以体现在鲁棒性和优化性两个方面,但两个方面的体现形式在三种反应模式机器调度中各有不同[197-207],下文将对三种反应模式调度分别阐述。

9.2 完全反应式调度

定义 9-1 完全反应式调度也称为在线调度或实时调度（real-time scheduling）,是在调度信息不全的情况下进行的。如果信息在初始调度时刻不全,但会随着时间的推移逐步获知,则在线调度可以随着调度时刻的推移逐步生成调度方案,一次只根据已知信息或预测的信息生成部分调度方案,且方案将随着调度方案的生成逐步执行。

信息从未知到已知也可以看作是一种"扰动",所以可把在线机器调度归类到反应模式机器调度。完全反应式调度是一次性生成并执行部分调度方案,其不会对调度方案进行修正和重新优化。

在线调度是与离线调度（off line scheduling）相对而言的[208-211]。如果在调度时刻调度所需信息是全部已知的,那么可利用全部的已知信息组织离线调度;如果调度所需信息是随着时间推移逐步获取的,那么这将是一种调度信息未知或不全的情况,这种未来信息未知或不全也可以看作是未来信息不确定或未知的信息不可预测,只能发生以后才能被获知,所以这种不确定信息可以被归类到不可预测的不确定因素（扰动）范畴,在信息不全的情况下只能进行在线调度。

定义 9-2 在线调度（online scheduling）是指调度方案随调度时刻的推移逐步生成,一次只根据已知信息生成部分调度方案,且调度方案随着生成而不断更新,逐步执行。

在线调度是一种构造性调度方法[208-209]。4.2.1 节指出,规则调度是一种构造性调度方法。在某些情况下,规则调度是在线调度,每个调度时刻只安排一个工件;但某些情况下,规则调度不是在线调度。如果每个调度时刻都需要所有调度信息,那么这样的规则调度就不是在线调度。例如,在单机调度中,如果工件全部零时刻到达,则 SPT 规则调度是离线调度,不是在线调度。但如果工件动态到达,则 SPT 规则调度将是在线调度。4.2.1 节中介绍的工件动态到达的单机规则调度 FIFO、ECT、PRTF 和 APRTF 都是在线调度;而工件全部在零时刻到达的流水车间调度的 Johnson 规则调度和 NEH 规则调度都是离线调度，不是在线调度。

在未来信息未知或不全的情况下，在线调度是决策者的一种自然选择。在线调度可以在依次的调度时刻考虑不断获得的新信息或发生的扰动，以最新的信息生成当前调度，在线调度方法本身就具有定性提升调度鲁棒性的倾向。

在调度时刻，如果能利用已知信息和未来一段有限时域的预测信息，那么这样的调度算法为半在线(semi on-line)调度[210-212]，这是一种有预测的在线调度方法，文献中类似的方法还有准在线(nearly on-line)调度和前瞻(look-ahead)调度等[213-214]。

在线调度的特点是在调度时刻无法获知全局调度信息，所以无法采用离线调度生成最优调度，从优化性角度看，在线调度的全局调度方案一般不会是最优调度。由于在线调度不能在获知更多信息后对已执行的调度方案进行修正和重优化，从鲁棒性角度看在线调度也无法以鲁棒性为显性优化目标。评价在线调度的全局调度方案的质量不能用静态调度的性能也不能用重调度的稳定性指标。

对在线调度质量的评价通常用最坏情况下(worst-cases)的竞争比分析方法。竞争比分析是对所用在线调度方法在最坏情况下的调度性能与最优调度性能的比值(称为竞争比)的上界进行估计。竞争比的上界越小，代表在线调度的质量越高，可以认为在线调度的鲁棒性越好[208-214]。

9.3　重调度

重调度是一类典型的反应模式调度机制，被广泛研究和采纳[194-196,215-219]。

定义 9-3　重调度是在不考虑扰动因素影响的前提下以调度性能为优化目标离线形成的原始调度在实际执行时遭遇扰动后其未执行的部分调度方案被重新安排后更新的调度。重调度的目的是为了实时更新调度决策，使生产过程能够平稳进行，尽可能完成预定的生产目标并使调度有较好的鲁棒性。

由于机器调度是一系列外部生产计划活动(物料准备、预防性维护、订单传递等)的基础，所以人们常在执行前形成一个原始调度方案。在车间实际执行时，调度方案可能会遇到不可预见的动态扰动，如机器故障、订单改变、工件加工时间改变等，这些扰动将使实际执行的调度方案偏离原始调度，扰动出现后，重调度可以按照一定的反应策略和目标函数对未执行调度的工件进行重调度。在对初始调度方案的实际执行中，如果有扰动发生，重调度就会按一定的反应机制消化不确定性。

反应模式机器调度对鲁棒性的定量优化主要是在与反应驱动策略相结合的重调度方法中实现的。常用的重调度方法有右移重调度（right-shift rescheduling，RSR）、完全重调度（full rescheduling，FR）和部分重调度（partial rescheduling，PR）[195]。FR、PR 和 RSR 是重调度程度由强到弱的三种反应策略。

9.3.1　右移重调度

定义 9-4　右移重调度是扰动发生后保持调度方案中的加工次序不变，将所有起始加工时间平行右移以保持调度可行性的方法。

由于保留了初始调度中的加工次序，所以右移重调度对以加工次序偏离为鲁棒度量的情形可以保持较好的鲁棒性。

在重调度方案中，右移重调度的工件次序的变化量最小，但右移重调度只是被动地利用原始调度中的空闲时间吸收扰动对调度方案的影响，没有重新优化目标函数，当稳定性指标不以工件次序度量时，右移重调度将难以有效优化鲁棒性。

9.3.2　完全重调度

定义 9-5　完全重调度是在扰动发生后以一定的目标函数对所有未执行的工件重新调度的方法。

完全重调度可在扰动后对所有未执行工件进行重调度，可以处理任何形式的目标函数，这种策略可以得到最优的重调度解，但重调度规模大时的反应时间难以得到保证。

完全重调度的目标函数设计是重要环节[220]。如果生成原始调度时没有考虑执行中可能发生的动态扰动，那么重调度问题将需要处理两个可能互相冲突的目标：①保持调度的效率，即保持调度的性能尽量不变差；②保持调度的稳定性，即使调度方案改变造成的影响最小化。

9.3.3　部分重调度

定义 9-6　部分重调度是对扰动发生后以一定的目标函数重新调度一个局部涉及的部分未执行的工件的方法。

部分重调度是介于右移重调度和完全重调度之间的重调度方法，其控制了重调度问题的规模，可以有效控制重调度反应时间。

在完全重调度和部分重调度中，重调度问题的目标函数与初始调度的目标函数通常会设计得较为一致，这样可以尽量保持执行调度的性能，但对调度鲁棒性的优化就较差。

部分重调度中有一种特殊的类型称为匹配重调度[197-204]。

定义 9-7　匹配重调度(match-up rescheduling,MUR)是指要求重调度的目标在扰动发生后的一个过渡阶段完全吸收扰动的影响,经过一个有限时间的过渡阶段后从某一点开始重调度与原始调度完全一致,这个过渡阶段的结束点叫作匹配点(match-up point),过渡阶段称为匹配时间(match-up time)[198]。

对一定的扰动持续时间,重调度能否在匹配时间内无拖延匹配原始调度取决于原始调度的匹配时间内是否可以累积足够的空闲时间以吸收扰动。在原始调度一定的前提下,匹配重调度的目标应是使重调度具有最小的匹配时间。如果强制给定一个匹配点,在匹配时间内重调度不能匹配原始调度,则在匹配点处重调度相对原始调度会有一个拖延量,匹配重调度的目标是可以使重调度在匹配点处的拖延量最小[198]。

定义 9-8　在原始调度中给定一个匹配点,如果其匹配重调度在匹配点处具有不晚于原始调度的完成时间,则可称此重调度为原始调度的无拖延匹配重调度(non-delay match-up rescheduling)。

定义 9-9　在原始调度中给定一个匹配点,如果重调度在匹配时间内不能"无拖延"地匹配原始调度,则可把重调度在匹配点处相对原始调度的拖延量称为匹配拖延量(match-up delay)。

9.3.4　重调度的稳定性

定义 9-10　重调度的稳定性(stability)是指扰动发生后使重调度方案相对原始调度方案的变动尽可能小的性质。

从广义概念的角度看,重调度的稳定性反应的也是一种不确定环境下调度的鲁棒性,所以稳定性指标也可以看作是一种鲁棒性指标,对应定义 2-10,稳定性度量是一种调度解的方案鲁棒性。

一般来说,调度方案的改变包括工件加工次序的改变和工件起始加工时间的改变。Wu 等[215]给出了两种调度方案稳定性的度量指标,一种是以重调度中各工件的起始加工时间相对原始调度中各工件的起始加工时间的平均偏离量为度量指标;另一种是以重调度中各工件的起始加工时间相对扰动后的右移重调度方案中工件开始加工时间的平均偏离为度量指标。

对于第一种度量指标,调度的稳定性用重调度 X 对原始调度 X^0 的偏离来度量,即

$$D(X) = \sum_i \mid b_i - b_i^0 \mid \tag{9-1}$$

其中,b_i^0 是原始调度 X^0 中工件 i 的起始加工时间;b_i 是重调度调度 X 中工件 i 的起始加工时间。

对于第二种度量指标,调度的稳定性用重调度 X 对原始调度的右移重调度解 X^R 的偏离来度量,即

$$D^R(X) = \sum_i \mid b_i^R - b_i^0 \mid \tag{9-2}$$

式中,b_i^R 是右移重调度解 X^R 中工件 i 的起始加工时间。

在重调度中,调度系统的本身性能称为重调度的效率指标,反应的是不确定环境下调度的优化性。

9.4　滚动时域调度

滚动时域调度是一种周期驱动的反应模式调度方法,其实质是用随时间反复进行的一系列小规模优化问题求解的过程取代一个静态的大规模优化问题求解的结果,以达到在优化的前提下降低计算量并适应不确定性变化的目的[221]。

滚动时域调度是随调度时刻的推移在一个调度窗口内生成部分调度方案,但只执行窗口内调度方案的一部分,其余部分在下一个调度时刻的调度窗口内重新调度。所以,滚动时域调度既有在线调度的特征也有重调度的特征,是介于在线调度和重调度之间的反应模式调度机制。

滚动时域方法在多个领域广泛应用[221-227],笔者对滚动时域调度方法进行了系统研究[221],下文将给出滚动时域调度的相关概念。

9.4.1　滚动时域调度的概念

定义 9-11　滚动时域调度方法是一个随调度时刻向前推进的迭代调度过程。在每个调度时刻,利用刷新的当前已知信息确定一个滚动窗口,局部调度在滚动窗口内进行,局部调度解的一部分将被执行,这部分解的完成时刻就是新的调度时刻,如此重复迭代进行,直到整个时域的调度完成。

滚动时域方法在策略层面是一个高度通用的框架,可以用于各种调度模型和调度环境,对处理大规模调度问题的计算复杂性和动态未知环境的不确定性有高度的适应性。在算法层面,滚动时域方法的关键技术环节有很强的可选择性和灵活性,这就为算法的设计和改造留下了很大空间。

9.4.1.1　滚动时域调度的要素

一般来说,滚动时域调度方法具有预测窗口、滚动窗口、调度子问题、滚动机制四个要素,其中预测窗口大小、滚动窗口大小和滚动步长大小是对滚动时域调度方法进行量化描述的三个参数。

　　滚动时域调度方法看起来是一种有预测的在线调度方法，但与 9.2 节的在线调度有本质区别。在线调度在每个调度时刻没有预测窗口和滚动窗口，因而局部调度是靠规则执行，无需设计调度子问题，而滚动时域调度在每个调度时刻有预测窗口和滚动窗口，滚动窗口基于预测窗口而建立，调度子问题基于滚动窗口而定义。

9.4.1.2　预测窗口

　　滚动时域调度在每个调度时刻需要预测一部分未来信息。对于某一具有动态不确定性的具体车间调度系统，所有调度信息（包括加工资源和订单）可以分为两部分，一部分为在整个系统中不变的信息，另一部分为动态变化的信息。在某一调度时刻，调度系统中不变的信息为已知信息，已知信息就是该调度时刻已经被预测的信息，如果这些信息以后不再变动，那么它们就是确定信息，在整个滚动调度进程中的确定信息称为全局确定信息。未知信息是该调度时刻客观存在但还不为调度者所知的信息，未知信息和动态变化的信息统称为不确定信息。

　　在每个调度时刻对信息的预测实际就是对不确定信息的确定，即场景的初始化。在这一过程中，未知的信息可能变为已知，发生了动态变化的信息也可能被反馈、刷新，该调度时刻的局部调度将基于此刻被更新后的信息而进行。

　　定义 9-12　滚动时域调度方法中，预测窗口（predictable window）是在每一调度时刻开始的一个预测时域内所有已知或已被预测的信息集合。

　　预测窗口中包含的已知或预测的信息规模的大小表征预测窗口的大小（长度），决定了对未来动态信息预知的程度。预测时域的大小通常为一个时间间隔，以 T 来表示。显然预测时域越大，预测窗口就越大，预测窗口大小为零时相当于对未来信息完全不知；而当预测窗口大小足够大到未来全部信息都为已知时，调度问题就变成了一次全局静态调度。

　　由于预测窗口对信息的预测实际就是对不确定信息的确定，而这些不确定信息一般是由调度问题中的动态因素导致的。对于机器调度，滚动时域调度方法重点关注以下两种动态因素。

　　（1）工件动态到达。

　　工件动态到达是最常见和最典型的动态因素，工件的到达时间与加工订单密切相关。从工业生产的延续性角度看，实际调度环境中加工工件都是动态到达的；从调度时域的无限性角度看，在任何时刻只能已知或预测未来一段有限时域内可能到达工件的信息。随着调度时刻向前推进，不断有新工件的到达时间变为可预知，从而进入预测窗口。

(2)机器的故障和修复而导致的加工能力的变化。

机器属于加工资源,如果机器发生故障就会降低调度系统的加工能力,使调度加工不能按原方案进行。原来安排在故障机器上的加工操作如果可以在其他机器上加工,此时就不再给故障机器分派操作,直到故障机修复。如果没有其他机器可以取代,则系统只能将此操作分派到故障机器,等待它修复后再加工。在这种情况下,与故障机器及其上的操作相关的所有调度加工都应发生相应变化。因此,预测机器故障和修复的时间、修改预测窗口内的调度约束信息才能得到新的预测窗口。

由于全局确定信息在每个调度时刻都已知且不再发生改变,所以在每个时刻的场景初始化所关注的都是不确定信息的预测。在实际调度问题的滚动时域方法中,预测信息可以只以该调度问题中的动态因素导致的不确定信息集合来定义。

例如,基于工件的动态到达的预测窗口可以这样确定:在当前调度时刻 t,按到达时间先后预测 t 时刻已经到达或 t 时刻后到达的 η 个未调度工件集 $F(t) = \{i : i = 1, 2, \cdots, \eta : i \in \overline{S}(t)\}$ 即为工件预测窗口。其中,η 为预测窗口长度,即基于工件的预测窗口大小的参数;$\overline{S}(t)$ 为 t 时刻未调度的公布工件集合。

9.4.1.3　滚动窗口

预测窗口对调度场景的初始化为当前时刻将要进行的局部调度奠定了基础。但基于某一种参数而确定的预测窗口中的信息需要有选择地进入局部调度,这一方面是因为预测窗口中的信息没有经过有效控制,可能规模比较庞大,如果全部进入局部调度会导致计算的有效性降低,而这是与滚动时域方法的计算有效性是相违背的。另一方面,合理地选择信息进入局部调度是为了滚动调度有一个好的基础,因为在不同调度时刻考虑不同信息进行局部调度,对最终的全局调度结果影响是很大的,应该尽可能地使信息以合理的顺序进入局部调度,以得到尽可能好的全局调度解。所以,滚动窗口就是要在预测窗口内合理地选取部分信息进行局部调度。

定义 9-13　滚动时域调度方法中,在每一调度时刻进行局部调度时所利用的一定规模的预测窗口中的信息集合称为该时刻的**滚动窗口**(rolling window)。

滚动窗口的大小是滚动时域调度方法的一个量化参数,其用于表征局部调度子问题的规模。下面是对工件动态到达的动态因素给出的滚动窗口的定义。

例如,工件动态到达的基于工件的滚动窗口可以这样确定:将时间预测窗口 $F(t)$ 内的工件按一定规则排序,选取其中的前 k 个工件组成集合 $K(t)$,$K(t)$ 内工件的个数 $|K(t)| = k = \min\{\gamma, |F(t)|\}$,其中 k 是滚动窗口的长度,

γ 是滚动窗口的一个决策参数,工件集合 $K(t)$ 就是滚动窗口。当时间预测窗口内的工件个数大于 γ,即 $|F(t)|>\gamma$ 时,从预测窗口 $F(t)$ 中去掉 $|F(t)|-\gamma$ 个排在最后的工件,$k=\gamma$,滚动窗口 $K(t)$ 小于预测窗口 $F(t)$;当 $k=|F(t)|<\gamma$ 时,预测窗口 $F(t)$ 就是滚动窗口 $K(t)$。

9.4.1.4　局部调度子问题

在滚动时域调度方法中,确定每一调度时刻的滚动窗口后,就面临滚动窗口内的一次局部调度。局部调度子问题的构造对滚动调度方法的实施至关重要。从时间分解的角度看,调度子问题是全局调度问题在局部的具体体现,其与全局问题应该有类似的问题描述,只是问题规模和涉及范围不同,这样的子问题构造方式实际上是把一个调度问题由全局大规模缩小为局部小规模,而问题定义本身并没有什么不同,已有的滚动时域调度方法正是沿用了这种传统思想。

定义 9-14　在滚动时域调度方法中,每一调度时刻在一定优化指标下基于滚动窗口和其他确定信息所设计的局部调度问题称为局部调度子问题(local scheduling subproblem)。

对于滚动窗口 $K(t)$,其局部调度的优化指标通常采用一个全局性能指标的局部映射,其形式如下:

$$\min_{D(K(t))} J_{K(t)} \tag{9-3}$$

这样构造的局部调度子问题简单自然,很容易被接受,而原问题的已有算法也仍然适用(由于原问题是被人们广泛关注和研究的,一般已经有很多求解算法,这些算法都可以直接用于此调度子问题的求解,且由于子问题规模被控制,求解原问题的非多项式的精确算法也可以适用)。

由于预测和优化窗口滚动前进,两个相邻滚动窗口间有重合,滚动调度方法已经顾及子问题之间的某些关联性,但这种滚动方法毕竟也割裂了子问题与全局问题的很多关联,本质上是一种启发式方法,所以如果在子问题的构造中能够适当考虑这种关联,则其对滚动调度方法的实施效果将有很大改善。

调度子问题的构造是滚动时域方法下算法层面的一项关键技术环节,其对滚动时域调度的全局结果具有重要影响。

9.4.1.5　滚动机制

滚动时域调度方法将随着调度时刻的向前推进而实施,带动预测窗口和滚动窗口随时间向前滚动,每次滚动都有工件从滚动窗口内移出。执行加工调度后又有新的工件进入预测窗口,预测窗口内又有新的工件进入滚动窗口,直到滚动窗口外再没有工件时滚动结束,最后一个滚动窗口内的调度结果全部执行。

定义 9-15　滚动机制是指滚动时域调度方法中预测窗口和滚动窗口向前滚动的方式,滚动机制可以在某一时刻调度子问题求解后回答从当前时刻开始的实际加工调度执行到哪里、下一调度时刻如何确定、如何选取新的工件进入滚动窗口等问题。一般情况下,滚动机制可由驱动方式和滚动规则两方面确定。

从驱动方式角度看,滚动机制可分为间隔性滚动调度、周期性滚动调度、事件驱动滚动机制等类型。滚动步长是滚动时域调度方法的滚动机制的一个量化指标,其规定了所要求解的局部调度子问题的数目,对调度结果的影响与计算量紧密相关。如果滚动步长较小,那么预测窗口和滚动窗口变大可能会改善调度结果,但必然要增加计算量。

由于滚动时域调度方法的启发式本质,对不同调度问题,并没有理论上在每一调度时刻选择进入滚动窗口的信息的最优方法,通常得以应用的是针对问题的约束和要求而采用一定的规则确定哪些信息进入滚动窗口。滚动规则决定了在每个调度时刻的局部调度中需考虑哪些信息,哪些信息暂不考虑,对全局调度质量起着至关重要的作用,合理地设计滚动规则无需增大计算量也可以大大改善调度质量。

任何一种滚动时域调度方法都可以统一在预测窗口、滚动窗口、调度子问题、滚动机制等四要素以及预测窗口的参数、滚动窗口的参数和滚动步长等三个量化参数的描述下。

9.4.2　滚动时域调度的性能分析

滚动时域调度既有在线调度的特征也有重调度的特征,但在线调度的竞争比分析和重调度的稳定性分析都无法作为评价滚动时域调度解质量的手段。这是因为,"纯"在线调度在每个调度时刻的局部调度中实行的是基于规则的启发式调度,而滚动时域调度虽有在线调度的特征,但在每个调度时刻的局部调度中实行的却是有局部目标的最优化调度,而且滚动时域调度的全局调度质量不仅与局部调度有关,还与滚动时域调度的预测窗口信息、滚动机制等因素有关,所以对滚动时域调度的质量评价要比在线调度更加复杂。与重调度相比,滚动时域调度的调度子问题并没有以稳定性为目标,所以对滚动时域调度的质量评价也不能以效率和稳定性两个指标为依据。

滚动时域调度的性能分析是通过每个调度时刻对全局调度性能的估计以分析随着滚动的进行而不断改善的全局性能趋势[221-225],在接下来的第 10 章和第 11 章将结合工件动态到达的滚动时域单机调度问题以阐述相关性能分析的结论。

9.5　本章小结

本章阐述了处理不可预测不确定性的反应模式鲁棒机器调度,对完全反应式调度、重调度和滚动时域调度的相关概念进行了阐述,为后续章节在具体调度模型中讨论相关反应模式调度奠定了基础。

第10章 工件动态到达的单机滚动时域调度

本章以单机调度问题为背景阐述工件动态到达情形下的滚动时域调度方法,本章内容以笔者的研究成果为主。

在 5.1 节阐述的以总流程时间为性能指标的单机调度问题是所有工件在零时刻全部到达的情形,其确定性问题是可用多项式算法求解的简单问题,但如果工件是随时间动态到达的,则问题将是一种动态不确定问题,是强 NP-hard 问题。

由于问题中的工件是动态到达的,在实际中这种动态信息的不同获取方式可由三种调度环境表示。一种是全局信息已知的静态调度环境,在调度时刻所有工件的信息是已知的,这时可以采用离线调度方式;另一种是在调度时刻只知已经到达的工件信息,而对未到达的工件信息一无所知,这是一种未来信息未知的调度环境;介于二者之间的是在调度时刻全局信息未知,但可以预测一部分未来到达工件的信息,这是一种全局信息不全的调度环境。后两种是动态调度环境,只能进行反应调度。

滚动时域调度方法是一种反应模式,可以处理这一类问题。本章阐述工件动态到达的单机滚动时域调度方法。

10.1 工件动态到达的单机调度

考虑使用三元法表示为 $1 \mid r_i \mid \sum C_i$ 的调度问题,它表示已知工件 i 的到达时间 r_i、加工时间 p_i,在单台机器为工件安排加工次序和起始加工时间,并最小化所有工件的完成时间 C_i 之和。$1 \mid r_i \mid \sum C_i$ 是一个强 NP-hard 问题[123]。

10.2 传统单机滚动时域调度

10.1 节所述的是一个工件动态到达而性能指标按工件可分的单机调度模型,Chand 等[224] 对这一调度模型提出了滚动时域方法(rolling horizon procedure,RHP)。

在 Chand 等[224] 提出的 RHP 方法中,每个调度时刻虽然全局工件信息未知,但可以预知一部分未来到达工件的信息,它将在每个调度时刻从已知工件中选取一部分组成滚动窗口进行局部调度。

RHP 方法的滚动参数可用 (x,y,z) 表示,(x,y) 是一种基于工件数目的滚动窗口选择方式,x 表示滚动窗口中未来工件的个数,保证了局部调度对未来的预测性,在一定程度上避免规则调度的近视性。当前已到达工件的数目在不同调度时刻有很大区别,在某些调度时刻可能会有过多的已到达工件积累下来且并未进入调度,如果不加以控制就会使调度子问题规模过大,削弱滚动时域方法的计算有效性,所以滚动窗口中的已到达工件应被控制为不超过 y 个。以 (x,y) 控制滚动窗口的规模就控制了每次局部调度的计算量,在每一调度时刻的滚动窗口中,工件数目不超过 $x+y$ 个。z 为滚动调度的步长,表示每次局部调度后要执行加工的工件个数。由于局部调度的结果只加工前 z 个工件,所以当前已到达工件只有最小的几个可能被加工,其余的会在下一时刻被重新考虑,所以根据 Chand 等[224]的实验结果,x 较好的取值是 12,y 的取值是 z 的 2.5 倍左右比较合适,RHP 方法滚动参数的推荐值为 $(12,5,2)$,这样选取的滚动参数使 RHP 方法对调度性能和计算代价具有较好的折中。

对滚动窗口 $K(t)$ 中的局部调度子问题目标函数如下。

$$\min J_{K(t)} = \min_{D(K(t))} \sum_{i \in K(t)} C_i \tag{10-1}$$

其中,$D(K(t))$ 表示 $K(t)$ 上的任一调度;$\sum_{i \in K(t)} C_i$ 就是滚动窗口子问题的局部 $\sum C_i$ 性能指标,以 $J_{K(t)}$ 表示。这一调度子问题考虑的仅是滚动窗口局部的性能指标最优,没有考虑当前局部调度对全局目标的影响,这种局部调度子问题下的滚动时域调度方法是一种传统 RHP。

10.3　终端惩罚单机滚动时域调度

王冰等[226]对传统单机滚动时域调度方法进行了改进,提出了终端惩罚单机滚动时域调度方法。

当每一决策时刻的滚动窗口被选定后,当前局部调度对全局问题的影响实际就是当前局部调度的完成时间早晚对后续工件起始加工时间的影响,对同样的滚动窗口,如果当前局部调度的完成时间较小,则后续工件也都将有提前开始加工的可能;反之,如果当前局部调度的完成时间较晚,则后续工件的起始加工时间必然相应地推迟。而 $1 \mid r_i \mid \sum C_i$ 的调度子问题是以最小化工件完成时间之和为目标的,所得局部调度并不一定有最小的完成时间,在某些情况下也许会为了等待一个将要到达的较小工件,而不加工当前已经到达的一个较大工件,从而在调度结果中插入人为的空闲等待时间。如图 10-1 所示的两个工件的情形,如果先到达的是大工件 1,后到达的是小工件 2,则排序 2→1 的性能指标 $C_1 + C_2$ 相对排序 1→2 小,这时局部调度具有最小的局部性能指标,但却由于插入了人为空闲时间 $r_2 - r_1$ 而导致局部调度的完成时间增大为 $\Delta C = r_2 - r_1$,最坏情况下可以造成后续所有工件起始加工时间推迟 ΔC。 RHP 的局部调度子问题以滚动窗口中工件的局部 $\sum C_i$ 性能指标为目标函数,这样将只考虑局部最优的子问题调度,其结果中插入的人为空闲时间会造成后续工件起始加工时间的推迟,从而造成全局目标增大的趋势,使得全局调度质量变差。

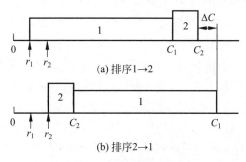

图 10-1　两种排序的比较

而实际上,当前局部调度在全局中并不是孤立的,它可能对全局目标存在影响。王冰等[226]对上述工件动态到达的单机 RHP 方法调度进行了改进,提出了终端惩罚调度子问题。

为了在每一时刻的滚动窗口中考虑当前局部调度对后续工件的影响,在任一决策时刻 t,按 Chand 等[224]给出的方式选择 $x + y$ 个工件作为当前时刻的滚动窗口,对滚动窗口内的工件先按 SPT 规则进行排序,这种排序为当前滚动窗口内局部调度的完成时间提供了一个基准。 SPT 规则调度不会插入人为空闲时间,所得到的调度结果具有所有可行调度中最小的完成时间 $C_{K(t)}^S$。 但 SPT 规则调度对所给目标函数 $\sum C_i$ 而言性能并不一定是最优的。从局部调度的角度考虑希望滚动窗口内性能最优和从全局角度考虑希望局部调度具有最小的完成时间,有时这二者是矛盾的,改进的滚动时域方法的调度子问题就是从解决二者的矛盾入手进行折中的。

局部调度子问题在考虑局部调度最优的同时对完成时间相对 $C_{K(t)}^S$ 的推迟进行惩罚,为了达到这一目的需要假定最坏的情况:当前局部调度 $D(K(t))$ 完成时间 $C_{K(t)}$ 相对 $C_{K(t)}^S$ 的推后时间 $\Delta C_{K(t)}$ 会造成后续所有工件的起始加工时间后推 $\Delta C_{K(t)}$,为此需假定在初始时刻已知所有工件的总数目为 n,在实际调度情形中这一要求是容易实现的。

在调度时刻 t，按如下优化指标对滚动窗口 $K(t)$ 中的工件进行局部调度。

$$J_{K(t)} = \min_{D(K(t))} \left[\sum_{i \in K(t)} C_i + |\widetilde{K}(t)| \Delta C_{K(t)} \right] \tag{10-2}$$

其中，

$$\Delta C_{K(t)} = \max\{0, C_{K(t)} - C_{K(t)}^S\} \tag{10-3}$$

C_i 是滚动窗口内任一工件 i 在可行调度 $D(K(t))$ 中的完成时间；$|\widetilde{K}(t)|$ 是后续工件集 $\widetilde{K}(t)$ 中的工件数目；$\Delta C_{K(t)}$ 是任一可行调度 $D(K(t))$ 的完成时间 $C_{K(t)}$ 相对 $C_{K(t)}^S$ 的延迟量。在优化指标式(10-2)中，第一项 $\displaystyle\sum_{i \in K(t)} C_i$ 是滚动窗口子问题的局部 $\sum C_i$ 性能指标，是全局性能指标在滚动窗口部分调度中的体现；第二项 $|\widetilde{K}(t)| \Delta C_{K(t)}$ 则是滚动窗口的局部调度造成后续部分调度后移而受到的惩罚，反映了局部调度对全局调度影响的兼顾，称为终端惩罚项。

定义 10-1　式(10-2)和式(10-3)表示的目标函数中具有终端惩罚项的调度子问题称为终端惩罚调度子问题，而具有终端惩罚调度子问题的滚动时域方法称为终端惩罚滚动时域方法(terminal penalty rolling horizon procedure, TPRHP)方法。

在 TPRHP 方法中，如果预先已知问题中的工件总数目 n，则式(10-2)和式(10-3)定义的终端惩罚调度子问题有解并可解。

如果 t 时刻终端惩罚调度子问题的解以 $D_R(K(t))$ 表示，只加工前 z 个工件，这 z 个工件的集合可表示为 $\text{KL}(t)$，其部分调度可记为 $D_R(\text{KL}(t))$，此部分调度的完成时刻 $C_{\text{KL}(t)}^R$ 就是下一决策时刻 $t+1$ 的物理时间，在该时刻对当前已到达工件集和未来最先到达的 x 个工件集进行更新，即可选取下一时刻的滚动窗口。

10.4　调度子问题的分支定界算法

对滚动窗口内的调度子问题用分支定界算法求解，由于调度子问题的规模受到控制，所以分支定界算法可以在可接受的时间内精确求解它。4.1.1 节阐述了分支定界算法的原理，指出剪枝规则和上下界的估算是分支定界算法的重要环节，下文将重点从这几个环节阐述调度子问题的分支定界算法。

由于在调度子问题中调度时刻固定，调度子问题的算法与滚动调度时刻 t 无关，所以为了表述方便，本节会将 t 隐去，采用与滚动时域中不同的记号。滚动窗口工件集合以 K 表示，K 上的完整调度将以 S_K 表示，对 K 上的特定调度用上标注明。滚动窗口中任一调度的完成时间将分别以 C_K 表示，SPT 规则调

度的完成时间将以 C_K^S 表示。如以 S_K 表示特定调度,则该调度的开始时间和完成时间将以 B_K^i 和 C_K^i 表示。S_K 在式(10-2)下的优化指标以 $J(S_K)$ 表示,其第一项 $\sum C_i$ 性能以 $J^R(S_K)$ 表示,第二项惩罚以 $J^T(S_K)$ 表示。K 中的部分工件集 Y 的调度以 S_Y 表示,对 Y 上的某一特定调度用上标注明。S_Y 中某一工件 i 的起始加工时间和加工完成时间以 $B_i(S_Y)$、$C_i(S_Y)$ 表示,S_Y 调度中第 y 个位置上工件的起始加工时间和加工完成时间以 $B_y(S_Y)$、$C_y(S_Y)$ 表示。部分调度 S_Y 接着工件 i 的调度以 (S_Y,i) 表示。Y 关于 K 的补集以 $\bar{Y}$ 表示,关于 $\bar{Y}$ 的相应表示与 Y 类似。部分调度 S_Y 和 $S_{\bar{Y}}$ 连接组成调度 $S_K=(S_Y,S_{\bar{Y}})$。

10.4.1 剪枝规则

由于终端惩罚滚动调度子问题的规模被严格限制为不超过 $x+y$ 个工件,这一规模与全局问题规模 n 无关,对限定规模的子问题的分支定界算法的计算复杂性是一个与 n 无关的常量,不会影响惩罚滚动调度全局多项式时间的算法复杂性。王冰等[226]证明了下述三个定理(定理 10-1~定理 10-3)所述的优超关系在终端惩罚调度子问题中仍然成立,并给出了上下界估算方法。

对滚动窗口 K 上的某一特定调度 $S_K^i=(S_Y,S_{\bar{Y}}^i)$,有 $J^R(S_K^i)=\sum_{j\in K}C_j(S_K^i)$。$J^T(S_K^i)=|\widetilde{K}|\Delta C_K^i$,则式(10-2)的优化指标 $J(S_K^i)=J^R(S_K^i)+J^T(S_K^i)$。其中 $J^R(S_K^i)=J^R(S_Y)+J^R(S_{\bar{Y}}^i)$,$\Delta C_K^i=\Delta C_{\bar{Y}}^i=C_{\bar{Y}}^i-C_K^S$。

定理 10-1 对于工件集合 K 和 y 个工件的一个部分调度 S_Y,$Y\subset K$,如果工件 $i\in\bar{Y}=K-Y$ 与所有工件 $j\in\bar{Y}$ 有关系 $p_i\leqslant p_j$,且对任一工件 $h\in\bar{Y}$,有 $B_h(S_Y)\geqslant B_i(S_Y)$,那么在位置 $y+1$ 上工件 i 优于工件 h。如果 $B_h(S_Y)>B_i(S_Y)$,则 (S_Y,i) 将严格优超 (S_Y,h)[226]。

证明 由文献[117]中定理 1 的证明可知,以 $S_K^h=(S_Y,S_{\bar{Y}}^h)$ 表示 K 在第 $y+1$ 个位置是工件 h,而工件 i 在第 x 个位置的一个排序 $x>y+1$,由于 $r_i\leqslant B_i(S_Y)\leqslant B_h(S_Y)=B_{y+1}(S_Y)\leqslant B_m(S^h)$,$y<m<x$,交换工件 i 与它前面位置 $x-1$ 的工件不会增加位置 $x-1$ 和 x 的工件完成时间,当然也不会增加其后工件的完成时间,继续将 i 与它前一个工件位置进行类似交换,直到 i 交换到位置 $y+1$ 处,这样产生的排序为 $S_K^i=(S_Y,S_{\bar{Y}}^i)$,在 S_K^i 的第 $y+1$ 个位置是工件 i,而工件 h 在 $y+1$ 之后,在 S_K^i 中任一个位置工件的完成时间都不大于 S_K^h 中相应位置工件的完成时间,所以 $J^R(S_K^i)\leqslant J^R(S_K^h)$,且 $C_K^i\leqslant C_K^h$,因此 $\Delta C_K^i\leqslant\Delta C_K^h$,则 $J^T(S_K^i)\leqslant J^T(S_K^h)$,故 $J(S_K^i)\leqslant J(S_K^h)$。 □

定理 10-2　对 n 个工件的集合 K 和其中 y 个工件的一个部分调度 S_Y，$Y \subset K$，某一工件 $i \in \bar{Y}$ 对所有工件 $j \in \bar{Y}$ 有 $C_i(S_Y) \leqslant C_j(S_Y)$，如果 $r_j \geqslant C_i(S_Y)$，则部分调度 (S_Y, j) 被严格优超[226]。

证明　由文献[117]中定理 2 的证明可知，排序 $S_K^j = (S_Y, S_{\bar{Y}}^j)$ 表示 K 中第 $y+1$ 个位置是工件 j 的优化调度，工件 i 在位置 g，$y+1 < g$。由于工件 j 之前有空闲时间 $r_j - C_y(S_K^j)$，所以将工件 i 调到 j 之前的空闲时间段。同时 $g+1$ 位置及之后的工件尽可能前移得到的调度为 S^i，则有 $J^R(S_K^i) \leqslant J^R(S_K^j)$，且 $C_K^i \leqslant C_K^j$，所以 $J^T(S_K^i) \leqslant J^T(S_K^j)$，故 $J(S_K^i) \leqslant J(S_K^j)$。　□

定理 10-3　对工件集合 K 和一个部分调度 S_Y，$Y \subset K$，两个工件 $(i, j) \in \bar{Y}$，如果 $p_j \leqslant p_i$，且 $C_j(S_Y) \geqslant C_i(S_Y)$，则 (S_Y, i) 优超 (S_Y, j) [226]。

证明　由文献[117]中定理 3 的证明可知，排序 $S_K^j = (S_Y, S_{\bar{Y}}^j)$ 表示 K 中第 $y+1$ 个位置是工件 j 的优化调度，工件 i 在 j 之后，将 j 与 i 的位置交换，而其他工件的位置不变，得到的新调度 S_K^i 仍是可行的，且在新调度 S_K^i 中两工件的完成时间都不大于在 S_K^j 中的完成时间，则新调度 S_K^i 的完成时间也不大于 S_K^j 的完成时间，所以 $J^R(S_K^i) \leqslant J^R(S_K^j)$，$J^T(S_K^i) \leqslant J^T(S_K^j)$，故 $J(S_K^i) \leqslant J(S_K^j)$。　□

10.4.2　估算下界和上界

定理 10-4　对工件集合 K，如果部分调度 S_Y 已经确定，对未调度工件 $\bar{Y}$，用 ECT 规则产生调度 $S_{\bar{Y}}^E$，则调度 $S_K^E = (S_Y, S_{\bar{Y}}^E)$ 对式（10-2）描述的目标函数就是最优目标函数的一个上界。用 SRPT[198] 规则产生调度 $S_{\bar{Y}}^{SR}$，则调度 $S_K^{SR} = (S_Y, S_{\bar{Y}}^{SR})$ 的式（10-2）目标函数就是最优目标函数的一个下界。

证明　（1）对于式（10-2）的优化指标，如果将 $\bar{Y}$ 中工件按 ECT 规则排序的调度以 $S_{\bar{Y}}^E$ 表示，则调度 $S_K^E = (S_Y, S_{\bar{Y}}^E)$ 是在部分调度 S_Y 确定的情况下工件集合 K 的最优调度 $S_K^* \mid S_Y = (S_Y, S_{\bar{Y}}^*)$ 的一个上界，即 $J(S_Y, S_{\bar{Y}}^E) \geqslant J(S_Y, S_{\bar{Y}}^*) = J(S_K^* \mid S_Y)$。

对于 $1/r_i/\sum C_i$ 问题，显然调度 $S_K^E = (S_Y, S_{\bar{Y}}^E)$ 是部分调度 S_Y 确定的情况下工件集合 K 的最优调度 $S_K^* \mid S_Y = (S_Y, S_{\bar{Y}}^*)$ 的一个上界，即

$$J^R(S_Y, S_{\bar{Y}}^E) \geqslant J^R(S_Y, S_{\bar{Y}}^*) \tag{10-4}$$

设调度 $(S_Y, S_{\bar{Y}}^*)$ 的完成时间为 $C_{\bar{Y}}^*$，$(S_Y, S_{\bar{Y}}^E)$ 的完成时间为 $C_{\bar{Y}}^E$，对工件集合

K 由于其 SPT 规则调度的完成时间 C_K^S 是所有可行调度中最小的,所以 $\Delta C_K^* = C_{\bar{Y}}^* - C_K^S \geqslant 0, \Delta C_K^E = C_{\bar{Y}}^E - C_K^S \geqslant 0$,在部分调度 S_Y 确定的情况下,对部分工件集 $\bar{Y}$,其 ECT 规则调度的完成时间一定不小于最优调度的完成时间,即 $C_{\bar{Y}}^* \leqslant C_{\bar{Y}}^E$,所以 $\Delta C_K^* \leqslant \Delta C_K^E$,而 $J^T(S_Y, S_{\bar{Y}}^E) = |\widetilde{K}| \Delta C_K^E$,且 $J^T(S_Y, S_{\bar{Y}}^*) = |\widetilde{K}| \Delta C_K^*$,所以 $J^T(S_Y, S_{\bar{Y}}^E) \geqslant J^T(S_Y, S_{\bar{Y}}^*)$,结合式(10-4)得 $J(S_Y, S_{\bar{Y}}^E) \geqslant J(S_Y, S_{\bar{Y}}^*) = J(S_K^* \mid S_Y)$。

(2)对式(10-2)的优化指标,如果对 $\bar{Y}$ 中工件按 SRPT 规则排序的调度以 $S_{\bar{Y}}^{SR}$ 表示,则调度 $S_K^{SR} = (S_Y, S_{\bar{Y}}^{SR})$ 是在部分调度 S_Y 确定的情况下工件集合 K 的最优调度 $S_K^* \mid S_Y = (S_Y, S_{\bar{Y}}^*)$ 的一个下界,即 $J(S_Y, S_{\bar{Y}}^{SR}) \leqslant J(S_Y, S_{\bar{Y}}^*) = J(S_K^* \mid S_Y)$。

Bean 等[198]已经证明 SRPT 规则调度是 $1 \mid r_i \mid \sum C_i$ 问题最优调度的下界,即

$$J^R(S_Y, S_{\bar{Y}}^{SR}) \leqslant J^R(S_Y, S_{\bar{Y}}^*) \tag{10-5}$$

设调度 $(S_Y, S_{\bar{Y}}^{SR})$ 的完成时间为 $C_{\bar{Y}}^{SR}, \Delta C_K^{SR} = C_{\bar{Y}}^{SR} - C_K^S$,对部分工件集 $\bar{Y}$,其 SRPT 规则调度的完成时间一定不大于 SPT 规则调度的完成时间,而 SPT 规则调度的完成时间一定不大于最优调度的完成时间,得 $C_{\bar{Y}}^* \geqslant C_{\bar{Y}}^{SR}$,所以 $\Delta C_K^* \geqslant \Delta C_K^R$,而 $J^T(S_Y, S_{\bar{Y}}^{SR}) = |\widetilde{K}| \Delta C_K^{SR}$,则 $J^T(S_Y, S_{\bar{Y}}^{SR}) \leqslant J^T(S_Y, S_{\bar{Y}}^*)$,综合式(10-5)得 $J(S_Y, S_{\bar{Y}}^{SR}) \leqslant J(S_Y, S_{\bar{Y}}^*) = J(S_K^* \mid S_Y)$。 □

10.5　仿真计算与分析

本节通过仿真实验展示 TPRHP 方法的全局性能。算例对工件数目为 n 的问题,工件的加工时间 p_i 在 1 到 100 间一致分布,期望的加工时间是 50.5,工件的到达时间 r_i 由 0 到 UL 间的一致分布产生,UL $= 50.5n\rho$,ρ 是表征工件到达快慢的参数,其取值为通常所取的从 $0.2 \sim 3.0$ 的 10 个值。TPRHP 方法的滚动参数 (x, y, z) 的取值采用 $(12, 5, 2)$,所有方法由 C 语言开发,在 Windows XP 操作系统环境下采用 Microsoft Visual C++ 6.0 编译,实验在硬件配置为 Pentium 4M 1.80 GHz CPU 的计算机上进行。

鉴于 TPRHP 方法的在线调度特征,首先将 TPRHP 方法与求解 $1 \mid r_i \mid \sum C_i$ 问题的规则调度进行对比。在 4.2.1 节介绍的求解 $1 \mid r_i \mid \sum C_i$ 问题的几种规则调度中,由于 ECT 规则被 PRTF 规则和 APRTF 规则所优超,所以这里只对 SPT、APRTF 和 PRTF 三种规则进行比较。在接下来的实验

中,对每一问题取 SPT、PRTF 和 APRTF 三个规则中调度性能最好的规则用 SPA 表示,同一问题先用三种规则调度得到 SPA 的解,再用 TPRHP 方法求解。如果 TPRHP 方法的性能好于 SPA 则相对比较值用(SPA−TPRHP)/TPRHP 计算;如果 SPA 的性能好于 TPRHP 方法则相对比较值用(TPRHP − SPA)/SPA 计算。测试实验针对工件数目为 50～250 的两组问题进行,共测试 400 个问题,每组测试 200 个问题,其中对从 0.20～3.00 的 10 个不同到达频率 ρ 值产生的问题分别测试 20 次,实验结果如表 10-1 和表 10-2 所示。

表 10-1　50 工件 TPRHP 方法相对 SPA 的改善

到达频率 ρ	TPRHP 方法好于 SPA 的情形			SPA 好于 TPRHP 方法的情形		
	数目	平均 /%	最大 /%	数目	平均 /%	最大 /%
0.20	7	0.368	1.063	1	0.257	0.257
0.40	14	0.099	0.483	1	0.287	0.287
0.60	14	0.156	0.719	1	0.032	0.032
0.80	16	0.171	0.593	1	0.059	0.059
1.00	19	0.110	0.371	0	0	0
1.25	16	0.045	0.127	0	0	0
1.50	14	0.034	0.104	0	0	0
1.75	14	0.024	0.069	0	0	0
2.00	10	0.031	0.075	0	0	0
3.00	8	0.012	0.023	0	0	0

表 10-2　250 工件 TPRHP 方法相对 SPA 的改善

到达频率 ρ	TPRHP 方法好于 SPA 的情形			SPA 好于 TPRHP 方法的情形		
	数目	平均 /%	最大 /%	数目	平均 /%	最大 /%
0.20	15	0.005	0.011	5	0.007	0.013
0.40	15	0.010	0.033	4	0.009	0.028
0.60	16	0.014	0.035	4	0.025	0.055
0.80	17	0.019	0.076	3	0.030	0.037
1.00	19	0.012	0.024	1	0.015	0.015
1.25	20	0.018	0.033	0	0	0
1.50	20	0.016	0.026	0	0	0
1.75	20	0.015	0.031	0	0	0
2.00	20	0.010	0.023	0	0	0
3.00	20	0.002	0.004	0	0	0

　　由表 10-1 和表 10-2 可以看出，在绝大多数情况下，TPRHP 方法的调度性能好于规则调度。当工件规模为较小的 50 工件时，TPRHP 方法好于 SPA 时的相对比较值较大，尤其在 ρ 值不大于 1 时，相对比较值的平均值和最大值都比较显著。当工件规模为 250 工件时，TPRHP 方法好于 SPA 的问题更普遍，但相对比较值却变小，说明当问题规模增大时，TPRHP 方法与 SPA 将越来越接近。由于当问题规模趋向无穷时 SPT 规则是渐进最优的，所以虽然少数问题中 TPRHP 方法相对 SPA 要差一点，但并没有改变 TPRHP 方法与 SPA 越来越接近的趋势，由此推断，当问题规模越来越大时，TPRHP 方法的绝对性能也会越来越好。

　　TPRHP 方法与 RHP 方法的比较将通过 50 工件和 250 工件规模的两组问题进行，每组测试 200 个问题。计算结果见表 10-3 和表 10-4。可以看出，在两种规模的问题中，TPRHP 方法一致性地好于 RHP 方法，且在 ρ 值小于 1.25 时 TPRHP 方法相对 RHP 方法有明显的改善，当规模为 250 工件时，这种改善稳定且明显，而这正是 RHP 方法表现不佳的情形。在 ρ 值较小、工件到达较快的问题中，局部调度与全局问题之间的耦合关系更强，而 RHP 方法的子问题设计割裂了这种耦合关系，所以在这一类型问题中，RHP 方法的调度性能较差。TPRHP 方法的子问题增加了终端惩罚函数，考虑了局部目标与全局目标的一致性，在这些 RHP 方法表现较差的问题中相对性地有较大的改善。在 ρ 值大于 1 的问题中，虽然 TPRHP 方法的优势相对减弱，但绝大多数问题中仍不差于表现较好的 RHP 方法。

表 10-3　50 工件 TPRHP 方法相对 RHP 方法的改善

到达频率 ρ	TPRHP 方法好于 RHP 方法的情形			RHP 方法好于 TPRHP 方法的情形		
	数目	平均 /%	最大 /%	数目	平均 /%	最大 /%
0.20	20	2.05	3.72	0	0	0
0.40	20	1.20	1.34	0	0	0
0.60	20	0.28	0.93	0	0	0
0.80	20	0.14	0.21	0	0	0
1.00	20	0.09	0.11	0	0	0
1.25	20	0.10	0.27	0	0	0
1.50	20	0.03	0.28	0	0	0
1.75	0	0	0	0	0	0
2.00	0	0	0	0	0	0
3.00	0	0	0	0	0	0

表 10-4　250 工件 TPRHP 方法相对 RHP 方法的改善

到达频率 ρ	TPRHP 方法好于 RHP 方法的情形			RHP 方法好于 TPRHP 方法的情形		
	数目	平均 /%	最大 /%	数目	平均 /%	最大 /%
0.20	20	0.722	1.153	0	0	0
0.40	20	0.534	1.291	0	0	0
0.60	20	0.413	0.712	0	0	0
0.80	20	0.354	0.653	0	0	0
1.00	20	0.209	0.483	0	0	0
1.25	18	0.015	0.046	2	0.008	0.012
1.50	18	0.007	0.021	1	0.005	0.005
1.75	20	0.005	0.015	0	0	0
2.00	17	0.004	0.013	1	0.002	0.002
3.00	11	0.001	0.002	0	0	0

10.6　本章小结

本章阐述了工件动态到达的单机滚动时域调度,在调度子问题中增加了终端惩罚项,目的是在局部调度子问题中考虑对滚动窗口外未调度工件的影响,从而在局部调度中兼顾改善全局的目标。在本章给出的计算结果中这种特别设计的滚动时域调度方法对全局目标的改善得到了验证。

但本章并没有得到滚动时域方法对全局性能改善的理论结果,这是因为本章的调度结果是一次性完成的,缺少对比的参照。下一章将在定义了虚拟初始调度之后进行滚动时域调度方法的性能分析。

第11章 全局信息不全的单机两级滚动时域调度

本章继续讨论第 10 章的有限时域动态单机调度 $1\,|\,r_i\,|\,\sum C_i$，并给出了两级滚动时域单机调度方法和性能分析[222]。本章内容为笔者的研究成果。

第 10 章给出了动态单机调度 $1\,|\,r_i\,|\,\sum C_i$ 的滚动时域调度方法，滚动时域调度方法本质上是一种在线调度方法，不能得到全局最优解，且与传统的在线调度相比，对它的性能评价较为困难。本章提出一种对滚动时域调度的全局性能进行分析的方法。面对调度时刻全体工件信息不全的现实，随着调度时刻的推进，逐步获取未来到达工件的信息，建立虚拟初始调度，然后通过两级滚动时域方法对全局性能进行改善，在此基础上对滚动时域调度进行性能分析[223]。

11.1 初始虚拟调度

对于有限时域动态单机调度的 $1\,|\,r_i\,|\,\sum C_i$ 问题，调度时刻信息不全导致这类问题只能对全局建立估计调度而不能给出全局的具体调度，但由于全局性能分析比较的是滚动进程中的相对值，所以只要在不同时刻对未知工件的调度给出一致性的估计，就不妨碍得到全局性能分析的结论。

在初始调度时刻，对未知的工件用先进先出（first in first out，FIFO）规则建立虚拟初始调度 $\tilde{D}$。FIFO 规则详见 4.2.1.1 节。

定义 11-1 虚拟调度（dummy schedule）是由信息不全的工件排序组成的调度，虚拟调度 $\tilde{D}$ 中工件将按到达时间 r_i 由小到大排序，而到达时间相同的工件将按加工时间 p_i 由小到大排序[223]。

例如，如果在初始时刻已知且仅知问题中共有 10 个工件，那么可以对这 10 个工件用 FIFO 规则建立初始虚拟调度 $\tilde{D}$，$\tilde{D}$ 中的工件由其位置序号表示，即工件 i 是 $\tilde{D}$ 中的第 i 个工件，虽然不知道 r_i，p_i 的具体数值，但在 $\tilde{D}$ 中一定有 $r_1 \leqslant r_2 \leqslant \cdots \leqslant r_{10}$，这里的 $\tilde{D}$ 相当于为 10 个未知工件建立了一个估计调度。虽然可以用任何规则对未知工件建立虚拟调度，但只有 FIFO 规则建立的虚拟

调度 $\widetilde{D}$ 中的工件顺序与其到达顺序是一致的,而工件的到达顺序即工件被预测的顺序。

在工件信息未知的情况下用工件符号代替具体工件,用 FIFO 规则建立的全局虚拟调度 $\widetilde{D}$ 中的工件排序与工件被预测的顺序是一致的,随着调度时刻不断向前推进,$\widetilde{D}$ 中的工件按顺序逐步被预测而变为已知。基于虚拟初始调度建立起对未知工件调度的估计,从而在信息不全时可以表示全局调度的估计性能。

11.2　预测窗口内的预调度

由于工件的信息是随调度时刻向前推进而逐步被预测的,在每一时刻必须首先确定已知的未加工工件的集合,即预测窗口。如果每一时刻的预测时域长度为 T,第 t 次局部调度的物理时间为 u_t,则该时刻的预测时域为 $[u_t, u_t + T]$,每一时刻在原调度的基础上由预测时域确定预测窗口。

在初始调度时刻 $t = 1$ 时,物理时间 $u_1 = 0$,全局原调度就是虚拟初始调度 $\widetilde{D}$,所以 $\widetilde{D}$ 中在预测时域 $[0, T]$ 上到达的工件将变为已知,组成该时刻的预测窗口,以 $F(1)$ 表示,这部分工件在 $\widetilde{D}$ 中的部分调度称为预测窗口 $F(1)$ 内的原调度,记为 $D_Y(F(1))$,$D_Y(F(1))$ 不再是虚拟调度,而是变为了已知调度。预测窗口 $F(1)$ 之后的未知工件组成工件集 $\widetilde{F}(1)$,$\widetilde{F}(1)$ 部分是虚拟调度,表示为原调度 $D_Y(\widetilde{F}(1))$。

在 t 时刻,面对的全局原调度 $D_Y(t)$ 来自 $t - 1$ 时刻的滚动调度,其可以被看作由两部分组成,一部分是已经加工的工件调度,表示为 $D(S(t-1))$,另一部分则是需要重新调度的未加工部分。该时刻的预测窗口 $F(t)$ 就是由后一部分中的已知工件组成,它们是 $\widetilde{D}$ 中到达时间 $r_i \leqslant u_t + T$ 的未加工工件,其原调度表示为 $D_Y(F(t))$。后一部分中的未知工件为未进入预测窗口的后续工件集,以 $\widetilde{F}(t)$ 表示,$\widetilde{F}(t)$ 的原调度 $D_Y(\widetilde{F}(t))$ 仍为虚拟调度。所以在时刻 t,全局估计调度可以全局原调度 $D_Y(t)$ 表示,如下所示。

$$D_Y(t) = D(S(t-1)) + D_Y(F(t)) + D_Y(\widetilde{F}(t)) \qquad (11\text{-}1)$$

当调度时刻向前推进,预测窗口向前推进,工件被预测而变为已知的顺序(就是工件进入预测窗口的顺序),这一顺序与工件到达的先后顺序是一致的,所以用 FIFO 规则建立的虚拟初始调度 $\widetilde{D}$ 给出了预测窗口向前滚动的基础。

一方面,由于预测窗口是基于时间的,在预测时域内被预测为已知的所有工件进入预测窗口,预测窗口内的工件规模并不能得到有效控制,如果全部进入局部精确调度会增加子问题的计算负担,从而影响全局滚动调度的计算有效性。所以预测窗口内的工件不必全部进入局部调度,这必然面临一个在预测窗口中选择进入滚动窗口的工件的问题。

另一方面,对于 $1\mid r_i\mid\sum C_i$ 问题,用 FIFO 规则得到的虚拟初始调度的估计性能在有些情况下是很差的,以 FIFO 作为虚拟初始调度是在工件信息未知时的无奈选择,当预测窗口内的工件信息变为已知时,可以充分利用这些已知的信息实现对全局调度的更好估计。先对预测窗口内的原调度作预调度,然后基于预调度确定滚动窗口,增加预调度就可以解决上述两个方面的问题。

定义 11-2 在滚动调度方法的每个调度时刻,预先在确定滚动窗口之前重新对预测窗口中已知工件的原调度排序得到的调度称为预测窗口内的预调度[223]。

预测窗口内的预调度针对的是原调度 $D_Y(F(t))$,而原调度 $D_Y(F(t))$ 又可分为两部分,即

$$D_Y(F(t)) = D_R(K\overline{L}(t-1)) + D_R(\overline{K}(t-1)) \tag{11-2}$$

前部分 $D_R(K\overline{L}(t-1))$ 是 $t-1$ 时刻局部调度解中未被加工的剩余部分,由于 $D_R(K\overline{L}(t-1))$ 仍是局部最优的,故应在预调度中保持其不变。后部分 $D_R(\overline{K}(t-1))$ 表示预测窗口 $F(t)$ 中在上个滚动窗口 $K(t-1)$ 之外的部分,在预调度中将被重新排序,以便建立工件进入下一级局部调度的更合理次序,如图 11-1 所示(图中区间的长度表示工件集部分调度的加工时间长度,虚线表示虚拟部分调度)。

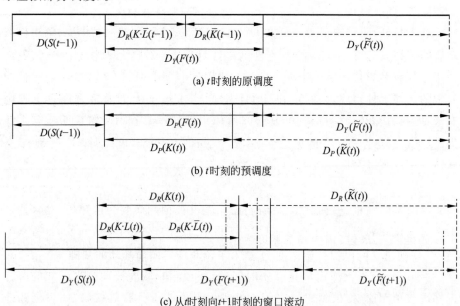

(a) t 时刻的原调度

(b) t 时刻的预调度

(c) 从 t 时刻向 $t+1$ 时刻的窗口滚动

图 11-1   两级滚动调度的窗口及相邻时刻窗口的滚动

考虑到预测窗口内的工件规模可能较大,需要采用规则进行预调度。对于 $F(t)$ 内的原调度 $D_Y(F(t))$,可以用如下的预调度算法步骤确定预测窗口内的预调度 $D_P(F(t))$。

步骤 1　$t=1$ 时,计算原调度 $D_Y(F(1))$ 的完成时间 $C_{F(1)}^Y$、性能指标 $J_{F(1)}^P$;对 $F(1)$ 中工件按 SPT 规则重新排序,得到预调度 $D_P(F(1))$,计算预调度的完成时间 $C_{F(1)}^P$、性能指标 $J_{F(t)}^P$。

步骤 2　$t>1$ 时,计算原调度 $D_Y(F(t))$ 的完成时间 $C_{F(t)}^Y$、性能指标 $J_{F(t)}^Y$;将预测窗口原调度的 $D_Y(\bar{K}(t-1))$ 部分重新按 SPT 规则排序得到 $D_P(\bar{K}(t-1))$,则预调度为

$$D_P(F(t)) = D_R(K \cdot \bar{L}(t-1)) + D_P(\bar{K}(t-1)) \tag{11-3}$$

计算预调度 $D_P(F(t))$ 的完成时间 $C_{F(t)}^P$、性能指标 $J_{F(t)}^P$。

步骤 3　后续工件集 $\widetilde{F}(t)$ 在预调度中工件的开始时间和排序都不变,仍保持为 $D_Y(\widetilde{F}(t))$。

预调度后,全局估计调度由原调度 $D_Y(t)$ 变为预调度 $D_P(t)$,如下所示。

$$D_P(t) = D(S(t-1)) + D_P(F(t)) + D_Y(\widetilde{F}(t)) \tag{11-4}$$

11.3　基于预调度的滚动机制

在 t 时刻,滚动窗口 $K(t)$ 取预测窗口预调度 $D_P(F(t))$ 的前 k 个工件的集合,$k = \min\{\gamma, |F(t)|\}$。当预测窗口中的工件数目大于参数 γ 时,滚动窗口中的工件数目取 γ;当预测窗口中工件数目小于 γ 时,预测窗口中的工件就全部进入滚动窗口。这样每一时刻滚动窗口中的工件数目都不会超过 γ。确定滚动窗口后,全局估计调度 $D_P(t)$ 由滚动窗口分为三部分,如下所示。

$$D_P(t) = D(S(t-1)) + D_P(K(t)) + D_P(\widetilde{K}(t)) \tag{11-5}$$

其中 $D_P(K(t))$ 是滚动窗口内的预调度,$D_P(\widetilde{K}(t))$ 是滚动窗口后续工件集 $\widetilde{K}(t)$ 的预调度。注意到,在 $D_P(\widetilde{K}(t))$ 中,预测窗口 $F(t)$ 内的部分是已知调度,在 $F(t)$ 之外的部分是虚拟调度。

如果将滚动窗口内的局部调度解仍表示为 $D_R(K(t))$,为了保证全局滚动调度的可行性,局部调度后的全局估计调度需要重置。规定 $D_P(\widetilde{K}(t))$ 按下式平移重置为 $D_R(\widetilde{K}(t))$,即令

$$B_{\widetilde{K}(t)}^R = B_{\widetilde{K}(t)}^P + \Delta C_{K(t)}^R \tag{11-6}$$

其中

$$\Delta C_{K(t)}^{R} = \max\{0, C_{K(t)}^{R} - C_{K(t)}^{P}\} \tag{11-7}$$

$B_{\widetilde{K}(t)}^{P}, B_{\widetilde{K}(t)}^{R}$ 分别是部分调度 $D_{P}(\widetilde{K}(t))$ 和 $D_{R}(\widetilde{K}(t))$ 的开始时间；$C_{K(t)}^{R}$ 是 $D_{R}(K(t))$ 的完成时间；$D_{R}(\widetilde{K}(t))$ 是开始时间平移 $\Delta C_{K(t)}^{R}$ 并尽量吸收其中的空闲时间后得到的右移调度。局部调度后的全局估计调度由预调度 $D_{P}(t)$ 重置为滚动调度 $D_{R}(t)$，如下所示。

$$D_{R}(t) = D_{R}(S(t-1)) + D_{R}(K(t)) + D_{R}(\widetilde{K}(t)) \tag{11-8}$$

在局部调度解 $D_{R}(K(t))$ 中，所加工的前 $\mu(1 \leqslant \mu < k)$ 个工件的集合 $K \cdot L(t)$ 的部分调度记为 $D_{R}(K \cdot L(t))$，滚动窗口中剩余部分调度就是 $D_{R}(K \cdot \overline{L}(t))$，则

$$D_{R}(K(t)) = D_{R}(K \cdot L(t)) + D_{R}(K \cdot \overline{L}(t)) \tag{11-9}$$

$D_{R}(K \cdot L(t))$ 的完成时间是下一个调度时刻 $t+1$ 的物理时间 u_{t+1}。$D_{R}(K \cdot L(t))$ 并入 $D(S(t-1))$，组成已加工调度 $D(S(t))$，而 $D_{R}(K \cdot \overline{L}(t))$ 则留在 $t+1$ 的预测窗口中，如图 11-1 所示(点划线表示滚动调度前各工件集在预调度中的时间边界)。$D_{R}(t)$ 就是 $t+1$ 时刻的全局原调度，即

$$D_{Y}(t+1) = D_{R}(t) \tag{11-10}$$

由于 $K(t)$ 中工件数目不会多于 γ，所以被加工过 μ 个工件后，剩余的 $D_{R}(K \cdot \overline{L}(t))$ 中工件数一定少于 γ，只要 $t+1$ 时刻预测窗口中有新的已知工件，这些工件就会按预调度的顺序进入滚动窗口，如果没有新工件进入滚动窗口，那么就再加工 μ 个局部调度解中的工件，调度时刻向前推进，再进行预测，两级滚动调度方法就是这样重复进行预测窗口的预调度和滚动窗口的局部调度，直到实现全局调度。就这样，n 个工件的大规模全局调度问题被分解为两级滚动进行的中小规模调度子问题，而需要精确求解的局部调度子问题的数目则由 n 和滚动调度的参数 (γ, μ) 决定。

11.4 滚动窗口内的局部调度

滚动窗口内的局部调度子问题仍采用终端惩罚调度子问题，不同的是惩罚的基准为滚动窗口的预调度的完成时间，而不是滚动窗口的原调度的完成时间，即

$$\min_{D(K(t))} \Big[\sum_{i \in K(t)} C_{i} + |\widetilde{K}(t)| \Delta C_{K(t)} \Big] \tag{11-11}$$

$$\Delta C_{K(t)} = \max\{0, C_{K(t)} - C_{K(t)}^{P}\} \tag{11-12}$$

其中，$|\widetilde{K}(t)|$ 是 t 时刻后续工件集 $\widetilde{K}(t)$ 中的工件数目；$C_{K(t)}^P$ 是 $K(t)$ 的预调度 $D_P(K(t))$ 的完成时间。

只需要已知滚动窗口中工件的信息，而无须知晓滚动窗口的后续工件集 $\widetilde{K}(t)$ 中除工件总数目以外的具体信息。当滚动窗口中局部调度的完成时间推后 $\Delta C_{K(t)}$ 时，最坏情况是使 $\widetilde{K}(t)$ 中所有工件推后 $\Delta C_{K(t)}$，所以式（11-11）中的终端惩罚项仅利用这些有限的信息就可以对 $\widetilde{K}(t)$ 中调度性能变化的最坏情况做出估计，添加这一终端惩罚项实际上在局部调度中兼顾了全局调度的变化趋势，这是基于初始调度的滚动调度最重要的特点，它恰好适应了后续工件信息未知的情形。

在全局信息不全的单机调度问题中，上述具有基于预调度的滚动规则和终端惩罚调度子问题的滚动调度是一种两级滚动调度方法（two-level rolling scheduling procedure，TRSP）。在此类两级滚动调度进程中，全局估计调度经历了由原调度到预调度和由预调度到滚动调度的两级性能改善。

11.5　两级滚动调度的性能分析

在两级滚动调度方法中，虽然 $\widetilde{F}(t)$ 中的工件信息是未知的，无法获知该时刻全局调度性能的具体值，但由于滚动调度进程中的全局调度只是中间结果，全局估计性能的绝对数值并不需要被关注，而更需要被关注的是其相对变化趋势。在不同时刻，未知工件集 $\widetilde{F}(t)$ 的虚拟调度中工件顺序是不变的，建立在虚拟调度上的、对全局调度的估计在不同时刻具有一致性，因此，不同调度时刻的全局估计性能具有可比性，这将使滚动调度进程中全局估计性能的相对比较值具备可分析的条件。

对于 $1 \mid r_i \mid \sum C_i$ 问题，由于性能指标是按工件可分的，所以全局调度的性能指标可以按照调度的不同划分而分解为各个部分调度的性能指标。

11.5.1　预调度的全局性能分析

对于虚拟初始调度中的 FIFO 规则和预调度中的 SPT 规则，有如下引理。

引理 11-1　对 $1 \mid r_i \mid \sum C_i$ 模型的调度问题，其 SPT 规则调度与 FIFO 规则调度都具有最小的完成时间，而前者的性能一定不差于后者的性能[223]。

证明　设一个 $1 \mid r_i \mid \sum C_i$ 调度问题的工件集合为 N，其 SPT 规则调度解为 D^S，D^S 的开始时间为 B^S，完成时间为 C^S，其 FIFO 规则调度解为 D^F，D^F

的开始时间为 B_F，完成时间为 C_F，如果对所有 $i \in N$，令 $r_m = \min\limits_{i \in N} r_i$，则

$$B_S = B_F = \max(u, r_m)$$

其中，u 是调度前机器空闲的时刻。

在 D^S 及 D^F 中，只要有工件到达就会有工件被安排加工，只有当调度时刻没有工件到达时才会使机器空闲，所以对同一问题，二者存在相同的空闲时间 Ω，所以

$$C_S = B_S + \sum_{i \in N} p_i + \Omega = C_F$$

由于在 D^S 及 D^F 中，不存在因放弃加工已到达工件而等待未到达工件插入的人为空闲时间，所以其完成时间是集合 N 上的所有可行调度中完成时间最小的。

以工件在调度 D^F 中的位置序号代表该工件，设在调度 D^F 中，存在工件 i 是工件 j 之后（$r_i \geq r_j$）满足 $p_i \leq p_j$ 且 $r_i \leq b_j$ 的第一个工件，则对 j 与 i 之间的任一工件 x（$j < x < i$），$r_x \leq b_j$，且 $p_x \geq p_j$，所以 $p_i \leq p_x$，在工件 j 与 i 之间的调度中不存在空闲时间，交换工件 i 与其前一个工件 $i-1$ 的排序不会增加这两个工件的完成时间，也不会增加后续工件的完成时间，不会增加调度的性能指标，继续将工件 i 与它前一个工件进行这样的交换，直到与工件 j 交换，将 D^F 中所有具有上述 i 和 j 特点的工件执行上述连续的交换后得到的调度就是 SPT 规则调度 D^S，由于在上述交换过程中不会增加调度的性能指标，所以 D^S 的性能指标一定不差于 D^F 的性能指标。且由于在上述交换过程中，调度中的空闲时间没有变化，所以调度的完成时间不会改变。　□

定义 11-3　定义上述证明中工件 i 与 j 之间工件的连续位置交换为非增交换。

引理 11-2　一个原调度经过非增交换得到的新调度，其完成时间不会改变，而性能指标相对原调度也不会增加[223]。

定理 11-1　在预测窗口的预调度算法下，预调度 $D_P(F(t))$ 的完成时间 $C_{F(t)}^P$ 等于原调度 $D_Y(F(t))$ 的完成时间 $C_{F(t)}^Y$，同时预调度 $D_P(F(t))$ 的性能 $J_{F(t)}^P$ 一定不差于原调度 $D_Y(F(t))$ 的性能 $J_{F(t)}^F$ [216]。

证明　由引理 11-1 直接可以得知，本定理的结论在 $t=1$ 时成立。当 $t>1$ 时，由于预测窗口内的原调度 $D_Y(F(t))$ 是 $t-1$ 时刻滚动窗口内的剩余调度 $D_R(K \cdot \bar{L}(t-1))$ 与滚动窗口外调度 $D_R(\bar{K}(t-1))$ 的和，$D_R(\bar{K}(t-1))$ 没有参与过局部调度，是由 $t-1$ 时刻的 SPT 排序和 FIFO 排序组成，所以调度中不存在人为空闲时间，可以通过一系列工件的非增交换得到其新的 SPT 排序，从而得到预调度 $D_P(F(t))$，所以由引理 11-2 知，$C_{F(t)}^P = C_{F(t)}^Y$，$J_{F(t)}^P \leq J_{F(t)}^F$。

定理 11-2　在 TRSP 中,如果全局原调度是可行调度,在每一调度时刻 t,经过预测窗口的预调度后,全局预调度 $D_P(t)$ 的估计性能 $J^P(t)$ 一定不差于全局原调度 $D_Y(t)$ 的估计性能 $J^Y(t)$[216]。

定理 11-2 的结论表明,在 TRSP 中,第一级预测窗口内的预调度充分利用了该时刻所有的已知工件信息,用计算代价小的规则改善了原调度的性能,为下一级滚动窗口的确定打好了基础。

11.5.2　滚动调度的全局性能分析

引理 11-3　在基于预调度的终端惩罚滚动调度下,$J^R_{K(t)} + J^R_{\widetilde{K}(t)} \leqslant J^P_{K(t)} + J^P_{\widetilde{K}(t)}$[223]。

定理 11-3　在 TRSP 中,如果虚拟初始调度是可行调度,在每一调度时刻,经过终端惩罚调度子问题的局部调度后,全局滚动调度 $D_R(t)$ 的估计性能 $J^R(t)$ 一定不差于全局预调度 $D_P(t)$ 的估计性能 $J^P(t)$[223]。

定理 11-3 的结论表明,在 TRSP 中,第二级滚动窗口的局部调度兼顾了全局目标,改善了全局预调度的性能。

定理 11-4　在 $1\,|\,r_i\,|\,\sum C_i$ 问题动态调度的 TRSP 中,可以保证随工件预测信息的逐步明确,全局调度中的虚拟调度逐步变为已知调度,随着调度时刻的推进,局部调度逐步被实现,全局调度的估计性能越来越接近最终实现值,经过预调度和滚动调度的两级改善,逐步实现的全局调度性能相对历次的估计值也得到了不断改善[223]。

证明　设虚拟初始调度 $\widetilde{D}$ 的全局性能指标为 $J^{\widetilde{D}}$,这是初始调度时刻 $t=1$ 时的原调度,即一个该时刻对全局调度性能指标的估计。该时刻已知工件的集合构成预测窗口 $F(1)$,全局原调度的估计性能指标 $J^Y(1)$ 是预测窗口内已知初始调度性能指标 $J^Y_{F(1)}$ 和对后续未知工件虚拟调度的估计性能指标之和,即 $J^Y(1) = J^Y_{F(1)} + J^Y_{\widetilde{F}(1)}$。预调度后 $J^P(1) = J^P_{K(1)} + J^P_{\widetilde{K}(1)}$,由定理 11-3 可知,$J^Y(1) \geqslant J^P(1)$。

在预测窗口的预调度上选择滚动窗口 $K(1)$,求得滚动调度 $D_R(K(1))$ 的性能指标为 $J^R_{K(1)}$,则全局滚动调度 $D_R(1)$ 的性能指标为 $J^R(1) = J^R_{K(1)} + J^R_{\widetilde{K}(1)}$,由引理 11-3 可知,$J^P(1) \geqslant J^R(1)$。

所以 $J^R(1) \leqslant J^P(1) \leqslant J^Y(1) = J^{\widetilde{D}}$,即第一次两级滚动调度后全局性能优于虚拟初始调度 $\widetilde{D}$ 的全局性能估计值。

在滚动中的调度时刻 $t-1$,该时刻的全局滚动调度是下一决策时刻 t 的全

局原调度，即 $D_R(t-1)=D_Y(t)$，则

$$J^R(t-1)=J^Y(t)$$

由定理 11-3 可知，t 时刻预调度后有 $J^Y(t) \geqslant J^P(t)$，由于 $J^P(t)=J_{S(t-1)}+J^P_{K(t)}+J^P_{\tilde{K}(t)}$，$t$ 时刻滚动调度后的全局性能指标估计值为

$$J^R(t)=J_{S(t-1)}+J^R_{K(t)}+J^R_{\tilde{K}(t)}$$

由引理 11-3 可知

$$J^R(t) \leqslant J^P(t) \leqslant J^Y(t)=J^R(t-1)$$

$t=1,2,\cdots,M$ 时依次类推，可以得到

$$J^R(t) \leqslant J^R(t-1) \leqslant \cdots \leqslant J^R(1)$$

进一步可以得到

$$J^* \leqslant J^R(M) \leqslant J^R(M-1) \leqslant \cdots \leqslant J^R(1) \leqslant J^P(1) \leqslant J^Y(1)=J^{\tilde{D}}$$

式中，M 为全局调度完成后的局部调度次数；J^* 是全局调度问题的最优性能指标。　　　　　　　　　　　　　　　　　　　　　　　　　　　□

　　作为应用于有限时域的、全局信息不全的动态调度问题的一种启发式方法，TRSP 在理论上无法给出最坏情况下的解与最优解的偏差上界，定理 11-4 的结论保证了滚动调度将会向改善全局性能的方向进行，这在理论上限制了滚动调度解的最坏情况发生，必将改善表现较差问题的解的质量，并改善所得全局解的鲁棒性。

　　当滚动调度进行到最终，全体工件的信息皆变为已知时，将工件的已知信息代入虚拟调度中可以验证：当虚拟调度的性能越差时，滚动调度进程对全局性能的相对改善量就越大，所以即使由于工件信息未知而给出的初始调度是很差的，但 TRSP 仍可通过滚动调度进程的大幅改善进行补偿，所以 TRSP 的意义不在于任何情况下可以得到最好的调度结果，而在于在任何情况下得到的调度结果都不坏，这体现了滚动时域调度方法在信息不全情况下存在的对调度方案的鲁棒性改善。

11.6　仿真计算与分析

　　本节对 TRSP 进行测试。令不同 ρ 值问题的预测时域大小与 ρ 值相关，即令预测时域长度 $T=\rho \cdot TT$，参数 TT 的取值决定了给定 ρ 值下的预测时域长度。在实验中，取 $TT=400$ 表示较长的预测时域，由 LY 表示，取 $TT=200$ 表示较短的预测时域，由 SY 表示。实验分为两组，分别为 50 工件和 250 工件的两种规模算例，每一组对 10 个不同到达频率的 ρ 值分别产生 20 个算例进行测试，共测试 400 个算例。

对每一算例分别用大小两种预测时域下的 TRSP 进行调度,TRSP 的滚动参数 (κ,μ) 取为 $(17,2)$,且将全局信息已知时的工件参数回代虚拟 FIFO 初始调度。由于当工件规模较大时无法求出问题的最优解,故对每一算例,将 FIFO 和两种预测时域下的 TRSP 调度与该问题最优解的下界 LB 相比较,下界 LB 的计算采用文献[117]中下界的算法,与下界比较的百分值计算公式为 (FIFO $-$ LB)/LB 和 (TRSP $-$ LB)/LB。 实验的设置仍同 10.5 节,终端惩罚调度子问题的算法仍采用第 10 章中介绍的分支定界算法。表 11-1 给出了仿真计算的结果,表中的结果为每种情形下 20 个算例的平均值。

调度结果与下界偏离的百分比越大,表明调度性能越差。由表 11-1 可以看出,由于 ρ 值增大时,工件之间的耦合关系越来越弱,作为在线调度的 FIFO 和 TRSP 的性能越来越好。当 ρ 值较小时,FIFO 调度结果的性能很差,但经过 TRSP 的滚动改善,最终得到的调度结果并不会与很差的虚拟初始调度有一致性,也就是说,虚拟初始调度的性能越差则 TRSP 产生的改善越大,而当虚拟初始调度性能较好时,TRSP 的改善量也相对变小,计算结果验证了定理 11-4 的结论。

表 11-1　FIFO 和 TRSP(不同预测时域)调度相对下界的平均百分比

ρ	50 工件问题			250 工件问题		
	FIFO	TRSP (LY)	TRSP (SY)	FIFO	TRSP (LY)	TRSP (SY)
0.20	38.1	1.13	1.34	43.7	5.62	5.40
0.40	36.5	2.66	2.67	36.4	4.09	3.82
0.60	22.6	4.58	4.61	25.8	3.73	3.58
0.80	16.9	5.17	5.25	17.8	4.82	4.72
1.00	6.23	3.24	3.33	12.7	6.07	6.07
1.25	3.75	2.49	2.53	1.81	1.12	1.13
1.50	3.34	1.83	1.92	1.28	0.89	0.90
1.75	1.24	0.42	0.53	0.76	0.51	0.52
2.00	0.48	0.36	0.39	0.38	0.26	0.26
3.00	0.22	0.16	0.18	0.07	0.04	0.04

由表 11-1 可以看出,预测时域长度对调度结果的影响并不明显。在 50 工件算例中,增大一倍预测时域只对 TRSP 的调度结果有少许改善,而在 250 工件算例中,增大的预测时域并没有改善调度结果。

TRSP 与 RHP 方法的比较实验也是针对 50 工件和 250 工件两种规模的算例,每组测试 200 个算例,共 400 算例。TRSP 的滚动参数 (κ,μ) 仍取 $(17,2)$,RHP 方法的滚动参数 (x,y,z) 取 $(12,5,2)$,为了保证绝大多数情况下 TRSP 的局部调度子问题中工件数目为 17,从而使二者具有可比性,须令预测时域长度参数 TT $=800$。 对同一算例分别用 TRSP 和 RHP 方法求解：如果 TRSP 的性能好于 RHP 方法,则相对比较值用 $(RHP-TRSP)/TRSP$ 计算;如果 RHP 方法的性能好于 TRSP,则相对比较值用 $(TRSP-RHP)/RHP$ 计算。计算结果见表 11-2 和表 11-3,表中"数目"是 20 个算例中出现该情形的算例数目,"平均"和"最大"是 20 个算例中该情形的统计平均值和最大值。计算结果表明,在两种规模的算例中,TRSP 一致地好于 RHP 方法,且在 ρ 值小于 1.25 时,TRSP 几乎在所有算例中相对 RHP 方法有明显的改善,这正是工件到达较快,RHP 方法表现不佳的情形,这说明 TRSP 的确对 RHP 方法表现较差算例的调度解有显著改善,这与理论分析结果导出的结论是一致的。

表 11-2 TRSP 与 RHP 方法的对比:50 工件问题

到达频率 ρ	TRSP 好于 RHP 方法的情形			RHP 方法好于 TRSP 的情形		
	数目	平均 /%	最大 /%	数目	平均 /%	最大 /%
0.20	20	1.985	3.612	0	0	0
0.40	20	1.320	1.234	0	0	0
0.60	19	0.318	0.892	0	0	0
0.80	20	0.154	0.241	0	0	0
1.00	20	0.119	0.187	0	0	0
1.25	18	0.110	0.227	0	0	0
1.50	19	0.029	0.283	0	0	0
1.75	0	0	0	0	0	0
2.00	0	0	0	0	0	0
3.00	0	0	0	0	0	0

表 11-3 TRSP 与 RHP 方法的对比:250 工件问题

到达频率 ρ	TRSP 好于 RHP 方法的情形			RHP 方法好于 TRSP 的情形		
	数目	平均 /%	最大 /%	数目	平均 /%	最大 /%
0.20	20	0.834	1.278	0	0	0
0.40	20	0.653	1.361	0	0	0
0.60	20	0.441	0.812	0	0	0
0.80	20	0.369	0.765	0	0	0
1.00	20	0.224	0.583	0	0	0
1.25	18	0.025	0.066	1	0.006	0.006
1.50	18	0.008	0.027	1	0.003	0.003
1.75	19	0.007	0.024	0	0	0
2.00	17	0.005	0.018	0	0	0
3.00	14	0.001	0.002	0	0	0

　　由于 RHP 方法在 ρ 值较大的算例中表现较好,TRSP 对 RHP 方法没有明显的改善,但 TRSP 在绝大多数算例中并不差于 RHP 方法,说明 TRSP 除了在 ρ 值较小、工件到达较快的算例中表现出优势,在其他算例中也没有表现出劣势。在 250 工件的大规模算例中,TRSP 在更多的算例中优于 RHP 方法,改善值更趋稳定,说明 TRSP 对大规模算例表现出更大面积的改善,这与滚动调度策略处理大规模算例的有效性相一致。

　　从调度的绝对效果来说,RHP 方法和 TRSP 都是在 ρ 值较大的算例中表现较好,这时二者不相上下,而在 ρ 值较小的算例中,RHP 方法和 TRSP 表现较差,但二者相对比较,TRSP 更有优势。

11.7　本章小结

　　本章阐述全局信息不全的情况下的动态单机滚动调度。通过构建初始虚拟调度为滚动调度的性能分析提供了参照,从而得出了终端惩罚子问题下的滚动调度可以随调度时刻的推进对全局性能不断改善的结论。仿真计算结果也验证了理论分析的结论。

第 12 章　随机机器故障下的单机重调度

原始调度方案在车间实际执行时可能会遇到不可预见的动态扰动,如机器故障等,这些扰动将使实际执行的调度方案偏离原始调度。扰动出现后,对于未执行调度的工件进行重调度是一种重要的反应模式调度[218-219]。

本章阐述遭遇随机机器故障的动态扰动下的重调度方法,其主要在单机调度环境中应用。本章内容为笔者的研究成果。

12.1　问题描述

这里给出一种跟第 10 章和第 11 章不一样的单机调度问题。已知 n 个工件中的每一工件 i 的到达时间为 r_i,加工时间为 p_i,如果每个工件的加工后尾时间为 q_i,目标函数是 makespan(即最后一个工件的加工完成时间),那么对于一个调度方案 X,其最大完工时间性能指标为

$$M(X) = \max_{i \in X}(b_i + p_i + q_i) \tag{12-1}$$

其中,b_i 是调度 X 中工件 i 的起始加工时间。这一问题可以表示为 $1 \mid r_i \mid C_{\max}$,这是一个 NP-hard 问题[228]。

12.2　兼具效率和稳定性的重调度模型

对上述单机调度问题的一个原始调度 X^0,如果在执行中发生机器故障,则系统需要对未执行调度的工件进行重调度。此时,可以通过修正工件的到达时间体现故障时机器不能加工的情形,假设机器经过修理重新开始工作的时间为 u,则未执行工件 i 的到达时间修正为

$$r_i' = \max(u, r_i) \tag{12-2}$$

如果生成原始调度时没有考虑执行中可能发生的动态扰动,那么重调度问题需要处理两个可能互相冲突的目标:①保持调度的效率(efficiency),即保持调度的性能尽量不变差;②保持调度的稳定性(stability),即使调度方案改变造成的影响最小化。

　　调度的效率目标按式(12-1)定义。对工件到达时间修正后的未执行工件的重调度问题,调度方案的改变包括工件加工次序的改变和工件起始加工时间的改变。调度的稳定性用重调度 X 对原始调度 X^0 的偏离来度量,即按式(9-1)定义为

$$D(X) = \sum_{i \in X} | b_i - b_i^0 | \tag{12-3}$$

　　兼具效率和稳定性的重调度问题是一个双目标优化问题,可以通过加权和转化为单目标的重调度问题,令重调度的总目标函数为

$$\min_S \quad J(X) = w_D D(X) + w_M M(X) \tag{12-4}$$

其中, w_D 是目标函数中稳定性度量 $D(X)$ 的权值; w_M 是效率目标 $M(X)$ 的权值,权值的大小反映总目标函数中对效率和稳定性的不同侧重。显然,在权值确定后,如果此目标函数得到的最优调度为 X^* ,则 $(D(X^*), M(X^*))$ 是双目标优化问题的一个有效解。权值变化时,可以得到其他有效解。Wu 等[215]指出,这一重调度问题同样是 NP-hard 的。

　　完全重调度、部分重调度和右移重调度是重调度程度由强到弱的三种反应式策略。其中,右移重调度是一种最简单直接的反应式重调度策略,其计算量小、应用广泛。在扰动发生后的未执行工件集合的右移重调度解 X^R 中,工件的起始加工时间由如下方式确定。

$$b_1^R = \max(u, r_1') \tag{12-5}$$

$$b_j^R = \max(b_j, r_j', b_{j-1}^R + p_{j-1}) \tag{12-6}$$

其中, b_j^R 表示 X^R 中工件 j 的起始加工时间。显然,对一定的原始调度,第一个未执行工件的起始加工时间 b_1^R 相对原始调度中 b_1^0 偏离越大,右移重调度解的稳定性目标值 $D(X^R)$ 也就越大,所以机器故障持续时间的大小直接影响右移重调度的稳定性目标。为了区别不同故障持续时间后的右移重调度解,这里给出如下定义。

　　定义 12-1　对一个单机的原始调度 X^0 ,如果其第一个工件的起始加工时间在右移重调度策略下被右移 Δt ,由此得到的重调度解 X^R 称为 X^0 的 Δt-RSR 解[221]。

　　在重调度方案中,右移重调度的工件次序的变化量最小,但其只是被动地利用原始调度中的空闲时间吸收故障扰动对调度方案的影响,没有对目标函数做任何优化,更难以对重调度的双目标进行有效优化。但由于右移重调度的计算代价很小,故可以把右移重调度作为一个研究重调度质量和计算代价关系的比较平台。

12.3　一次机器故障下的部分重调度

部分重调度是完全重调度和右移重调度的一种折中,相比完全重调度有选择的灵活性,部分重调度可以通过选择适当数目的重调度工件集合在计算量和调度性能之间进行折中。相比右移重调度,部分重调度可以对目标函数进行优化。本节讨论在机器依次故障下部分单机重调度方法。通过设计部分重调度子问题的目标函数,可以实现兼具效率和稳定性的最终执行调度。

12.3.1　部分重调度子问题的目标函数

如果全体工件集由 N 表示,当扰动发生时,已执行工件集可表示为 $\underset{\sim}{N}$,该工件集的调度为 $X(\underset{\sim}{N})$。设扰动的持续时间为 D,扰动发生后重新工作的时刻为 u,用 u 更新未调度工件集 N' 内所有工件的到达时间后,选择部分工件组成部分重调度的工件集 N_p。N_p 的选择遵循未执行工件在原始调度中的顺序,可以按时域选择,也可以按工件数目选择,可以选择固定数目的工件,也可以按全局工件数目的一定比例选取。在 N' 中除掉 N_p 外的没有进入部分重调度的后续未调度工件集表示为 $\tilde{N}$,则有 $N'=N_p \cup \tilde{N}, N=\underset{\sim}{N} \cup N'$。工件集 $\tilde{N}$ 中的工件数目由 $|\tilde{N}|$ 表示。

定义 12-2　扰动发生后进行部分重调度时在原始调度中的一定时域内所选择的拟按一定目标函数进行重调度的工件集合 N_p 称为 PR 时域(PR horizon),PR 时域的大小称为 PR 时域长度,以 N_p 中的工件数目 γ 表示。

可以设计部分重调度的目标函数,使其部分折射全局目标函数,从而在部分重调度中兼顾全局目标的优化。对故障发生前的原始调度 X^0,在故障发生后,如果将 PR 时域 N_p 作为重调度的匹配时间,以 N_p 在原始调度 X^0 中的完成时间 C_p^0 作为匹配点,则对部分重调度的双目标可以在 PR 时域内的稳定性目标之外增加一个目标,使匹配点处的拖延量最小。

部分重调度的全局重调度结果 X^P 是由 PR 时域内的完全重调度解 $X^P(N_p)$ 和时域后的右移重调度解 $X^R(\tilde{N})$ 组成的,其中,工件 i 在 X^P 中的起始加工时间可表示为 b_i^P,$X^P(N_p)$ 的完成时间可表示为 C_p^P。如果 PR 时域中的重调度 $X^P(N_p)$ 不能无拖延匹配原始调度,则拖延量为 $\Delta C_p^P = C_p^P - C_p^0$。

如果 PR 时域处于原始调度的过程中,则可设计如下的部分重调度目标函数。

$$\min_{X(N_p)} J_p = \left\{ w_D \sum_{i \in N_p} \mid b_i - b_i^0 \mid + w_D \mid \widetilde{N} \mid [C_p - C_p^0] \right\}, \quad \mid \widetilde{N} \mid > 0$$

$$(12\text{-}7)$$

式(12-7)是 PR 时域处于原始调度过程中的部分重调度目标函数,其中第二项将混合重调度拖延量作为一个目标,可以尽量减少调度中的空闲时间,从而尽量减小对后续工件的推迟,这样实际上间接考虑了全局的效率目标。由于时域越靠前,拖延量有可能造成越多后续工件的拖延,所以使用不同权值强调不同位置时域中混合重调度的拖延量是合理的,以后续工件集 $\widetilde{N}$ 的工件数目作为权值可以强调混合重调度的拖延量。第二项同时也是对 $X(\widetilde{N})$ 调度偏离量做了一个最坏估计,如果 $X^0(\widetilde{N})$ 中没有任何空闲时间,则第二项就是 $X^P(\widetilde{N})$ 的调度偏离量,这样在部分重调度中折射了全局的后续部分稳定性目标。

如果 PR 时域位于原始调度末端时的部分重调度,那么此时已经没有后续工件,系统将不再要求在时域内匹配原调度,而是将 PR 时域内的最大完工时间作为第二个目标,这时部分重调度的目标函数如下所示。

$$\min_{X(N_p)} J_p = \left\{ w_D \sum_{i \in N_p} \mid b_i - b_i^0 \mid + w_M M(X(N_p)) \right\}, \quad \mid \widetilde{N} \mid = 0 \quad (12\text{-}8)$$

12.3.2　部分重调度算法

双目标下的部分重调度(Partial Rescheduling with Dual Objectives,PR/DO)的算法步骤如下[218]。

步骤 1　在不考虑动态扰动的情况下对所产生算例最小化式(12-1)目标的原始调度 X^0。

步骤 2　执行原始调度 X^0 直到产生机器故障,已执行部分调度记为 $X(\underset{\sim}{N})$。

步骤 3　预计故障修理的持续时间为 D,计算故障后机器重新工作的时间 $u = C(\underset{\sim}{N}) + D$,按式(12-2)修正故障时未执行调度的工件集 N' 中工件的到达时间。

步骤 4　选原始调度中的未执行部分 $X^0(N')$ 中的前 k 个工件组成 PR 时域 N_p,记 $X^0(N_p)$ 的完成时间为 C_p^0,计算 PR 时域后工件数目 $\mid \widetilde{N} \mid = n - (\mid \underset{\sim}{N} \mid + k)$。

步骤 5　如果 $\mid \widetilde{N} \mid > 0$,则按式(12-7)局部重调度 N_p 中工件,所得解 $X^P(N_p)$ 的完成时间记为 C_p^P,拖延量 $\Delta C_p^P = C_p^P - C_p^0$,后续工件集 $\widetilde{N}$ 的重调度 $X^R(\widetilde{N})$ 为部分原始调度 $X^0(\widetilde{N})$ 的 ΔC_p^R-RSR 解,该时刻的全局双目标下

的剖分重调度结果为 $X^P = X^0(\underset{\sim}{N}) + X^P(N_p) + X^R(\widetilde{N})$；否则如果 $|\widetilde{N}| = 0$，按式(12-8)对 N_p 中工件进行部分重调度，得重调度解为 $X^P(N_p)$，该时刻的全局双目标下的部分重调度结果为 $X^P = X^0(\underset{\sim}{N}) + X^P(N_p)$。

步骤 6　计算全局重调度的性能 $M(X^P)$ 和相对原始调度的偏离量 $D(X^P)$，对所给权值 w_D、w_M 计算全局重调度的目标函数 $J(X^P)$。

对兼具效率和稳定的双目标单机重调度问题，给出基于完全成对交换的邻域搜索算法步骤如下。

步骤 1　用 Schrage 算法[123]对故障后 PR 时域 N_p 内 k 个到达时间修正后的工件计算，得到邻域搜索的原始解 $X^S(N_p)$，按式(12-7)或式(12-8)计算 J_p^S。

步骤 2　令 $X^P(N_p) = X^S(N_p)$，$J_p^P = J_p^S$，其中，工件用其序号 i 表示，并以如下伪代码的形式计算。

```
Do for (i = 1; i < k; i++)
    For (j = i+1; j < k+1; j++)
        在 X^P(N_p) 中交换工件 i 与 j 的位置得到调度 X^E(N_p)，如果 J_p^E < J_p^P，
        那么 X^P(N_p) = X^E(N_p)，J_p^P = J_p^E；
        End for
    End do
```

步骤 3　如果 $J_p^P < J_p^S$，则更新搜索原始解 $X^S(N_p) = X^P(N_p)$，转步骤 2；否则转步骤 4。

步骤 4　$X^P(N_p)$ 即为所求解，停止。

12.4　多次机器故障下的滚动部分重调度

对大规模的调度问题，由于加工执行时间长，在执行过程中很可能发生不止一次的动态扰动，在每次重调度时，由于未执行工件规模大且可能被多次重调度，故采用完全重调度既不可行也无必要，而如果采用右移重调度，则无法对重调度的双目标进行有效优化，因此采用部分重调度策略的滚动部分重调度是最佳选择。

为简化表达，不妨对两个目标函数施以同样权重，令全局重调度的总目标函数为

$$\min_{X} \quad J(X) = D(X) + M(X) \tag{12-9}$$

12.4.1　每次机器故障下的双目标部分重调度

每次机器故障发生前执行的上次重调度结果可称为本次重调度的原调度。

显然第一次机器故障发生前执行的原调度即为原始调度。将第 t 次扰动发生后按部分重调度策略在原调度的一定时域内以完全重调度的工件集合 N_{pt} 称为第 t 次重调度的 PR 时域,第 t 次扰动后在 PR 时域内进行的完全重调度称为滚动重调度的第 t 次局部重调度,由 PR 时域内的局部重调度和时域外的右移重调度组成的全局重调度称为第 t 阶段的全局重调度。

当第 t 个扰动发生时,已执行调度工件集表示为 N_t,该工件集的调度表示为 $X(N_t)$,未执行调度的工件集合表示为 N'_t。设扰动的持续时间为 D_t,机器故障发生后重新工作的时刻是 u_t,则更新 N'_t 内的任一工件 i 的到达时间后,选择部分工件组成局部重调度工件集 N_{pt}。N_{pt} 的选择应按未执行工件在该时刻原调度中的顺序,可以按时域选择,也可以按工件数目选择;可以选择固定数目的工件,也可以按全局工件数目的一定比例选取。在 N'_t 中除掉 N_{pt} 外的没有进入局部重调度的后续未调度工件的集合表示为 $\widetilde{N}_t$,则 $N'_t = N_{pt} \bigcup \widetilde{N}_t$,$N = N_t \bigcup N'_t$。工件集 $\widetilde{N}_t$ 中的工件数目用 $|\widetilde{N}_t|$ 表示。

在第一个故障发生前,执行原始调度 X^0,所以第一个故障扰动的原调度 $X(0) = X^0$,故障发生后的重调度表示为 $X(1)$。一般地,第 t 次重调度的原调度是第 $t-1$ 次重调度的结果 $X(t-1)$,其中,工件 i 的起始加工时间表示为 $b_i(t-1)$,该次故障发生后,选择的 PR 时域 N_{pt} 在原调度 $X(t-1)$ 中的部分调度 $X(N_{pt})$ 的完成时间表示为 $C_p(t-1)$,PR 时域 N_{pt} 的局部重调度解 $X^P(N_{pt})$ 的完成时间表示为 $C_p^P(t)$。如果 PR 时域中 $X^P(N_{pt})$ 不能无拖延匹配原调度,则拖延量为 $\Delta C_p^P(t) = C_p^P(t) - C_p(t-1)$。第 t 次全局重调度 $X(t)$ 是由 $X^P(N_{pt})$ 和 $\widetilde{N}_t$ 的 $\Delta C_p^P(t)$ -RSR 解 $X^P(\widetilde{N}_t)$ 组成的,其中,工件 i 在 $X(t)$ 中的起始加工时间表示为 $b_i(t)$。

按 PR 时域处于原调度的过程中和末端的不同情形确定第 t 次故障时的重调度问题,表示如下。

$$\min_{X(N_{pt})} J_t = \left\{ \sum_{i \in N_{pt}} |b_i(t) - b_i(t-1)| + |\widetilde{N}_t| [C_p(t) - C_p(t-1)] \right\}$$
(12-10)

$$\min_{X(N_{pt})} J_t = \left\{ \sum_{i \in N_{pt}} |b_i(t) - b_i(t-1)| + M(X(t)) \right\}$$
(12-11)

在过程中的局部重调度式(12-10)将混合重调度拖延量作为一个目标,可以尽量减少重调度中的空闲时间,从而减小对后续工件的推迟。由于越靠前时域的拖延有可能造成越多后续工件的拖延,故对不同位置 PR 时域中混合重调度拖延量的最小化,以后续工件集 $\widetilde{N}_t$ 的工件数目为权值进行强调是合理的,此权值随着 PR 时域滚动而变化,当 N_{pt} 的位置越来越靠后时,这一权值将越来越小。式(12-11)是当时域位于原调度末端时的局部重调度,此时已经没有后续工件,不再要求在时域内匹配原调度,而将阶段最大完工时间性能作为第二个目标。

12.4.2 多次机器故障下的滚动部分重调度

当多次机器故障发生时,故障事件滚动地驱动进行双目标下的部分重调度,下面是发生 l 次机器故障时的滚动双目标下的部分重调度算法步骤[221]。

步骤 1 在不考虑动态扰动的情况下求解原始调度 X^0,记为 $X(0)$,令 $t=1$。

步骤 2 执行原调度 $X(t-1)$ 中的工件集 $\underset{\sim}{N}_t$ 的调度 $X(\underset{\sim}{N}_t)$ 直到产生第 t 次机器故障,记 $X(\underset{\sim}{N}_t)$ 的完成时间为 $C(\underset{\sim}{N}_t)$。

步骤 3 记故障修理的持续时间为 D_t,计算第 t 次故障后机器重新工作的时间 $u_t=C(\underset{\sim}{N}_t)+D_t$,对故障时未执行调度的工件集 N'_t 中工件的到达时间按式(12-2)进行修正。

步骤 4 选取未执行调度工件集 N'_t 的原调度 $X(N'_t)$ 中的前 k_t 个工件组成工件集 N_{pt},原调度 $X(N_{pt})$ 的完成时间记为 $C_p(t-1)$,计算 $|\tilde{N}_t|=n-(|\underset{\sim}{N}_t|+k_t)$。

步骤 5 如果 $t \neq l$ 且 $|\tilde{N}_t|>0$,则对 N_{pt} 中工件按式(12-8)进行局部重调度,所得局部解 $X^P(N_{pt})$ 的完成时间记为 $C_p^P(t)$,$\Delta C_p^P(t)=C_p^P(t)-C_p(t-1)$,后续工件集 $\tilde{N}_t$ 的重调度 $X^P(\tilde{N}_t)$ 为原调度的 $\Delta C_p^P(t)$-RSR 解,该时刻的全局阶段重调度结果 $X(t)=X(\underset{\sim}{N}_t)+X^P(N_{pt})+X^R(\tilde{N}_t)$ 为下一时刻的原调度;否则若 $|\tilde{N}_t|=0$,对 N_{pt} 中工件按式(12-11)进行局部重调度,得重调度解为 $X^P(N_{pt})$,该时刻的全局重调度结果 $X(t)=X(\underset{\sim}{N}_t)+X^P(N_{pt})$ 为下一时刻的原调度。令 $t=t+1$,当 $t \leq l$,转步骤3,否则转步骤 6。

步骤 6 最终的重调度结果 $X=X(l)$,计算全局重调度的性能 $M(X)$ 和相对原始原调度 X^0 的偏离量 $D(X)$,得到全局重调度的目标函数 $J(X)$。

推论 12-1 在滚动双目标下的部分重调度算法中,$|\tilde{N}_t \| C_p^P(t)-C_p(t-1)| \geqslant \sum_{i \in \tilde{N}_t} |b_i(t)-b_i(t-1)|$ 成立[221]。

证明 上式左端实际上是对后续工件集 $\tilde{N}_t$ 中调度偏离量的一种最坏估计,假设原调度的后续工件集 $\tilde{N}_t$ 中没有任何空闲时间,则 PR 时域的混合重调度拖延量 $\Delta C_p^P(t)$ 会造成 $\tilde{N}_t$ 中所有工件的起始加工时间相对原调度拖延 $\Delta C_p^P(t)$,这是使 $\tilde{N}_t$ 中工件偏离量之和最大的情形,当原调度中后续工件集合

$\widetilde{N}_t$ 中有空闲时间时,必定会由于空闲时间的吸收而使某些工件偏离原调度更小,所以实际调度中 $|\widetilde{N}_t\|C_p^P(t)-C_p(t-1)|\geqslant\sum\limits_{i\in\widetilde{N}_t}|b_i(t)-b_i(t-1)|$。　□

定理 12-1　在 l 次机器故障下,对于由滚动双目标下的部分重调度算法得到的全局重调度 X,有

$$J(X)=D(X)+M(X)\leqslant\sum_{t=1}^{l}J_t$$

即历次局部重调度目标函数之和是全局重调度目标函数的上界[221]。

证明　由上述滚动双目标下的部分重调度算法可知,当经历 l 次机器故障时,最终全局重调度结果 X 经历了 l 次阶段全局重调度 $X(1),X(2),\cdots,X(l)$,则 X 对原始调度 X^0 的偏离也经历了 l 次阶段偏离的累积,所以

$$D(X)=\sum_{i\in N}|b_i-b_i^0|=\sum_{i\in N}|b_i(l)-b_i(0)|$$

$$=\sum_{i\in N}|b_i(l)-b_i(l-1)+b_i(l-1)-b_i(l-2)+b_i(l-2)-\cdots+b_i(1)-b_i(0)|$$

$$\leqslant\sum_{i\in N}\{|b_i(l)-b_i(l-1)|+|b_i(l-1)-b_i(l-2)|+\cdots+|b_i(1)-b_i(0)|\}$$

$$=\sum_{i\in N}\sum_{t=1}^{l}|b_i(t)-b_i(t-1)|$$

$$=\sum_{t=1}^{l}\sum_{i\in N}|b_i(t)-b_i(t-1)|$$

$$=\sum_{t=1}^{l}\Big\{\sum_{i\in N_t}|b_i(t)-b_i(t-1)|+\sum_{i\in N_{\mathrm{pt}}}|b_i(t)-b_i(t-1)|+\sum_{i\in\widetilde{N}_t}|b_i(t)-b_i(t-1)|\Big\}$$

$$\leqslant\sum_{t=1}^{l}\Big\{\sum_{i\in N_{\mathrm{pt}}}|b_i(t)-b_i(t-1)|+|\widetilde{N}_t\|\Delta C_p^P(t)|\Big\}$$

所以

$$J(X)=D(X)+M(X)\leqslant\sum_{t=1}^{l}\Big\{\sum_{i\in N_{\mathrm{pt}}}|b_i(t)-b_i(t-1)|+|\widetilde{N}_t\|\Delta C_p^P(t)|\Big\}+M(X)$$

$$= \sum_{t=1}^{l-1} \left\{ \sum_{i \in N_{pt}} | b_i(t) - b_i(t-1) | + | \widetilde{N}_t \| \Delta_p^P C(t) | \right\} +$$

$$\left\{ \sum_{i \in N_{pl}} | b_i(l) - b_i(l-1) | + M(X) \right\}$$

$$= \sum_{t=1}^{l} J_t \qquad\qquad\qquad \square$$

定理 12-1 的结论说明历次的局部重调度目标函数是全局重调度目标函数的一部分,每次扰动发生后的局部重调度实际上同时也在优化全局目标函数,全局重调度目标函数的实现体现在历次局部重调度中,历次局部重调度目标函数的和是实现的全局目标函数的上界。

定理 12-2 对某一扰动,只要原调度中的未执行部分存在足够的空闲时间,重调度就可得到原调度的无拖延匹配解。

由定理 12-1 的证明过程可以看出,局部目标之和与全局目标之间的不等号发生在阶段目标的叠加以及对后续工件偏离量的估计两处,结合定理 12-2 容易证明,在下列两种极端情形下,两处可以使等号成立,全局重调度的目标函数可以达到这一上界,这时在历次扰动发生时如果求得局部重调度的最优解,则可以得到全局重调度的最优解。

推论 12-2 如果原始原调度中有足够的空闲时间,滚动双目标下的部分重调度可使历次发生扰动时 PR 时域内的重调度无拖延地匹配原调度,则全局重调度的目标函数等于历次局部重调度目标函数之和。

推论 12-3 如果扰动发生之后的未执行原调度中没有任何空闲时间且双目标下的部分重调度后所有工件都拖后,则全局重调度的目标函数等于历次局部重调度目标函数之和。

将事件驱动的滚动双目标下的部分重调度与滚动右移重调度相比,可以得到如下推论。

推论 12-4 滚动右移重调度的历次局部重调度目标函数之和大于滚动双目标下的部分重调度的历次局部重调度目标函数之和。

证明 对 N'_t 中工件采用 D_t-RSR 策略,相当于对 N_t 中工件采用 D_t-RSR 策略,如果在 N_{pt} 中不能无拖延匹配原调度,设拖延量为 $\Delta C_p^R(t)$,对 $\widetilde{N}_t$ 中工件再用 $\Delta C_p^R(t)$-RSR 策略,所以右移重调度方案也是上述双目标下的部分重调度中的一个可行解,显然有其局部重调度的目标函数 $J_t^R = \sum_{i \in N_{pt}} | b_i^R(t) - b_i(t-1) | + | \widetilde{N}_t | \Delta C_p^R(t) | \geqslant J_t^P$。 $\square$

12.5　仿真计算与分析

本节对兼顾效率与稳定性双目标的部分重调度策略进行分析和验证。对工件数目为 n 的算例,工件的加工时间 p_i 在 $1 \sim 100$ 间均匀分布,因此期望的加工时间是 50.5,工件的到达时间 r_i 和尾时间 q_i 由 0 到 UL 间的均匀分布产生,UL$=50.5n\rho$。执行调度过程中仅产生一次机器故障,故障持续时间是原始调度完成时间 5%～10%之间的一个随机数,当 PR 时域后的工件个数小于时域长度的 20% 时,令 PR 时域为所有未执行工件,PR 时域处于原始调度末端,对 PR 时域进行完全重调度。当故障产生在原始调度的尾部时,由于参加重调度的工件数目太少,该次重调度将变得无关紧要,所以须假定故障不产生在最后 20 个工件中。在以下的仿真实验中,对效率和稳定两方面给予相同的权值,即令 $w_D = w_M = 1$。原始调度的产生采用 schrage 算法[118],所有方法用 C 语言编程,在 Windows XP 操作系统环境下采用 Visual C++ 6.0 编译,实验在硬件配置为 Pentium 4-M 1.80 GHz CPU 的计算机上进行。

表 12-1～表 12-3 是 200 工件算例双目标下的部分重调度与右移重调度双目标比较的仿真结果,工件到达频率 ρ 分别为 0.20、1.00 和 2.00,PR 时域长度分别取为 10,20,30 和 40 个工件。每组参数下是测试 20 个算例的统计百分值:"平均""最大"和"最小",计算公式为 (RSR－PR/DO)/PR/DO。在工件到达频率为 0.20 时,所生成的原始调度中几乎没有空闲时间,随工件到达频率的

表 12-1　200 工件问题双目标下的部分重调度与右移重调度双目标比较的百分值:$\rho = 0.20$

时域长度	$D(X)$ 的改善			$M(X)$ 的改善			$J(X)$ 的改善		
	平均	最大	最小	平均	最大	最小	平均	最大	最小
10	1.49	4.44	0.17	0	0	0	1.15	3.19	0.15
20	6.56	15.3	1.78	0	0	0	4.95	11.1	1.62
30	15.7	30.6	3.78	0	0	0	11.4	21.5	3.44
40	30.4	55.8	6.85	−1.12	0	−2.89	20.2	32.6	6.27

表 12-2　200 工件问题双目标下的部分重调度与右移重调度双目标比较的百分值:$\rho = 1.00$

时域长度	$D(X)$ 的改善			$M(X)$ 的改善			$J(X)$ 的改善		
	平均	最大	最小	平均	最大	最小	平均	最大	最小
10	2.52	7.40	0.57	−0.02	0.18	−0.68	1.36	3.50	0.48
20	11.0	23.8	2.85	−0.12	1.03	−1.31	5.70	10.4	2.22
30	23.2	55.6	5.22	0.32	3.36	−2.84	11.6	26.0	4.39
40	28.1	58.1	8.64	0.70	3.06	−1.43	14.6	24.9	7.23

表 12-3　200 工件问题双目标下的部分重调度与右移重调度双目标比较的百分值：$\rho = 2.00$

时域长度	$D(X)$ 的改善			$M(X)$ 的改善			$J(X)$ 的改善		
	平均	最大	最小	平均	最大	最小	平均	最大	最小
10	3.88	8.97	0	0.02	0.47	0	1.01	2.57	0
20	10.6	24.6	0	0.02	0.41	0	3.32	6.60	0
30	14.5	26.4	0	0.02	0.41	0	4.88	10.6	0
40	16.2	32.0	0.68	0.04	0.41	0	5.86	14.1	0.12

增大,原始调度中的空闲时间增多,所以用三种不同工件到达频率生成算例代表原始调度中空闲时间少、中、多三种情形,依此可以研究原始调度中空闲时间对求解质量和计算代价的影响。

由表 12-1、表 12-2、表 12-3 可以看出,双目标下的部分重调度相对右移重调度在保持调度的最大完工时间性能不变差或只有微小牺牲的前提下,显著改善了重调度的稳定性,随着 PR 时域长度的增大,双目标下的部分重调度对稳定性的改善也明显增大。到达频率为 1.00 的算例双目标下的部分重调度对右移重调度的改善量最大,这时原始调度中空闲时间居中,而原始调度中存在较多的空闲时间时双目标下的部分重调度对右移重调度的改善量相对较小。

12.6　本章小结

本章阐述了随机机器故障下的单机重调度。在故障前的初始调度生成中不考虑可能发生的机器故障,仅在机器故障实际发生后进行重调度,所以,机器故障扰动被看作不可预测的不确定性,须采用反应式的重调度进行处理。

本章阐述的部分重调度是介于右移重调度和完全重调度之间的类型,可以按照完全重调度考虑效率和稳定性两个目标,同时又可控制重调度子问题的规模,在计算代价和求解质量之间折中。

在有多次机器故障的情况下,采用滚动部分重调度可以被看作滚动时域方法在重调度中的应用,通过合理设计重调度子问题,也可以得到全局性能不断改善的效果。仿真实验结果验证了上述结论。

第 3 篇　　混合模式鲁棒机器调度

　　第 13 章为第 3 篇:混合模式鲁棒机器调度。由于研究的局限性, 笔者较少涉猎混合模式鲁棒机器调度的研究,但为了保障广义鲁棒机 器调度对不确定性处理的三种模式的完整性,笔者在第 13 章初步给 出了混合模式鲁棒机器调度的框架和概念。本篇内容以笔者的研究 成果为主。

第13章 混合模式鲁棒机器调度初步

由于实际制造系统中存在大量不同形式的不确定性,故机器调度问题往往变得十分复杂[229]。主动模式机器调度可以处理可预测的不确定性,反应模式机器调度可以处理不可预测的不确定性。当机器调度环境中同时存在可预测的和不可预测的不确定性时,单一的主动模式和反应模式就将难以处理,则可以采用预测反应式调度(predictive-reactive scheduling)[230-231],本书称为混合模式鲁棒调度[232-233]。

13.1 混合模式鲁棒机器调度框架

混合模式机器调度可被看作两阶段方法。第一阶段使用主动模式,首先生成基础调度,然后考虑可预测的不确定性,用基于冗余的方法生成预测调度;第二阶段使用反应模式,即在执行预测调度过程中发生不可预测的不确定性时采用一定的反应机制以吸收扰动带来的影响,最终执行调度方案得以实现调度[234]。

定义 13-1 在混合模式的鲁棒机器调度中,仅根据已知的调度信息,不考虑可能存在的不确定性,只按确定性问题的性能指标生成的调度为基础调度(baseline schedule)。

定义 13-2 在混合模式的鲁棒机器调度中,第一阶段考虑可预测的不确定性,用基于冗余的方法在基础调度中插入空闲时间生成的调度为预测调度(predictive schedule),预测调度的调度目标为优化预测调度的鲁棒度量。

定义 13-3 在混合模式的鲁棒机器调度中,第二阶段将预测调度投入到车间执行,遭遇不可预测的不确定性后启动反应机制对未执行的部分调度进行修正,最终得到的执行调度为实现调度(realized schedule)。实现调度的调度目标为兼顾优化,实现调度的效率目标和鲁棒度量。

混合模式调度的鲁棒性优化既可在第一阶段主动地进行,又可在第二阶段反应过程中被动地进行。图 13-1 展示了混合模式鲁棒调度的框架。

预测反应式调度(predictive-reactive scheduling)是一种典型的混合模式鲁

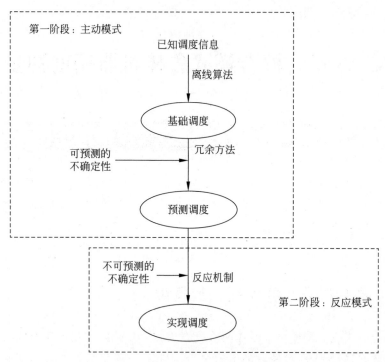

图 13-1　混合模式鲁棒调度框架

棒调度,在不同领域已有广泛应用[229-236]。本书以单机调度为背景阐述随机机器故障下预测调度的生成方法。

13.2　随机机器故障下的单机预测调度

单机调度问题 $1 \mid r_i \mid \sum \omega_i T_i$ 的描述为:考虑工件数目为 n 的工件集 $N = \{i \mid i = 1, 2, \cdots, n\}$ 由一台机器加工,对每个工件 $i(i \in N)$,相应的工件参数有工件加工时间 p_i、到达时间 r_i、交货期 d_i 和单位拖期费用 ω_i,这些参数都是已知且确定的。工件 i 的拖期定义为 $T_i = \max(C_i - d_i, 0)$,其中,C_i 是工件 i 的完成时间。该单机调度问题是寻求一个可行调度,使总加权拖期(total weighted tardiness,TWT) $\omega_i T_i$ 最小。确定性单机调度问题 $1 \mid r_i \mid \sum \omega_i T_i$ 是强 NP-hard 问题[237]。

Mehta 等[48]研究了随机机器故障下的单机调度问题,以最小化最大推迟完成时间 $L_{\max}$ 为目标函数设计了一种插入额外空闲时间的预测调度方法,实验表明根据该方法生成的预测调度在对调度性能指标 $L_{\max}$ 的影响较小的情况下可以显著地改善调度的稳定性。

在调度执行过程中,如果发生故障的概率较高,那么可以用预测调度方法生成预测调度 X_p。在生成预测调度时,可以期望效率指标 $E(\text{TWT})$ 和期望稳定性指标 $E(\text{TWCD})$ 为调度目标。将预测调度 X_p 释放到车间执行,当机器故障发生时,采用重调度对未执行的调度进行修正,当计划时域结束时,得以实现调度 X_r。

令 $C_i(X_r)$ 为工件 i 在实现调度 X_r 中的完成时间,则实现调度 X_r 的效率指标总加权拖期 TWT 可表示如下。

$$\text{TWT}(X_r) = \sum_{i=1}^{n} \omega_i T_i(X_r) \tag{13-1}$$

其中,$T_i(X_r) = \max(C_i(X_r) - d_i, 0)$,$d_i$ 为交货期。

实现调度的稳定性指标定义为实现调度 X_r 与预测调度 X_p 中各工件完成时间的总加权完成时间偏离之和(total weighted completion deviation, TWCD)[238],其可表示如下。

$$\text{TWCD}(X_r) = \sum_{i=1}^{n} \omega_i \mid C_i(X_r) - C_i(X_p) \mid \tag{13-2}$$

13.2.1　生成基础调度

Rachamadugu 等[238]提出的 ATC(apparent tardiness cost)启发式算法是一个复合调度规则,其常被用来求解 $1 \parallel \sum \omega_i T_i$ 问题,李巧云等[239]用 ATC算法生成基础调度[211]。

ATC 组合了 WSPT(weighted shortest processing time first rule)和 MS(minimum slack first)两个分派规则,能为单机加权拖期问题提供一个好的初始解。按照 ATC 的规则,每当机器空闲时,下一步就安排其加工具有最高优先权指标的工件。工件 i 的优先权指标定义为

$$\eta_i(t) = \frac{\omega_i}{p_i} \exp\left(-\frac{\max(d_i - p_i - t, 0)}{K \overline{p}}\right) \tag{13-3}$$

其中,$\eta_i(t)$ 是工件 i 在当前时刻 t 的优先权;$\overline{p}$ 是所有未调度工件的平均加工时间;K 是尺度参数,其作用是控制工件的优先权随其松弛的降低而增加的速度,并且当 $K = 3$ 时,ATC 规则可表现出好的性能。

13.2.2　生成预测调度

Mehta 等[52]提出在以下三个假设下可以生成预测调度方案:

(1)机器故障到达间隔、故障修复时间(即故障持续时间)由连续概率分布

刻画,并且在生成预测调度时,分布函数为已知。

(2)在定义替代度量时,假设使用右移重调度以保持工件顺序不变。

(3)不考虑提前量(earliness)费用带来的影响,假设提前量费用在预测调度方法中可以由一个合适的重调度策略被控制在有限的范围内。

Mehta 等[52] 为单机调度提出了一种预测调度生成方法,可定义工件 i 的一种预测性的代理度量(称为 M5)如下。

$$M5_i(X^p) = \max\{C_i(X^p) - C_i(X^0), 0\} \tag{13-4}$$

其中,X^0 是不考虑故障所生成的确定性基础调度;X^p 是与 X^0 工件排序相同但插入了空闲时间的预测调度。向基础调度插入空闲时间时以极小化工件的预测性代理度量之和 $\sum_i M5_i(S_p^p)$ 为目标,所得到的调度有较高的可预测性。

假设加工工件 i 时机器发生故障,期望的故障持续时间或故障修复时间 $E[BR_i]$ 可按照下式计算。

$$E[BR_i] = p_i \frac{R}{\gamma} \tag{13-5}$$

其中,p_i 是工件 i 的加工时间;$1/\gamma$ 是单位时间内故障发生的概率;R 是平均故障修复时间。

X^0 中每个工件的加工时间扩展 $E[BR_i]$ 个单位时间后成为 X^p,$E[BR_i]$ 即向调度 X^0 插入的空闲时间量,X^p 即生成的预测调度方案。

参考 Mehta 等[52] 的方法,李巧云等[239] 提出 OSMH(optimized surrogate measure heuristic)启发式算法[211] 步骤如下。

步骤 1　假设无故障发生,运用 ATC 规则以极小化性能指标 $\omega_i T_i$ 为目标生成基础调度 X^0,X^0 的工件序列为 $(X^0(1), X^0(2), \cdots, X^0(j), \cdots, X^0(n))$,其中 $X^0(j)$ 表示在序列 X^0 中位置为 i 的工件。

步骤 2　令 $C_0(X^p) = 0, i = 1$。

步骤 3　对每个工件 $X^0(i)$,按照式(13-5)计算 $E[BR_i]$,令 $C_i(X^p) = \max\{r_i, C_{i-1}(X^p)\} + E[BR_i] + p_i$。

步骤 4　如果 $i = n$,则算法停止;否则 $i = i + 1$,转步骤 3。

13.3　竞争工件到达时的混合模式流水车间调度

在制造车间已经生成预测调度的前提下,有竞争工件到达时需要将其插入已有调度方案进行加工,竞争工件到达是一种不可预测的不确定性,混合模式鲁棒调度的第二阶段启动反应机制可以针对已有预测调度的未执行部分进行反应调度。本节讨论有竞争工件到达情形下的混合模式流水车间调度。

13.3.1　问题描述

在此处讨论的具有新工件到达的置换流水车间调度问题中仅考虑只有一个新工件到达的情况。在调度初始时刻,可以确定生产系统内存在 n 个工件,其将要由 m 台机器加工,以最小化最大完工时间。在加工过程中,可能会有一个额外的新工件到达。这类新工件称为竞争工件,因为企业需要与其他企业竞争才有可能赢得该工件的加工,所以在调度初始时刻,决策者并不能确定最终是否能够赢得竞争工件。若在未来某个时刻企业赢得了竞争工件,则生产系统中将共有 $n+1$ 个工件需要处理。

假设在初始时刻 m 台机器都是可用的,并且各工件在每台机器上的加工时间均被确定为已知的。所有工件一旦开始加工就不允许被中断,所有工件之间没有优先级的限制。当不考虑生产过程中可能存在的动态干扰时,一般仅采用原始性能指标"最大完工时间"作为优化目标,但动态干扰一旦发生,处理竞争工件就需要对原来调度方案的修改,此时,除了将性能指标作为效率目标,还应该考虑调度方案的稳定性,以期获得一个兼顾效率与稳定性的调度方案。

混合模式鲁棒调度方法的两个阶段:①主动预测阶段,通过基于冗余的方法为置换流水车间调度问题生成预测调度,即确定插入空闲时间的方法以及计算插入的空闲时间量;②被动反应阶段,设计启动反应调度的机制,在新工件到达后启动反应调度,建立基于上述预测调度的反应调度方法。

13.3.2　主动预测阶段

针对具有竞争工件到达的置换流水车间调度问题,王晓明[232]提出了一种新的插入空闲时间的预测调度方法,其中,生成预测调度的方法与文献[52]的相同,根据已生成的基础调度 X^0,在不改变基础调度 X^0 中工件的加工顺序的前提下,根据工件信息和干扰特征插入适量的空闲时间可以吸收干扰对调度的影响。

13.3.2.1　空闲时间的计算方法

对生产系统内任意工件 i,$b_{i,j}$ 表示工件 i 在机器 j 上的起始加工时间,$p_{i,j}$ 表示工件 i 在机器 j 上的加工时间,$c_{i,j}$ 表示工件 i 在机器 j 上的完成加工时间。对竞争工件 n_N,ρ 表示企业赢得该竞争工件的概率(即竞争工件的到达概率),它可以由历史数据或者经验知识获得。假设竞争工件与原有工件的优先级相同(即竞争工件可以在到达后的任意时刻开始被加工)。

在生成预测调度过程中,各工件加工后都要插入适量的空闲时间。用

$\text{slack}_{i,j}$ 表示工件 i 在机器 j 加工完成后所需要插入的空闲时间,其计算方法如下。

$$\text{slack}_{i,j} = p_{i,j} \times \beta_{i,j} \times p_{n_N,j} \times \rho \tag{13-6}$$

其中, $p_{n_N,j}$ 表示竞争工件 n_N 在机器 j 上的加工时间。式(13-6)表明竞争工件的概率 ρ 越大,企业赢得 n_N 的可能性越大,因此插入的空闲时间也就越多;反之, ρ 越小,表示企业赢得 n_N 的可能性越小,插入的空闲时间也就越少。 $\beta_{i,j}$ 表示工件 i 在机器 j 上加工的过程中受到竞争工件到达影响的概率,可以按下式计算。

$$\beta_{i,j} = \frac{p_{i,j}}{\sum\limits_{i=1}^{n} p_{i,j}} \tag{13-7}$$

13.3.2.2　插入空闲时间的方法

在置换流水车间调度问题中,基础调度 X^0 中可能就存在一定的空闲时间,为了避免插入过多的空闲时间导致对基础调度方案产生较大的干扰,需分为以下两种情况讨论插入空闲时间的方法。

(1)在基础调度 X^0 中不存在空闲时间的情况。

如图 13-2 所示,在基础调度 X^0 中,若两个相邻工件之间无空闲时间,此时,要在两个工件之间插入空闲时间并更新工件 i 的完成时间,即

$$c_{i,j} = c_{i-1,j} + \text{slack}_{i-1,j} + p_{i,j}, \quad i = 2,3,\cdots,n; j = 1,2,\cdots,m \tag{13-8}$$

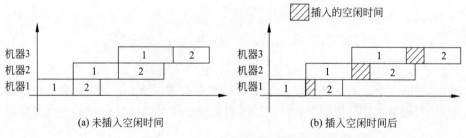

(a) 未插入空闲时间　　　　　　　　　　(b) 插入空闲时间后

图 13-2　插入空闲时间　情况(1)

(2)在基础调度 X^0 中存在空闲时间的情况。

如果基础调度 X^0 中存在一定的空闲时间,则应充分利用已有的空闲时间,避免插入过多的空闲时间。用 $I_{i,j}^0$ 表示基础调度 X^0 中机器 j 上相邻的工件 i 和工件 $i+1$ 之间存在的空闲时间。若 $I_{i,j}^0 < \text{slack}_{i,j}$,此时基础调度中的空闲时间将不足以吸收扰动带来的影响,因此需要插入空闲时间;若 $I_{i,j}^0 \geqslant \text{slack}_{i,j}$,则此时基础调度中的空闲时间足以吸收扰动带来的影响,因此就不需要插入空闲时间。

插入空闲时间后更新工件 i 的完工时间为

$$c_{i,j} = \begin{cases} c_{i-1,j} + \text{slack}_{i-1,j} + p_{i,j}, & i=2,3,\cdots,n\,;j=1 \\ \max(c_{i-1,j} + \text{slack}_{i-1,j},c_{i,j-1}) + p_{i,j}, & i=2,3,\cdots,n\,;j=2,3,\cdots,m \end{cases}$$

$$(13\text{-}9)$$

图 13-3 展示了一个例子,在机器 2 上工件 1 和工件 2 之间的空闲时间不足以吸收扰动的影响,即 $I_{1,2}^0 < \text{slack}_{1,2}$,此时就要在工件 1 和工件 2 之间插入空闲时间 $\text{slack}_{1,2}$;同时,在机器 3 上工件 1 和工件 2 之间的空闲时间却足以吸收扰动的影响,即 $I_{1,3}^0 \geqslant \text{slack}_{1,3}$,因此不需要插入额外的空闲时间。

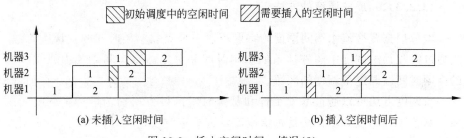

(a) 未插入空闲时间　　　　　　　　　(b) 插入空闲时间后

图 13-3　插入空闲时间　情况(2)

13.3.3　被动反应阶段

在置换流水车间调度问题下,将预测调度 X^p 放到车间执行,当企业赢得竞争工件时,实际的不确定事件发生,原来的预测信息都变成了确定已知的信息,此时需要解决的问题是:系统是否应对这种动态干扰被动反应。如果竞争工件 n_N 的到达对预测调度 X^p 的影响较小,那么就可以不进行反应调度;但如果竞争工件 n_N 的到达对预测调度 X^p 的影响较大,则需要对预测调度 X^p 进行修正,即需要对未执行预测调度的工件进行反应调度。

13.3.3.1　启动反应调度的规则

生产车间执行预测调度 X^p 的过程中,由于竞争工件的插入,如果需要进行反应调度,则需要设计启动反应调度的规则。

假设在 t 时刻企业赢得了竞争工件 n_N,由于竞争工件与车间内其他工件具有同等优先级,因此 n_N 可在 t 时刻之后的任意时刻进行加工。

对生产系统中的各台机器,如果在预测调度 X^p 中从 t 时刻开始到下个工件开始加工之间的空闲时间都大于或者等于竞争工件在该机器上的加工时间,那么应直接将竞争工件插入到当前位置继续执行预测调度,而不是启动反应调度。在这种情况下，预测调度 X^p 中有足够的空闲时间可以加工竞争工件，竞争工件的插入不会对后续工件的起始加工时间造成拖延，因而能够在保证调度性能指标的同时保持较好的调度稳定性。

在生产系统中的任意一台机器上，如果在预测调度 X^p 中从 t 时刻开始到下个工件开始加工之间的空闲时间小于竞争工件在该机器上的加工时间，那么就需要启动反应调度。在这种情况下，如果直接将竞争工件插入到当前位置，预测调度 X^p 中将没有足够的空闲时间加工竞争工件，竞争工件的插入会推迟后续工件的起始加工时间，从而影响调度的性能指标和稳定性。

13.3.3.2 反应调度的方法

本节根据置换流水车间调度的特点阐述一种吸收空闲时间的重调度方法。它通过吸收预测调度中额外插入的空闲时间和置换流水车间调度中原本存在的空闲时间以确定重调度的区域。

重调度方法可以通过基于工件和基于时间两种方式确定进行重调度的区域。基于工件的重调度方法是指给定需要进行重调度的工件的数目，从重调度开始时刻选择指定数目的工件进行重调度；而基于时间的重调度方法则是指给定一段时间区域，将这段时间区域内正在加工的工件重调度。这两种方法都是通过人为指定的方式确定重调度的区域，调度结果的好坏很大程度上依赖决策的优劣，即其指定的区域大小。

吸收空闲重调度方法本质上属于匹配重调度方法，但是它并不通过强制指定匹配点的方式确定匹配时间，而是通过吸收预测调度中的空闲时间以寻找匹配点。这样不仅能够更好地避免人为因素的影响，还能充分地利用预测调度的结果。

吸收空闲重调度方法的基本思路是：当企业赢得竞争工件时，首先要确定重调度的开始时刻，然后从该时刻开始不断地吸收预测调度中的空闲时间，直到某一时刻累积了足够的空闲时间，此时就确定了需要进行重调度的时间域，这段时间域称为重调度区。吸收空闲重调度方法就是确定重调度区，并且对重调度区内的工件进行完全重调度的过程。

下面详细阐述吸收空闲重调度方法，首先给出部分符号的含义。

t：赢得竞争工件 n_N 的时刻，n_N 可在 t 时刻之后的任意时刻加工。

t_r：重调度的开始时刻。

$I_{i,j}^p$：预测调度 X^p 中，在机器 j 上，相邻两个工件，工件 i 和工件 $i+1$ 之间的存在的空闲时间，即 $I_{i,j}^p = b_{i+1,j} - c_{i,j}$。

idle_j：在机器 j 上，重调度区内所累积的空闲时间，在 t_r 时刻，$\mathrm{idle}_j = 0$。

$p_{n_N,j}$：竞争工件 n_N 在机器 j 上的加工时间。

n_{PR}：最终重调度区的大小，即要进行被选择进行重调度的工件的数目。

$n_{\mathrm{PR}}(j)$：在机器 j 上，重调度区的大小。

1）确定重调度的开始时刻

对置换流水车间调度，假设所有工件都是沿着从机器 1 到机器 m 的顺序加工，则任意时刻被机器 1 加工过的工件数目最多，所以，竞争工件到达后，未加工工件的确定都可参照机器 1 进行。若 t 时刻，机器 1 正在加工工件 i_x，其中，x 表示该工件在调度中的位置。由于工件一旦开始加工便不允许被中断，因此重调度应从该正在被加工的工件加工完成的时刻开始，即 $t_r = c_{i_x,1}$，如图 13-4(a)所示。若 t 时刻机器 1 处于空闲状态（即没有工件被加工），那么重调度就将从 t 时刻开始，即 $t_r = t$，如图 13-4(b)所示。

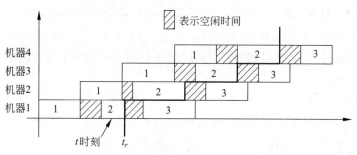

(a) t 时刻机器1正在加工工件

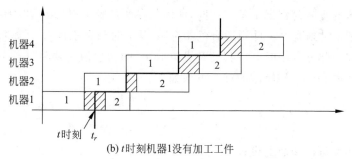

(b) t 时刻机器1没有加工工件

图 13-4　确定重调度开始时刻

2）确定重调度区

吸收空闲时间就是从重调度时刻 t_r 开始累积预测调度中的空闲时间。一旦所累积的空闲时间超过或者等于竞争工件在该机器上的加工时间，那么即可认为该机器已累积了足够的空闲时间。确定重调度区的关键在于确定从重调度时刻 t_r 开始，当累积到第几个工件时可以获取足够的空闲时间。如果剩余调度中全部的空闲时间积累起来仍然小于竞争工件在该机器上的加工时间，那么重调度区就包含了剩余全部工件，实际上也就是对剩余工件实行完全重调度。

下面根据竞争工件到达时机器分别处于加工状态和空闲状态两种情况展开讨论。

(1)机器处于加工状态。

此时机器正在加工某个工件,由于工件在加工过程中不允许被中断,因此该工件被加工结束后,系统开始累积预测调度中的空闲时间,当所累积的空闲时间超过或者等于在该机器上竞争工件的加工时间时,就确定了重调度区。

假设 t 时刻机器1正在加工工件 i_x,其中 x 表示工件在调度中的位置,则确定重调度区的具体步骤如下。

步骤1   令 $j=1$,$\mathrm{idle}_j=0$,$x_0=x$。

步骤2   计算 $\mathrm{idle}_j=\mathrm{idle}_j+I^p_{i_x,j}$。

步骤3   如果 $\mathrm{idle}_j \geqslant p_{n_N,j}$,记下最后一个累积的工件在调度中的位置 y,则 $n_{\mathrm{PR}}(j)=y-x_0$;否则($\mathrm{idle}_j<p_{n_N,j}$),令 $x=x+1$。 如果 $x<n$ 则转到步骤2继续累积空闲时间,如果 $x=n$,那么此时重调度区包含剩余全部工件,即 $n_{\mathrm{PR}}(j)=n-x_0$。

步骤4   如果 $j<m$,则令 $j=j+1$,转到步骤2;如果 $j=m$,那么选择各机器的最大的重调度区作为最终的重调度区的大小,即 $n_{\mathrm{PR}}=\max\limits_{1\leqslant j\leqslant m}\{n_{\mathrm{PR}}(j)\}$。

(2)机器处于空闲状态。

t 时刻,机器1没有加工工件,假设机器1即将要加工的工件为 i_b。 确定重调度区大小的步骤与情况1基本相同,区别是在对步骤1中 idle_j 初始值的设置不同。由于 t 时刻竞争工件到达时机器空闲,从 t 时刻到工件 i_b 开始加工时刻之间将存在一部分空闲时间,因此,在设置 idle_j 的初始值时要将这部分空闲时间也计算在内。idle_j 初始值的计算方法如下。

$$\mathrm{idle}_j=\begin{cases}b_{i_b,j}-t_r, & j=1 \\ b_{i_b,j}-b_{i_b-1,j}, & j=2,3,\cdots,m\end{cases} \tag{13-10}$$

3)重调度目标函数的设计

当把竞争工件插入预测调度中重调度时,要考虑不能过分地干扰预测调度的排序。因此,在重调度过程中,为了能尽量减少由于重调度而造成的计划方案变动,在优化原有性能指标的同时,还应该保持调度的稳定性,即减少重调度之后调度方案相对预测调度的偏离程度。本章仍然采取第12章中对部分重调度子问题目标函数的设计方法。

对置换流水车间调度问题,选取最小化最大完工时间作为重调度的效率目标,调度解 X 的效率目标由 $M(X)$ 表示,可以如下方式计算。

$$M(X)=\max\limits_{1\leqslant i\leqslant n}c_{i,m} \tag{13-11}$$

重调度完成之后,工件序列相对预测调度 X^p 存在偏移,因此,以重调度后 X 中所有工件的起始加工时间相对预测调度 X^p 的平均偏移量为稳定性指标,用 $D(X)$ 来表示,可以如下方式计算。

$$D(X) = \sum_{i=1}^{n} \sum_{j=1}^{m} |b_{i,j} - b_{i,j}^{p}| \tag{13-12}$$

其中, $b_{i,j}^{p}$ 表示在预测调度 X^p 中工件 i 在机器 j 上的起始时间。

流水车间调度的重调度应同时考虑效率和稳定性两个目标,对两个目标给予相同的权重,可将此双目标优化问题转化为如下单目标优化问题,即

$$\min J(X) = M(X) + D(X) \tag{13-13}$$

重调度子问题的目标函数既要保持重调度目标与全局目标的一致性,同时又要考虑重调度对后续工件的影响。

重调度的局部目标函数设计如下。

$$\min J(X_{PR}) = \sum_{j=1}^{m} \sum_{i \in X_{PR}} |b_{i,j} - b_{i,j}^{p}| + \sum_{j=1}^{m} n_{un} \Delta C_{pj} \tag{13-14}$$

$$\Delta C_{pj} = \max\{\max_{i \in S_{PR}} c_{i,j} - \max_{i \in S_{PR}} c_{i,j}^{p}, 0\} \tag{13-15}$$

其中, $c_{i,j}^{p}$ 表示在预测调度 X^p 中工件 i 在机器 j 上的完工时间; n_{un} 表示重调度之后后续的未执行的工件数目。

4)吸收空闲重调度方法的具体步骤

步骤 1　将预测调度 X^p 释放到车间中执行,直到竞争工件到达。在竞争工件到达时则通过吸收预测调度 X^p 中的空闲时间和系统中已存在的空闲时间以确定重调度区。

步骤 2　竞争工件 n_N 与预测调度中重调度区内的工件共同构成一个新的局部调度子问题,以 X_{PR} 表示这个局部调度子问题,采用混合差分进化算法对 X_{PR} 进行完全重调度。

步骤 3　将新的局部调度整合到原调度中。如果重调度区之后还有未加工的工件,那么就对重调度区的后续工件进行简单的右移重调度,最终得到实际调度 X^r。

13.4　仿真实验与结果分析

本节通过实验测试混合模式鲁棒调度方法的有效性。所有仿真程序均采用 C 语言开发。仿真实验硬件环境为:Pentium 4-R 2.93 GHz CPU/512 M RAM;软件环境为:Windows XP 操作系统,Visual C++ 6.0 编译工具。

测试算例各工件的加工时间服从区间 $[1,10]$ 上的均匀分布。假设在调度执

行过程中仅有一个竞争工件 n_N 到达,竞争工件的加工时间 p_{n_Nj} 服从区间$[1,10]$上的均匀分布,竞争工件的到达概率 ρ 的取值分别为 $0.1,0.2,0.3,0.4,0.5,0.6$, $0.7,0.8,0.9$。到达概率 ρ 的取值大小表明企业获得竞争工件的可能性大小。

基础调度由混合差分进化算法求解产生。混合差分进化算法参数的设置为:种群规模 popsize$=2\times N_p$,其中 N_p 表示参与调度的工件的数目;迭代代数 $t_{max}=100$;交叉概率参数 CR $\in[0,1]$;比例因子 $F\in(0,2)$。

假设在调度实际执行过程中企业最终赢得竞争工件的事件发生,分别将主动模式和反应模式实现的调度方案作为比较平台以研究混合模式实现鲁棒调度方案(hybrid-mode schedule,HS)在效率、稳定性指标和全局目标函数方面的改善率。主动模式实现调度方案(proactive schedule,PS)需将产生的预测调度 X^p 释放到车间执行,竞争工件到达就将其插入到 X^p 中当前位置执行,只是单纯地推迟后续工件的起始加工时间而不改变它们在 X^p 中的排序。反应模式实现调度方案(reactive schedule,RS)没有预测未来可能到达的竞争工件(即没有主动插入空闲时间),而是直接将基础调度投放到生产车间执行,一旦竞争工件到达就对剩余工件进行部分重调度。

在竞争工件到达后,生产系统中共有 $n+1$ 个工件。对每个算例运行 20 次,分别记录 20 次中的最优值(max)和平均值(avg)。

13.4.1　混合模式调度与主动模式调度的比较

在竞争工件到达概率 $\rho=0.5$ 的前提下,针对不同的算例规模分别测试混合模式调度方案相对于反应模式调度方案在效率、稳定性指标和总目标函数方面的改善率,测试结果见表 13-1。针对每个算例,令 $MI_{H/P}$、$DI_{H/P}$ 和 $JI_{H/P}$ 分别表示混合模式调度在效率指标、稳定性指标和总目标函数方面相对主动模式调度的改善率,计算方法为:$[(PS-HS)/HS]\times100\%$。$MI_{H/R}$、$DI_{H/R}$ 和 $JI_{H/R}$ 分别表示混合模式调度在效率目标、稳定性和总目标函数方面相对反应模式调度的改善率,计算方法为:$[(RS-HS)/HS]\times100\%$。从表 13-1 的计算结果可以看出,对所测试的 7 种规模算例,HS 相对 PS 在效率目标有微小牺牲的前提下较大程度上改善了总目标函数和稳定性指标。另外,还可以观察到总目标函数的改善率小于稳定性指标的改善率,这是因为总目标函数对效率和稳定性指标给予了相同的权重,而 HS 相对 PS 对效率目标的影响较小。

针对规模为 30×5 的算例测试在不同预测偏差 η 的前提下 HS 相对 PS 在效率、稳定性和总目标函数三方面的改善率,测试结果见图 13-5。从图中可以明显地观察到,随着预测偏差 η 的增大,HS 相对 PS 在效率、稳定性指标和总目标三方面的改善逐渐增大。这是因为预测偏差 η 表征的是实际情况与预测的偏离程度,η 越大也就说明预测到的竞争工件到达概率 ρ 越小,企业获得竞争工件的可能性也就越小,当实际执行调度时竞争工件到达,预测调度的冗余较少,不能够很好地吸收扰动带来的影响。此时,HS 将进一步通过反应调度阶段对预测调度阶段无法很好处理的部分进行修正,HS 相对 PS 求解的优势很明显,对稳定性改善程度就较大。而 η 越小也就说明预测到的竞争工件到达概率 ρ 越大,企业获得竞争工件的可能性就越大,当实际执行调度时竞争工件到达,预测调度中的空闲时间足够多,能够很好地吸收扰动带来的影响。此时,HS 中的反应调度阶段起的作用比较小,HS 相对 PS 求解的优势就不太明显,HS 相对 PS 的稳定性改善程度就较小。从上述分析可以看出,当预测偏差 η 较大时(也就是实际情况与预测的差距较大),HS 能够通过反应调度阶段对于预测阶段的不准确性进行补救。

表 13-1　混合模式调度与主动模式调度的比较:$\rho = 0.5$

$n \times m$	$JI_{H/R}$ /%		$DI_{H/R}$ /%		$MI_{H/R}$ /%	
	平均值	最大值	平均值	最大值	平均值	最大值
15×5	9.364	19.54	33.35	96.66	-1.106	3.776
20×5	19.33	47.11	90.11	131.94	-0.1048	1.692
30×5	12.75	29.49	40.84	165.64	-0.4244	0.6127
10×10	15.73	43.66	40.82	62.52	-3.559	0.3395
15×10	15.65	28.27	39.03	104.10	-0.5964	0.6047
20×10	18.26	44.71	52.47	159.18	-0.6468	0.5480
30×10	23.08	66.89	87.53	240.44	-0.7686	1.333

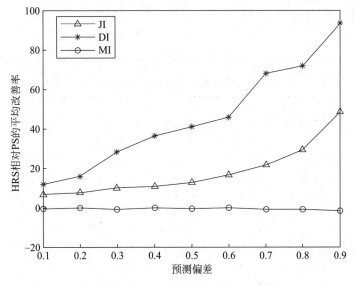

图 13-5　HS 与 PS 的比较:30×5 算例

13.4.2　混合模式调度与反应模式调度的比较

采用同样的测试方法对混合模式调度与反应模式调度进行比较。为了便于比较,反应模式下将采用部分重调度的方法对扰动发生后的调度方案进行重调度,这里按照部分重调度方法给予固定大小的重调度窗口。将吸收空闲重调度方法确定的重调度区域作为反应模式调度中的部分重调度窗口。

在竞争工件到达概率 $\rho = 0.5$ 的前提下,针对不同的算例规模分别测试混合模式调度相对反应模式调度在效率、稳定性指标和总目标函数方面的改善率,测试结果见表 13-2。针对所测试的 7 种算例规模,混合模式调度相对反应模式调度明显改善了总目标函数和稳定性指标,而对效率目标的影响则比较小。

针对规模为 30×5 的算例测试在不同到达概率 ρ 的前提下混合模式调整相对反应模式调度的改善率,测试结果见表 13-3。从仿真结果可以看出,对任意到达概率 ρ,混合模式调整在总目标和稳定性目标方面相对反应模式调度都有

表 13-2　混合模式调度与反应模式调度的比较: $\rho = 0.5$

$n \times m$	$JI_{H/R}$ /%		$DI_{H/R}$ /%		$MI_{H/R}$ /%	
	平均值	最大值	平均值	最大值	平均值	最大值
15×5	46.14	114.4	90.75	264.6	-0.1436	1.018
20×5	51.52	97.52	94.61	166.7	-0.1069	0.1181
30×5	46.27	133.8	79.47	213.8	0.1583	2.603
10×10	45.501	98.30	94.23	247.7	-1.7327	2.545
15×10	35.27	52.35	49.94	130.2	-0.1792	2.164
20×10	57.06	151.2	96.73	289.5	-0.6997	1.143
30×10	76.51	140.8	101.6	187.6	-0.4736	1.607

表 13-3　混合模式调度与反应模式调度的比较: 30×5 算例

ρ	$JI_{H/R}$ /%		$DI_{H/R}$ /%		$MI_{H/R}$ /%	
	平均值	最大值	平均值	最大值	平均值	最大值
0.1	8.4799	28.3511	52.9069	118.099	0.2963	4.3568
0.2	20.5070	57.0360	41.0496	120.5990	-0.2950	4.2342
0.3	38.5532	61.4593	74.8437	166.2030	-0.1617	2.5396
0.4	40.5218	76.0719	75.6386	158.7550	-0.5477	0.0000
0.5	46.2693	133.7900	79.4738	213.8910	0.1583	2.6033
0.6	52.2755	116.4800	81.5299	197.3620	0.2237	2.3951
0.7	56.3431	92.2843	85.7260	133.4650	-0.0482	0.1043
0.8	61.0732	98.2620	86.7345	184.9700	-0.0049	1.3131
0.9	63.5013	124.8050	94.1523	169.1670	-0.3726	0.3436

显著的改善,同样效率目标的恶化程度很小。同时,ρ 越大,混合模式调度相对反应模式调度的改善程度就越大,这是因为 ρ 越大,在混合模式调度的预测调度阶段插入的空闲时间就越多,预测的效果就越好。

由实验结果可知混合模式鲁棒调度方法是有效的。在混合模式下实现的调度相对主动模式调度和反应模式调度,在保持效率目标微小变化的前提下显著地改善了调度的稳定性和总目标。

13.5　本章小结

本章阐述了混合模式鲁棒机器调度,首先给出了混合模式鲁棒机器调度的框架,然后阐述了随机机器故障下的单机预测调度和竞争工件到达下的混合模式流水车间调度。

本章内容仅是为了全书对三种鲁棒调度模式的完整性考虑而加入,限于篇幅和笔者研究的限制,相对第 1 篇主动模式鲁棒机器调度和第 2 篇反应模式鲁棒机器调度,对混合模式鲁棒机器调度仅是初步地阐述,内容还很不充分,对这一部分内容的深入研究是未来重要的研究方向,笔者留待对相关内容有深入研究之后在未来新的著作中深入阐述。

参 考 文 献

[1] RODAMMER F A，WHIT K P. A recent survey of production scheduling [J]. IEEE Transactions on System Man and Cybernetic，1988，18(6)：841-851.

[2] 刘民，吴澄. 制造过程智能优化调度算法及其应用[M]. 北京：国防工业出版社，2008.

[3] 王凌. 车间调度及其遗传算法[M]. 北京：清华大学出版社，2003.

[4] 唐国春，张峰，罗守成，等. 现代排序论[M]. 上海：上海科学普及出版社，2003.

[5] GRAHAM R L，LAWLER E L，LENSTRA J K，et al. Optimization and approximation in deterministic sequencing and scheduling：A survey. Annals of Discrete Mathematics，1979，5，287-326.

[6] LENSTRA J K，RINNOOY K. Computational complexity of discrete optimization problems [J]. Annals of Discrete Mathematics，1979，4：121-140.

[7] NEMHAUSER G L，WOLSEY L A. Integer and combinatorial optimization [M]. New York：JohnWiley&Sons，1988.

[8] LENSTRA J K，KAN A R，BRUCKER P. Complexity of machine scheduling problems [J]. Annals of Discrete Mathematics，1977，1：343-362.

[9] GAREY M R，JOHNSON D S. Computers intractability [M]. San Francisico：Freeman，1979.

[10] BAKER K R. Introduction to sequencing and scheduling [M]. New York：Willey，1974.

[11] CONWAY P W，MAXWELL W，MILLER L. Theory of scheduling [M]. New York：Addison-Wesley Publishing Company，1967.

[12] 王婷. 机器调度问题和二维向量装箱问题的精确算法研究[D]. 南京：南京大学，2018.

[13] MIGNON D J，HONKOMP S J，REKLAITIS G V. A framework for investigating schedule robustness under uncertainty [J]. Computer and Chemical Engineering，1995，19(S1)：615-620.

[14] HERROELEN W，LEUS R. Project scheduling under uncertainty：Survey and research potentials [J]. European Journal of Operational Research，2005，165(2)：289-306.

[15] HAZIR O，ULUSOY G. A classification and review of approaches and methods for modeling uncertainty in projects [J]. International Journal of Production Economics，2020，223，107522.

[16] AYTUG H，LAWELY M，MCKAY K，et al. Executing production schedules in the face of uncertainties：a review and some future directions [J]. European Journal of Operational Research，2005，161(1)：86-110.

[17] HONKOMP S J, LOMBARDO S, ROSEN O, et al. The curse of reality-why process scheduling optimization problems are difficult in practice [J]. Computers and Chemical Engineering, 2000, 24(2):323-328.

[18] BALASUBRAMANIAN J. Optimization models and algorithms for batch process scheduling under uncertainty [D]. Pittsburgh: Carnegie Mellon University, 2003.

[19] ZIMMERMANN H J. An application-oriented view of modeling uncertainty [J]. European Journal of Operational Research, 2000, 122(2): 190-198.

[20] SUBRAHMANYAM S, PEKNY J F, REKLAITIS G V. Design of batch chemical plants under market uncertainty [J]. Industrial and Engineering Chemistry Research, 1994, 33(11): 2688-2701.

[21] OUELHADJ D, PETROVIC S. A survey of dynamic scheduling in manufacturing systems [J]. Journal of Scheduling, 2009, 12: 417-31.

[22] PISTIKOPOULOS E N. Uncertainty in process design and operations [J]. Computers and Chemical Engineering, 1995, 19(S1): 553-563.

[23] HONKOMP S J, REKLAITIS G V. Robust scheduling with processing time uncertainty [J]. Computer and Chemical Engineering, 1997, 21(S1): 1055-1060.

[24] HONKOMP S J, MOCKUS L, REKLAITIS G V. A frame work for schedule evaluation with processing uncertainty [J]. Computers and Chemical Engineering, 1999, 23: 595-690.

[25] 顾幸生. 不确定性条件下的生产调度 [J]. 华东理工大学报, 2000, 26(5): 441-446.

[26] MCKAY K N, BUZACOTT J A, SAFAYENI F R. The scheduer's knowledge of uncertainty: the missing link [C]. Knowledge Based Production Management Systems, Elsevier Science Publishers, North-Holland, IFIP, 1989.

[27] SABUNCUOGLU I, GOREN S. Hedging production schedules against uncertainty in manufacturing environment with a review of robustness and stability research [J]. International Journal of Computer Integrated Manufacturing, 2009, 22(2): 138-157.

[28] KOUVELIS P AND YU G. Robust discrete optimization and its applications [M]. Berlin: Springer, 1997.

[29] LEVORATO M, FIGUEIREDO R, FROTA Y. Exact solutions for the two-machine robust flow shop with budgeted uncertainty [J]. European Journal of Operational Research, 2022, 300: 46-57.

[30] HONKOMP S J, MOCKUS L, REKLAITIS G V. A framework for schedule evaluation with processing uncertainty [J]. Computers and Chemical Engineering, 1999, 23: 595-609.

[31] POPESCU I. Robust mean-covariance solutions for stochastic optimization [J]. Operations Research, 2007, 55(1): 98-112.

[32] HAROLDO G S, TULIO A M T, CRISTIANO L T F S, et al. Analysis of stochastic local search methods for the unrelated parallel machine scheduling problem [J]. International Transactions in Operational Research, 2019, 26: 707-724.

[33] CHANG Z, SONG S, ZHANG Y, et al. Distributionally robust single machine

scheduling with risk aversion [J]. European Journal of Operational Research，2017，256：261-274.

[34]　NIU S，SONG S，DING J Y，et al. Distributionally robust single machine scheduling with the total tardiness criterion [J]. Computers and Operations Research，2019，101：13-28.

[35]　CHANG Z，DING J Y，SONG S. Distributionally robust scheduling on parallel machines under moment uncertainty [J]. European Journal of Operational Research，2019，272：832-846.

[36]　DUBOIS D，PRADE H. Qualitative possibility theory and its applications to constraint satisfaction and decision under uncertainty [J]. International Journal of Intelligent Systems，1999，14：45-61.

[37]　WANG J. A fuzzy robust scheduling approach for product development projects [J]. European Journal of Operational Research，2004，152：180-194.

[38]　GAO K Z，SUGANTHAN P N，PAN Q K，et al. An improved artificial bee colony algorithm for flexible job-shop scheduling problem with fuzzy processing time [J]. Expert Systems with Applications，2016，65：52-67.

[39]　WANG B，YANG Z. A particle swarm optimization algorithm for robust flow-shop scheduling with fuzzy processing times [C]. Proceedings of the IEEE International Conference on Automation and Logistics，ICAL 2007，2007：824-828.

[40]　王冰,李巧云,羊晓飞. 模糊车间作业调度的三点满意度模型[J]. 控制与决策，2012，27(7)：1082-1086.

[41]　耿兆强,邹益仁. 基于遗传算法的作业车间模糊调度问题的研究[J]. 计算机集成制造系统，2002，8(8)：616-620.

[42]　王成尧,汪定伟. 单机模糊加工时间下最迟开工时间调度问题[J]. 控制与决策，2000，15(1)：71-74.

[43]　钱晓龙,唐立新,刘文新. 动态调度的研究方法综述[J]. 控制与决策，2001，16(2)：141-145.

[44]　OUELHADJ D，PETROVIC S. A survey of dynamic scheduling in manufacturing systems [J]. Journal of Scheduling，2009，12：417-431.

[45]　BEN-TAL A，GHAOUI L E，NEMIROVSKI A. Robust optimization [M]. Princeton：Princeton University，2009.

[46]　ZHANG N，ZHANG Y，SONG S，et al. A review of robust machine scheduling [J]. IEEE Transactions on Automation Science and Engineering，https：//doi. org/10. 1109/TASE. 2023. 3246223.

[47]　CHANG Z Q，DING J Y，SONG S J. Distributionally robust scheduling on parallel machines under moment uncertainty [J]. European Journal of Operational Research，2019，272：832-846.

[48]　PAPROCKA I. The model of maintenance planning and production scheduling for maximising robustness [J]. International Journal of Production Research，2019，57(14)：4480-4501.

[49] VAN DE VONDER S, DEMEULEMEESTER E, HERROELEN W. Proactive heuristic procedures for robust project scheduling: An experimental analysis [J]. European Journal of Operational Researeh, 2008, 189: 723-733.

[50] CUI W W, LU Z Q, LI C, et al. A proactive approach to solve integrated production scheduling and maintenance planning problem in flow shops [J]. Computers & Industrial Engineering, 2018, 115: 342-353.

[51] MEHTA S V, UZSOY R M. Predictable scheduling of a job shop subject to breakdowns [J]. IEEE Transactions on Robotics and Automation, 1998, 14:365-378.

[52] MEHTA S V, UZSOY R M. Predictable scheduling of a single machine subject to breakdowns [J]. International Journal of Computer Integrated Manufacturing, 1999, 12(1): 15-38.

[53] O'DONAVAN R, UZSOY R M, MCKAY K N. Predictable scheduling of a single machine with breakdowns and sensitive jobs [J]. International Journal of Production Research, 1999, 37(18): 4217-4233.

[54] MURVEY J M, VANDERBEI R J, ZENIOS S A. Robust optimization of large-scale systems[J]. Operations Research, 1995, 43(2): 264-281.

[55] LI Z, IERAPETRITOU M G. Robust optimization for process scheduling under uncertainty [J]. Industrial & Engineering Chemistry Research, 2008, 47 (12): 4148-4157.

[56] GABREL V, MURAT C, THIELE A. Recent advances in robust optimization: An overview [J]. European Journal of Operational Research, 2014, 235: 471-483.

[57] 郭庆. 面向智能制造的柔性作业车间调度研究[D]. 天津:河北工业大学,2020.

[58] 张益. 面向智能制造的生产调度鲁棒优化及算法研究[D]. 杭州:浙江大学, 2019.

[59] KALAI R, LAMBORAY C, VANDERPOOTEN D. Lexicographic a-robustness: an alternative to min-max criteria [J]. European Journal of Operational Research, 2012, 220: 722-728.

[60] HONKOMP S J, MOCKUS L, REKLAITIS G V. A framework for schedule evaluation with processing uncertainty [J]. Computers and Chemical Engineering, 1999, 23: 595-609.

[61] SENGUPTA A, PAL T K. On comparing interval numbers [J]. European Journal of Operational Research, 2000, 127: 28-43.

[62] SHABTAY D, GILENSON M. A state-of-the-art survey on multi-scenario scheduling [J]. European Journal of Operational Research, 2023, 310: 3-23.

[63] BERTSIMAS D, SIM M. Robust discrete optimization and network flows [J]. Mathematical Programming, 2003, 98(1-3): 49-71.

[64] BERTSIMAS D, SIM M. The price of robustness [J]. Operations Research, 2004, 52(1): 35-53.

[65] INUIGUCHI M, SAKAWA M. Minimax regret solution to linear programming problems with an interval objective function [J]. European Journal of Operational Research, 1995, 86(3): 526-536.

[66] MAUSSER H E, LAGUNA M. A new mixed integer formulation for the maximum regret problem [J]. International Transactions in Operational Research, 1998, 5(5): 389-403.

[67] ASSAVAPOKEE T, REALFF M J, AMMONS J C, et al. Scenario relaxation algorithm for finite scenario-based min—max regret and min—max relative regret robust optimization [J]. Computers & Operations Research, 2008, 35: 2093- 2102.

[68] SNYDER L. Facility location under uncertainty: a review [J]. IIE Transactions, 2006, 38 (7): 537-554.

[69] KOUVELIS P, KURAWARWALA A A, GUTIERREZ G J. Algorithms for robust single and multiple period layout planning for manufacturing systems [J]. European Journal of Operational Research, 1992, 63(2): 287-303.

[70] DANIELS R L, CARRILLO J E. Beta-Robust scheduling for single-machine systems with uncertain processing times [J]. IIE Transactions, 1997, 29: 977-985.

[71] WU C W, BROWN K N, BECK J C. Scheduling with uncertain durations: Modeling beta-robust scheduling with constraints [J]. Computers & Operations Research, 2009, 36(8): 2348-2356.

[72] KHATAMIA S M, RANJBARA M, DAVARI M. Maximizing service level in a beta-robust job shop scheduling model [J]. International Journal of Industrial & Systems Engineering, 2015, 8(4): 61-73.

[73] PISHEVAR A, TAVAKKOI M R. Beta-robust parallel machine scheduling with uncertain durations [J]. Industrial & Business Management, 2014, 2(3): 69-74.

[74] ALIMORADI S, HEMATIAN M, MOSLEHI G. Robust scheduling of parallel machines considering total flow time [J]. Computers & Industrial Engineering, 2016, 93(3): 152-161.

[75] 王冰,羊晓飞,李巧云. 基于坏场景集的抗风险鲁棒调度模型 [J]. 自动化学报, 2012, 38(2): 275-283.

[76] ZHU W L, WANG B. New Robust Single Machine Scheduling to Hedge against Processing Time Uncertainty [C]. Proceedings of the 29th Chinese Control and Decision Conference, May 28-30, 2017, Chongqing, China, 2418-2423.

[77] HE Y, WANG B. Bad-scenario-set robust power economic dispatch with wind power [C]. Proceedings of the 2019 International Conference on Industrial Engineering and Systems Management, September 25-27, 2019, Shanghai, China: 671-676.

[78] NI Z, WANG B, WU B. A hybrid algorithm for a robust permutation flow shop scheduling problem [C]. Proceedings of the 33rd Chinese Control and Decision Conference, 2020, August 22-24, Hefei, China: 3802-3807.

[79] SU R, WANG B. Relaxation iterative algorithm based on two-scenario set [C]. Proceedings of 2020 Chinese Automation Congress, 2020, Shanghai, China: 6324-6328.

[80] 于莹莹. 基于分支定界算法的坏场景集单机鲁棒调度[D]. 上海:上海大学,2015.

[81] 韩兴宝. 两种不确定环境下置换流水车间的鲁棒调度方法[D]. 上海:上海大学,2016.

[82] 蓝凤鸣. 基于变邻域搜索算法的置换流水车间鲁棒调度研究[D]. 上海:上海大学, 2017.

[83] 夏学冬. 加工时间不确定的双目标作业车间鲁棒调度算法研究[D]. 上海:上海大学, 2017.

[84] 朱雯灵. 基于2-场景子集的单机鲁棒调度[D]. 上海:上海大学,2017.

[85] 邬波. 鲁棒置换流水车间调度的混合和声搜索算法[D]. 上海:上海大学,2019.

[86] 刘利甲. 加工时间不确定的鲁棒无关并行机调度算法研究[D]. 上海:上海大学, 2019.

[87] 贺玉凤. 基于坏场景集的电力系统鲁棒优化研究[D]. 上海:上海大学,2020.

[88] 苏润. 数目坏场景集鲁棒单机调度算法研究[D]. 上海:上海大学,2021.

[89] 谢韩鑫. 一致并行机调度的阈值坏场景集鲁棒优化研究[D]. 上海:上海大学,2021.

[90] 陈晔琳. 能源区块链下电动汽车充放电的鲁棒决策研究[D]. 上海:上海大学,2021.

[91] 胡恒督. 基于坏场景集的电力系统分布式鲁棒决策问题研究[D]. 上海:上海大学, 2022.

[92] MLADENOVIC N, HANSEN P. Variable neighborhood search [J]. Computers and Operations Research, 1997, 24(11): 1097-1100.

[93] HANSEN P, MLADENOVIC N. Variable neighborhood search: principles and applications [J]. European Journal of Operational Research, 2001, 130(3): 449-467.

[94] HANSEN P, MLADENOVIC N. Developments of variable neighborhood search [J]. Essays and Surveys in Metaheuristic, 2001, 15(1): 415-439.

[95] WANG B, XIA X D, MENG H X, et al. Bad-scenario-set robust optimization framework with two objectives for uncertain scheduling systems [J]. IEEE/CAA Journal of Automatica Sinica, 2017, 4(1): 142-152.

[96] WANG B, WANG X Z, XIE H X. Bad-scenario-set robust scheduling for a job shop to hedge against processing time uncertainty [J]. International Journal of Production Research, 2019, 57(10): 3168-3185.

[97] WANG B, WANG X Z, LAN F M, et al. A hybrid local-search algorithm for robust job-shop scheduling under scenarios [J]. Applied Soft Computing, 2018, 62: 259-271.

[98] WANG B, ZHANG P, HE Y, et al. Scenario-oriented hybrid particle swarm optimization algorithm for robust economic dispatch of power system with wind power. Journal of Systems Engineering and Electronics [J]. 2022, 33 (5): 1143-1150.

[99] WANG B, XIE H X, XIA X D, et al. A NSGA-Ⅱ algorithm hybridizing local simulated-annealing operators for a bi-criteria robust job-shop scheduling problem under scenarios [J]. IEEE Transactions on Fuzzy System, 2019, 27(5): 1075-1084.

[100] WANG X Z, WANG B, ZHANG X X, et al. Two-objective robust job-shop scheduling with two problem-specific neighborhood structures [J]. Swarm and Evolutionary Computation, 2021, 61, 100805.

［101］ WANG B，FENG K，WANG X. Bi-objective scenario-guided swarm intelligent algorithms based on reinforcement learning for robust unrelated parallel machines scheduling with setup times ［J］. Swarm and Evolutionary Computation，2023，101321.

［102］ 熊攀. 不确定环境下基于场景构建的作业车间调度方法研究[D]. 乌鲁木齐：新疆大学，2021.

［103］ 连戈，朱荣，钱斌，等. 超启发式人工蜂群算法求解多场景鲁棒分布式置换流水车间调度问题[J]. 控制理论与应用，2023，40(4)：713-723.

［104］ HE Y F，WANG B. Bad-Scenario-Set Robust Power Economic Dispatch with Wind Power ［C］. Proceedings of the 2019 International Conference on Industrial Engineering and Systems Management，September 25-27，2019，Shanghai，China.

［105］ LIU Y，GAO H，GONG H，et al. The unit commitment model with wind power connection based on bad operation scenario set ［C］. Power and Energy Engineering Conference，IEEE，2014：1-6.

［106］ LU Z G，ZHAO H，XIAO H F，et al. Robust DED based on bad scenario set considering wind ［J］. EV and battery switching station，Iet Generation Transmission & Distribution，2017，11(2)：354-362.

［107］ LEBEDEV V，AVERBAKH I. Complexity of Minimizing the Total Flow Time with Interval Data and Minmax Regret Criterion ［J］. Discrete Applied Mathematics，2006，154(15)：2167-2177.

［108］ DANIELS R L，KOUVELIS P. Robust scheduling to hedge against processing time uncertainty in single-stage production ［J］. Management Science，1995，41(2)：363-376.

［109］ BRISKORN D，LEUNG J，PINEDO M. Robust scheduling on a single machine using time buffers ［J］. IIE Transactions，2011，43：383-398.

［110］ YANG J，YU G. On the robust single machine scheduling problem ［J］. Journal of Combinatorial Optimization，2002，6：17-33.

［111］ KOUVELIS P，DANIELS R L，VAIRAKTARAKIS G. Robust scheduling of a two-machine flow shop with uncertain processing times ［J］. IIE Transactions，2000，32(5)：421-432.

［112］ KASPERSKI A，KURPISZ A，ZIELIŃSKI P. Approximating a two-machine flow shop scheduling under discrete scenario uncertainty ［J］. European Journal of Operational Research，2012，217(1)：36-43.

［113］ LAWLER E L，LENSTRA J K，KAN A H G R，et al. Sequencing and scheduling：algorithms and complexity ［M］. In：Handbook in Operations Research and Management Science 4：Logistics of Production and Inventory，1993.

［114］ EDSON A G S，MARCELO S N，GUSTAVO A R. Dynamic programming algorithms and their applications in machine scheduling：A review ［J］. Expert Systems With Applications，2022，190：116180.

[115] KAYHAN B M, YILDIZ G. Reinforcement learning applications to machine scheduling problems: a comprehensive literature review [J]. Journal of Intelligent Manufacturing, 2021, 34(3): 905-929.

[116] HOROWITZ E, SAHNI S. Exact and approximate algorithms for scheduling nonidentical processors [J]. Journal of the ACM, 1976, 23 (2): 317-327.

[117] DEOGUN J S. On scheduling with ready times to minimize mean flow time [J]. The Computer Journal, 1983, 26(4): 320-328.

[118] CARLIER J. The one-machine sequencing problem [J]. European Journal of Operational Research, 1982, 11: 42-47.

[119] RANJBAR M, DAVARI M, LEUS R. Two branch-and-bound algorithms for the robust parallel machine scheduling problem [J]. Computers & Operations Research. 2012, 39(7):1652-1660.

[120] KIYOTAKA S, EITARO A. Necessary conditions for min−max problems and algorithms by a relaxation procedure [J]. IEEE Transactions on Automatic Control, 1980, 25(1): 62-66.

[121] CHU C B. Efficient heuristics to minimize total flow time with release dates [J]. Operations Research Letters, 1992, 12: 321-330.

[122] ULLAH S, ZAKRIA G, ABID M. A heuristic for robust scheduling of two machine flow shop [J]. The Technology World Quarterly Journal, 2010, 2(1): 253-257.

[123] PANWALKER S, WAFIK L. A survey of scheduling rules [J]. Operations Research, 1977, 25(1): 45-61.

[124] JUN S, LEE S. Learning dispatching rules for single machine scheduling with dynamic arrivals based on decision trees and feature construction [J]. International Journal of Production Research, 2021, Ahead-of print, 1-19.

[125] JOHNSON S M. Optimal two- and three-stage production schedules with setup times included [J]. Naval Research Logistics Quarterly, 1954, 1(1): 61-68.

[126] NAWAZ M, ENSCORE E, HAM I. A heuristic algorithm for the m-machine, n-job flowshop sequencing problem [J]. Omega, 1983, 11(1): 91-95.

[127] CROCE F D, GHIRARDI M, TADEI R. Recovering beam search: enhancing the beam search approach for combinatorial optimization problems [J]. Journal of Heuristics, 2004, 10(1): 89-104.

[128] GLOVER F. Tabu Search: part Ⅰ [J]. ORSA Journal on Computing, 1989, 1(3): 190-206.

[129] GLOVER F. Tabu Search: part Ⅱ [J]. ORSA Journal on Computing, 1990, 2(1): 4-32.

[130] KIRKPATRICK S, GELATT C D, VECCHI M P. Optimization by simulated annealing [J]. Science, 1983, 220(4598): 671-680.

[131] GEEM Z W, KIM J H, LOGANATHAN G V. A new heuristic optimization algorithm: harmony search [J]. Simulation, 2001, 76(2): 60-68.

[132] BEAN J C. Genetic algorithms and random KEYS for sequencing and optimization [J]. Informs Journal on Computing, 1994, 6(2): 154-160.

[133] PAN W T. A new fruit fly optimization algorithm: taking the financial distress model as an example [J]. Knowledge-Based Systems, 2012, 26: 69-74.

[134] 郑晓龙, 王凌, 王圣尧. 求解置换流水线调度问题的混合离散果蝇算法[J]. 控制理论与应用, 2014, 31(2): 159-164.

[135] WU L, XIAO W, ZHANG L, et al. An improved fruit fly optimization algorithm based on selecting evolutionary direction intelligently [J]. International Journal of Computational Intelligence Systems, 2016, 9(1): 80-90.

[136] ZHENG X L, WANG L. A Collaborative Multiobjective Fruit Fly Optimization Algorithm for the Resource Constrained Unrelated Parallel Machine Green Scheduling Problem [J]. IEEE Transactions on Systems, Man, and Cybernetics: Systems, 2016: 1-11.

[137] ZHOUA A, QU B Y, LI H, ZHAO S Z, et al. Multiobjective evolutionary algorithms: A survey of the state of the art [J]. Swarm and Evolutionary Computation, 2011, 1: 21-49.

[138] DEB K, PRATAP A, AGARWAL S, et al. A fast and elitist multi-objective genetic algorithm: NSGAII [J]. IEEE Transactions on Evolutionary Computation, 2002, 6(2): 182-197.

[139] KASPERSKI A. Minimizing maximal regret in the single machine sequencing problem with maximum lateness criterion [J]. Operations Research Letters, 2005, 33(4): 431-436.

[140] MASTROLILLI M, MUTSANAS N, SVENSSON O. Single machine scheduling with scenarios [J]. Theoretical Computer Science, 2013, 477: 57-66.

[141] LU C C, LIN S W, YING K C. Robust scheduling on a single machine to minimize total flow time [J]. Computers & Operations Research, 2012, 39: 1682-1691.

[142] LU C C, YING K C, LIN S W. Robust single machine scheduling for minimizing total flow time in the presence of uncertain processing times [J]. Computers and Industrial Engineering, 2014, 74: 102-110.

[143] MONTEMANNI R. A mixed integer programming formulation for the total flow time single machine robust scheduling problem with interval data [J]. Journal of Mathematical Modelling and Algorithms, 2007, 6: 287-296.

[144] ALOULOU M A, CROCE F D. Complexity of single machine scheduling problems under scenario-based uncertainty [J]. Operations Research Letters, 2008, 36: 338-342.

[145] MOKOTOFF E. An exact algorithm for the identical parallel machine scheduling problem [J]. European Journal of Operational Research, 2004, 152(3): 758-769.

[146] XU X Q, CUI W T, LIN J, et al. Robust makespan minimisation in identical parallel machine scheduling problem with interval data [J]. International Journal of Production Research, 2013, 51(12): 3532-3548.

[147] XU X Q, LIN J, CUI W T. Hedge against total flow time uncertainty of the uniform parallel machine scheduling problem with interval data [J]. International Journal of Production Research, 2014. 52(19): 5611-5625.

[148] VALLADA E, RUBÉN RUIZ. A genetic algorithm for the unrelated parallel machine scheduling problem with sequence dependent setup times [J]. European Journal of Operational Research, 2011, 211(3): 612-622.

[149] DE PAULA M R, RAVETTI M G, MATEUS G R, et al. Solving parallel machines scheduling problems with sequence-dependent setup times using variable neighbourhood search [J]. IMA Journal Management Mathematics, 2007, 18(2): 101-115.

[150] LEI D, YUAN Y, CAI J. An improved artificial bee colony for multi-objective distributed unrelated parallel machine scheduling [J]. International Journal of Production Research, 2021, 59(17): 5259-5271.

[151] WU X, CHE A. A memetic differential evolution algorithm for energy-efficient parallel machine scheduling[J]. Omega, 2019, 82: 155-165.

[152] LI R, GONG W, LU C. A reinforcement learning based RMOEA/D for bi-objective fuzzy flexible job shop scheduling[J]. Expert Systems with Applications, 2022, 203: 117380.

[153] KONG X, GAO L, OUYANG H, et al. A simplified binary harmony search algorithm for large scale 0-1 knapsack problems [J]. Expert Systems With Applications, 2015, 42(12): 5337-5355.

[154] ALLAHVERDI A, AYDILEK H. Heuristics for the two-machine flowshop scheduling problem to minimise makespan with bounded processing times [J]. International Journal of Production Research, 2010, 48(21): 6367-6385.

[155] MAHDAVI M, FESANGHARY M, DAMANGIR E. An improved harmony search algorithm for solving optimization problems [J]. Applied Mathematics and Computation, 2007, 188(2): 1567-1579.

[156] BLAZEWICZ J, PESCH E, STERNA M, et al. Metaheuristic approaches for the two-machine flow-shop problem with weighted late work criterion and common due date [J]. Computers & Operations Research, 2008, 35(2): 572-599.

[157] JAIN A S, MEERAN S. Deterministic Job shop scheduling: past, present and future. European Journal of Operational Research, 1999, 113: 390-434.

[158] ADAM J, BALAS E, ZAWACK D. The shifting bottleneck procedures for job shop scheduling [J]. Management Science, 1988, 34(3): 391-401.

[159] ZHAO F, TANG J, WANG J. An improved particle swarm optimization with decline disturbance index (DDPSO) for multi-objective job-shop scheduling problem [J]. Computers & Operations Research, 2014, 45: 38-50.

[160] TAVAKKOLI-MOGHADDAM R, AZARKISH M, SADEGHNEJAD-BARKOUSARAIE A. A new hybrid multi-objective pareto archive PSO algorithm for a bi-objective job shop scheduling problem [J]. Expert Systems with Applications, 2011, 38: 10812-10821.

[161] WANG B, YANG X F, LI Q. Genetic simulated-annealing algorithm for robust job shop scheduling [M]//Fuzzy Information and Engineering Volume 2. BerLin: Springer Berlin Heidelberg, 2009: 817-827.

[162] 乔威,王冰,孙洁. 用遗传算法求解一类不确定性作业车间调度问题[J]. 计算机集成制造系统, 2008, 13(12): 2452-2455.

[163] LEI D. Population-based neighborhood search for job shop scheduling with interval processing time[J]. Computers & Industrial Engineering, 2011, 61(4): 1200-1208.

[164] LEI D. Interval job shop scheduling problems[J]. The International Journal of Advanced Manufacturing Technology, 2012, 60(1-4): 291-301.

[165] AGHAEE M, SHAFIA M, JAMILI A. A new mathematical model for the job shop scheduling problem with uncertain processing times[J]. International Journal of Industrial Engineering Computations, 2011, 2(2): 295-306.

[166] NOWICKI E, SMUTNICKI C. A fast taboo search algorithm for the job shop problem [J]. Management Science, 1996, 42(6): 797-813.

[167] NOWICKI E, SMUTNICKI C. An advanced tabu search algorithm for the job shop problem [J]. Journal of Scheduling, 2005, 8(2): 145-159.

[168] WATSON J P, HOWE A E, WHITLEY L D. Deconstructing Nowicki and Smutnicki's i-TSAB tabu search algorithm for the job-shop scheduling problem [J]. Computers & Operations Research, 2006, 33 (9): 2623-2644.

[169] DELLAMICO M, TRUBIAN M. Applying tabu-search to job-shop scheduling problem [J]. Annals of Operations Research, 1993, 41(1-4) : 231-252.

[170] BARNES J W, CHAMBERS J B. Solving the job shop scheduling problem using tabu search [J]. IIE Transactions, 1995, 27:257-263.

[171] CHAMBERS J B, BARNES J W. New tabu search results for the job shop scheduling problem [C]. Technical Report ORP96-10, Graduate Program in Operations Research and Industrial Engineering, The University of Texas at Austin, 1996.

[172] GONCALVES J F, DE MAGALHAES M J J, RESENDE M G C. A hybrid genetic algorithm for the job shop scheduling problem [J]. European Journal of Operational Research, 2005, 167 (1) : 77-95.

[173] YANG J, SUN L, LEE H P, et al. Clonal selection based memetic algorithm for job shop scheduling problems [J]. Journal of Bionic Engineering, 2008, 5: 111-119.

[174] PONSICH A, COELLO C A C. A hybrid differential evolution-tabu search algorithm for the solution of job-shop scheduling problems [J]. Applied Soft Computing, 2013, 13: 462-474.

[175] MEERAN S, MORSHED M S. Evaluation of a hybrid genetic tabu search framework on job shop scheduling benchmark problems [J]. International Journal of Production Research, 2014, 52(19):5780-5798.

[176] ZHANG L, GAO L, LI X. A hybrid genetic algorithm and tabu search for multi-objective dynamic job shop scheduling problem [J]. International Journal of Production Research, 2013, 51(12): 3516-3531.

[177] VAN LAARHOVEN P J M, AARTS E H L, LENSTRA J K. Job shop scheduling by simulated annealing [J]. Operations Research, 1992, 40(1): 113-125.

[178] TAILLARD E D. Parallel taboo search techniques for the job shop scheduling problem [J]. ORSA Journal on Computing, 1994, 6(2): 108-117.

[179] ZHANG C Y, LI P G, RAO Y Q, et al. A tabu search algorithm with a new neighborhood structure for the job shop scheduling problem [J]. Computers & Operations Research, 2007, 34(11): 3229-3242.

[180] MUTH J F, THOMPSON G L. Industrial scheduling [M]. Englewood: Prentice-Hall, 1963.

[181] LAWRENCE S. Resource constrained project scheduling: an experimental investigation of heuristic scheduling techniques (Supplement) [D]. Pittsburg: Carnegie Mellon University, 1984.

[182] GOREN S, SABUNCUOGLU I, KOC U. Optimization of schedule stability and efficiency under processing time variability and random machine breakdowns in a job shop environment [J]. Naval Research Logistics, 2012, 59(1): 26-38.

[183] WANG L, ZHENG D. An effective hybrid optimization strategy for job-shop scheduling problems [J]. Computers & Operations Research, 2001, 28: 585-596.

[184] WANG B, YANG X F, LI Q Y. Genetic simulated-annealing algorithm for robust job shop scheduling [J]. Fuzzy Information and Engineering, Vol. 2: Advances in Intelligent and Soft Computing, 2009, 62: 817-827.

[185] SURESH R K, MOHANASUNDARAM K M. Pareto archived simulated annealing for job shop scheduling with multiple objectives [J]. International Journal of Advanced Manufacturing Technology, 2006, 29: 184-196.

[186] REN Q D E J, WANG Y P, WANG X L. Inventory based two-objective job shop scheduling model and its hybrid genetic algorithm [J]. Applied Soft Computing, 2013, 13: 1400-1406.

[187] HERROELEN W, LEUS R. Robust and reactive project scheduling: a review and classification of procedures [J]. International Journal of Production Research, 2004, 42(8): 1599-1620.

[188] ZHANG L P, GAO L, LI X Y. A hybrid genetic algorithm and tabu search for a multi-objective dynamic job shop scheduling problem [J]. International Journal of Production Research, 2013, 51(12): 3516-3531.

[189] WANG Z, ZHANG J, YANG S. An improved particle swarm optimization algorithm for dynamic job shop scheduling problems with random job arrivals [J]. Swarm and Evolutionary Computation, 2019, 51: 100594.

[190] SRIDHARAN S V, ZHOU Z. Dynamic non-preemptive single machine scheduling [J]. Computers & Operations Research, 1996, 23(12): 1183-1190.

[191] RAHMANI D, HEYDARI M. Robust and stable flow shop scheduling with unexpected arrivals of new jobs and uncertain processing times [J]. Journal of Manufacturing Systems, 2014, 33: 84-92.

[192] RAHMANI D, RAMEZANIAN R. A stable reactive approach in dynamic flexible flow shop scheduling with unexpected disruptions: A case study [J]. Computers & Industrial Engineering, 2016, 98: 360-372.

[193] SHEN X N, YAO X . Mathematical modeling and multi-objective evolutionary algorithms applied to dynamic flexible job shop scheduling problems [J]. Information Sciences, 2015, 298: 198-224.

[194] QIAO F, MA Y M, ZHOU M C, et al. A novel rescheduling method for dynamic semiconductor manufacturing systems [J]. IEEE Transactions on Systems Man Cybernetics-systems, 2020, 50(5): 1679-1689.

[195] SABUNCUOGLU I, BAYIZ M. Analysis of reactive scheduling problems in a Job shop environment [J]. European Journal of Operational Research, 2000, 126: 567-586.

[196] VIEIRA G E, HERRMANN J W, LIN E. Rescheduling manufacturing systems: A framework of strategies, policies, and methods [J]. Journal of Scheduling, 2003, 6(1): 39-62.

[197] MORATORI P, PETROVIC S, VAZQUEZ-RODRIGUEZ J A. Match-up approaches to a dynamic rescheduling problem. International Journal of Production Research [J]. 50: 1, 261-276, DOI: 10.1080/00207543.2011.571458.

[198] BEAN J C, BIRGE J R, MITTENEHAL J, et al. Match-up scheduling with multiple resources, release dates and disruption [J]. Operations Research, 1991, 39 (3): 470-483.

[199] AKTURK M S, GORGULU E. Match-up scheduling under a machine breakdown [J]. European Journal of Operational Research, 1999, 112: 81-97.

[200] ZAKARIA Z, PETROVIC S. Genetic algorithms for match-up rescheduling of the flexible manufacturing systems [J]. Computers & Industrial Engineering, 2012, 62(2): 671-686.

[201] MORATORI P, PETROVIC S, VAZQUEZ-RODRIGUEZ J A. Match-up approaches to a dynamic rescheduling problem [J]. International Journal of Production Research, 2012, 50(1): 261-276.

[202] GUREL S, KORPEOGLU E, AKTURK M S. An anticipative scheduling approach with controllable processing times [J]. Computers & Operations Research, 2010, 37: 1002-1013.

[203] AKTURK M S, ATAMTURK A, GUREL S. Parallel machine match-up scheduling with manufacturing cost considerations [J]. Journal of Scheduling, 2010, 13: 95-110.

[204] WANG D J, LIU F, WANG Y Z, et al. A knowledge-based evolutionary proactive scheduling approach in the presence of machine breakdown and deterioration effect [J]. Knowledge-based System, 2015, 90: 70-80.

[205] SALIDO M A, ESCAMILLA J, BARBER F, et al. Rescheduling in job-shop problems for sustainable manufacturing systems [J]. Journal of Cleaner Production, 2017, 162: S121-S132.

[206] WANG D J, LIU F, JIN Y C. A proactive scheduling approach to steel rolling process with stochastic machine breakdown [J]. Natural Computing, 2019, 18(4): 679-694.

[207] WANG Z, ZHANG J H, YANG S X. An improved particle swarm optimization algorithm for dynamic job shop scheduling problems with random job arrivals [J]. Swarm and Evoluationary Computation, 2019, 51: 100594.

[208] BISCHOF S, MAYR E W. On-line scheduling of parallel Jobs with runtime restrictions [J]. Theoretical Computer Science, 2001, 268: 67-90.

[209] LEAH EPSTEIN, JIRI SGALL. A lower bound for on line scheduling on uniformly related machines [J]. Operations Research Letters, 2002, 26: 17-22.

[210] KELLERER H, KOTTOV V, SPERANZA M R, et al. Semi on-line algorithms for the partition problem [J]. Operations Research Letters, 1997, 21: 235-242.

[211] ZHANG G, YE D. A note on on-line scheduling with partial information [J]. Computers and Mathematics with Applications, 2002, 44: 539-543.

[212] HE Y, ZHANG G. Semi on-line scheduling on two identical machines [J]. Computing, 1999, 62: 179-187.

[213] SANLAVILLE E. Nearly on line scheduling of preemptive independent tasks [J]. Discrete Applied Mathematics, 1995, 57: 229-241.

[214] MAO W, KINCAID R K. A look-ahead heuristic for scheduling jobs with release dates on a single machine [J]. Computers & Operations Research, 1994, 21(10): 1041-1050.

[215] WU S D, STORER R H, CHANG P C. One-machine rescheduling heuristics with efficiency and stability as criteria [J]. Computers & Operations Research, 1993, 20(1): 1-14.

[216] OZLEN M, AZIZOGLU M. Generating all efficient solutions of a rescheduling problem on unrelated parallel machines [J]. International Journal of Production Research, 2009, 47(19): 5245-5270.

[217] DONG Y H, JANG J. Production rescheduling for machine breakdown at a job shop [J]. International Journal of Production Research, 2012, 50(10): 2681-2691.

[218] WANG B, LIU T. Rolling partial rescheduling with efficiency and stability based on local search algorithm[C]//International Conference on Intelligent computing, ICIC 2006, Kunming, China, August 16-19, 2006. Proceedings, Part I 2. Springer Berlin Heidelberg, 2006: 937-942.

[219] WANG B, XI Y G. Rolling partial rescheduling with dual objectives for single machine subject to disruptions [J]. Acta Automatica Sinica, 2006, 32(5):667-673.

[220] VALLEDOR P, GOMEZ A, PRIORE P, et al. Solving multi-objective rescheduling problems in dynamic permutation flow shop environments with disruptions [J]. International Journal of Production Research, 2018, 56(19): 6363-6377.

[221] 王冰. 滚动时域调度方法及其性能分析 [D]. 上海:上海交通大学,2005.

[222] WANG B，XI Y G，GU H Y. Terminal penalty rolling scheduling based on an initial schedule for single-machine scheduling problem ［J］. Computers and Operations Research，2005，32(11)：3059-3072.

[223] WANG B，XI Y G. Two-level rolling procedure based on dummy schedule for dynamic scheduling problem with incomplete global information ［J］. Acta Automatica Sinica，2006，32(1)：9-14.

[224] CHAND S，TRAUB R，UZSOY R. Rolling horizon procedures for the single machine deterministic total completion time scheduling problem with release dates ［J］. Annals of Operations Research ，1997，70：115-125.

[225] 王冰. 动态单机调度的一种滚动时域策略及全局性能分析[J]. 系统工程理论与实践，2004，24(9)：65-71.

[226] 王冰，席裕庚，谷寒雨. 一类单机动态调度问题的改进滚动时域方法[J]. 控制与决策，2005，20(3)：257-260.

[227] FURINI F，KIDD M P，PERSIANI C A，et al. Improved rolling horizon approaches to the aircraft sequencing problem ［J］. Jounal of Scheduling，2015，18(5)：435-447.

[228] GAREY M R，JOHNSON D S. Computers intractability ［M］. San Francisico：Freeman，1979.

[229] VAN DE VONDER S，DEMEULEMEESTER E，HERROELEN W. A classification of predictive-reactive project scheduling procedures ［J］. Journal of Scheduling，2007，10(3)：195-207.

[230] TURKCAN A，AKTURK M S，STORER R H. Predictive/reactive scheduling with controllable processing times and earliness-tardiness penalties ［J］. IIE Transactions，2009，41(12)：1080-1095.

[231] YANG B，GEUNES J. Predictive-reactive scheduling on a single resource with uncertain future jobs ［J］. European Journal of Operational Research，2008，189：1267-1283.

[232] 王晓明. 不确定环境下流水车间的混合模式鲁棒调度方法[D]. 济南：山东大学，2011.

[233] 李巧云. 随机机器故障下混合模式的单机鲁棒调度[D]. 济南：山东大学，2009.

[234] DUENAS A，PETROVIC D. An approach to predictive-reactive scheduling of parallel machines subject to disruptions ［J］. Annals of Operations Research，2008，159 (1)：65-82.

[235] MANZINI M，DEMEULEMEESTER E，URGO M. A predictive-reactive approach for the sequencing of assembly operations in an automated assembly line ［J］. Robotics and Computer-integrated Manufacturing，2022，73. DOI 10. 1016/j. rcim. 2021. 102201.

[236] WANG B，HAN X，ZHANG X，et al. Predictive-reactive scheduling for single surgical suite subject to random emergency surgery ［J］. Journal of Combinatorial Optimization，2015，30：949-966.

［237］ PINEDO M. Scheduling：theory，algorithms，and systems（Second Edition）［M］. New Jersey：Prentice hall，2002.

［238］ MORTON T E，RACHAMADUGU R M V. Myopic heuristics for the single machine weighted tardiness problem ［R］. Carnegie-Mellon Univ Pittsburgh Pa Robotics Inst，1982.

［239］ 李巧云，王冰，王晓明. 随机机器故障下单机预测调度方法［J］. 系统工程理论与实践，2011，31(12)：2387-2393.

附录 英汉排序与调度词汇

（2022 年 4 月版）

《排序与调度丛书》编委会

　　20 世纪 50 年代越民义就注意到排序（scheduling）问题的重要性和在理论上的难度。1960 年他编写了国内第一本排序理论讲义。70 年代初，他和韩继业一起研究同顺序流水作业排序问题，开创了中国研究排序论的先河①。在他们两位的倡导和带动下，国内排序的理论研究和应用研究有了较大的发展。之后，国内也有文献把 scheduling 译为"调度"②。正如 Potts 等指出："排序论的进展是巨大的。这些进展得益于研究人员从不同的学科（例如，数学、运筹学、管理科学、计算机科学、工程学和经济学）所做出的贡献。排序论已经成熟，有许多理论和方法可以处理问题；排序论也是丰富的（例如，有确定性或者随机性的模型、精确的或者近似的解法、面向应用的或者基于理论的）。尽管排序论研究取得了进展，但是在这个令人兴奋并且值得探索的领域，许多挑战仍然存在。"③不同学科带来了不同的术语。经过 50 多年的发展，国内排序与调度的术语正在逐步走向统一。这是学科正在成熟的标志，也是学术交流的需要。

　　我们提倡术语要统一，将"scheduling""排序""调度"这三者视为含义完全相同、可以相互替代的 3 个中英文词汇，只不过这三者使用的场合和学科（英语、运筹学、自动化）不同而已。这次的"英汉排序与调度词汇（2022 年 4 月版）"收入 236 条词汇，就考虑到不同学科的不同用法。我们欢迎不同学科的研究者推荐适合本学科的术语，补充进未来的版本中。

---

　　① 越民义，韩继业. n 个零件在 m 台机床上的加工顺序问题[J]. 中国科学，1975(5)：462-470.

　　② 周荣生. 汉英综合科学技术词汇[M]. 北京：科学出版社，1983.

　　③ POTTS C N，STRUSEVICH V A. Fifty years of scheduling：a survey of milestones[J]. Journal of the Operational Research Society，2009，60：S41-S68.

1	activity	活动
2	agent	代理
3	agreeability	一致性
4	agreeable	一致的
5	algorithm	算法
6	approximation algorithm	近似算法
7	arrival time	就绪时间, 到达时间
8	assembly scheduling	装配排序
9	asymmetric linear cost function	非对称线性损失函数, 非对称线性成本函数
10	asymptotic	渐近的
11	asymptotic optimality	渐近最优性
12	availability constraint	可用性约束
13	basic (classical) model	基本 (经典) 模型
14	batching	分批
15	batching machine	批处理机, 批加工机器
16	batching scheduling	分批排序, 批调度
17	bi-agent	双代理
18	bi-criteria	双目标, 双准则
19	block	阻塞, 块
20	classical scheduling	经典排序
21	common due date	共同交付期, 相同交付期
22	competitive ratio	竞争比
23	completion time	完工时间
24	complexity	复杂性
25	continuous sublot	连续子批
26	controllable scheduling	可控排序
27	cooperation	合作, 协作
28	cross-docking	过栈, 中转库, 越库, 交叉理货
29	deadline	截止期 (时间)
30	dedicated machine	专用机, 特定的机器
31	delivery time	送达时间
32	deteriorating job	退化工件, 恶化工件
33	deterioration effect	退化效应, 恶化效应
34	deterministic scheduling	确定性排序
35	discounted rewards	折扣报酬
36	disruption	干扰
37	disruption event	干扰事件
38	disruption management	干扰管理
39	distribution center	配送中心

79	late work	误工，误工损失
80	lateness	延迟，迟后，滞后
81	list policy	列表排序策略
82	list scheduling	列表排序
83	logistics scheduling	物流排序，物流调度
84	lot-size	批量
85	lot-sizing	批量化
86	lot-streaming	批量流
87	machine	机器
88	machine scheduling	机器排序，机器调度
89	maintenance	维护，维修
90	major setup	主安装，主要设置，主要准备，主准备
91	makespan	最大完工时间，制造跨度，工期
92	max-npv (NPV) project scheduling	净现值最大项目排序，最大净现值的项目排序
93	maximum	最大，最大的
94	milk run	循环联运，循环取料，循环送货
95	minimum	最小，最小的
96	minor setup	次要准备，次要设置，次要安装，次准备
97	modern scheduling	现代排序
98	multi-criteria	多目标，多准则
99	multi-machine	多台同时加工的机器
100	multi-machine job	多机器加工工件，多台机器同时加工的工件
101	multi-mode project scheduling	多模式项目排序
102	multi-operation machine	多工序机
103	multiprocessor	多台同时加工的机器
104	multiprocessor job	多机器加工工件，多台机器同时加工的工件
105	multipurpose machine	多功能机，多用途机
106	net present value	净现值
107	nonpreemptive	不可中断的
108	nonrecoverable resource	不可恢复（的）资源，消耗性资源
109	nonrenewable resource	不可恢复（的）资源，消耗性资源
110	nonresumable	（工件加工）不可继续的，（工件加工）不可恢复的
111	nonsimultaneous machine	不同时开工的机器
112	nonstorable resource	不可储存（的）资源
113	nowait	（前后两个工序）加工不允许等待
114	NP-complete	NP-完备，NP-完全
115	NP-hard	NP-困难（的），NP-难（的）
116	NP-hard in the ordinary sense	普通 NP-困难（的），普通 NP-难（的）
117	NP-hard in the strong sense	强 NP-困难（的），强 NP-难（的）

118	offline scheduling	离线排序
119	online scheduling	在线排序
120	open problem	未解问题,(复杂性)悬而未决的问题, 尚未解决的问题, 开放问题, 公开问题
121	open shop	自由作业, 开放(作业)车间
122	operation	工序, 作业
123	optimal	最优的
124	optimality criterion	优化目标, 最优化的目标, 优化准则
125	ordinarily NP-hard	普通 NP-(困)难的, 一般 NP-(困)难的
126	ordinary NP-hard	普通 NP-(困)难, 一般 NP-(困)难
127	out-bound logistics	外向物流
128	outsourcing	外包
129	outtree(out-tree)	外向树, 出树, 外放树
130	parallel batch	并行批, 平行批
131	parallel machine	并行机, 平行机, 并联机
132	parallel scheduling	并行排序, 并行调度
133	partial rescheduling	部分重排序, 部分重调度
134	partition	划分
135	peer scheduling	对等排序
136	performance	性能
137	permutation flow shop	同顺序流水作业, 同序作业, 置换流水车间, 置换流水作业
138	PERT(program evaluation and review technique)	计划评审技术
139	polynomially solvable	多项式时间可解的
140	precedence constraint	前后约束, 先后约束, 优先约束
141	predecessor	前序工件, 前工件, 前工序
142	predictive reactive scheduling	预案反应式排序, 预案反应式调度
143	preempt	中断
144	preempt-repeat	重复(性)中断, 中断-重复
145	preempt-resume	可续(性)中断, 中断-继续, 中断-恢复
146	preemptive	中断的, 可中断的
147	preemption	中断
148	preemption schedule	可以中断的排序, 可以中断的时间表
149	proactive	前摄的, 主动的
150	proactive reactive scheduling	前摄反应式排序, 前摄反应式调度
151	processing time	加工时间, 工时
152	processor	机器, 处理机
153	production scheduling	生产排序, 生产调度

154	project scheduling	项目排序, 项目调度
155	pseudo-polynomially solvable	伪多项式时间可解的, 伪多项式可解的
156	public transit scheduling	公共交通调度
157	quasi-polynomially	拟多项式时间, 拟多项式
158	randomized algorithm	随机化算法
159	re-entrance	重入
160	reactive scheduling	反应式排序, 反应式调度
161	ready time	就绪时间, 准备完毕时刻, 准备时间
162	real-time	实时
163	recoverable resource	可恢复(的)资源
164	reduction	归约
165	regular criterion	正则目标, 正则准则
166	related machine	同类机, 同类型机
167	release time	就绪时间, 释放时间, 放行时间
168	renewable resource	可恢复(再生)资源
169	rescheduling	重新排序, 重新调度, 重调度, 再调度, 滚动排序
170	resource	资源
171	res-constrained scheduling	资源受限排序, 资源受限调度
172	resumable	(工件加工)可继续的, (工件加工)可恢复的
173	robust	鲁棒的
174	schedule	时间表, 调度表, 调度方案, 进度表, 作业计划
175	schedule length	时间表长度, 作业计划期
176	scheduling	排序, 调度, 排序与调度, 安排时间表, 编排进度, 编制作业计划
177	scheduling a batching machine	批处理机排序
178	scheduling game	排序博弈
179	scheduling multiprocessor jobs	多台机器同时对工件进行加工的排序
180	scheduling with an availability constraint	机器可用受限的排序问题
181	scheduling with batching	分批排序, 批处理排序
182	scheduling with batching and lot-sizing	分批批量排序, 成组分批排序
183	scheduling with deterioration effects	退化效应排序
184	scheduling with learning effects	学习效应排序
185	scheduling with lot-sizing	批量排序
186	scheduling with multipurpose machine	多功能机排序, 多用途机器排序
187	scheduling with non-negative time-lags	(前后工件结束加工和开始加工之间)带非负时 间滞差的排序

224	time/cost trade-off	时间／费用权衡
225	timetable	时间表，时刻表
226	timetabling	编制时刻表，安排时间表
227	total rescheduling	完全重排序，完全再排序，完全重调度，完全再调度
228	tri-agent	三代理
229	two-agent	双代理
230	unit penalty	误工计数，单位罚金
231	uniform machine	同类机，同类别机
232	unrelated machine	非同类型机，非同类机
233	waiting time	等待时间
234	weight	权，权值，权重
235	worst-case analysis	最坏情况分析
236	worst-case (performance) ratio	最坏(情况的)(性能)比

索　引

B

半活动调度(semi-active scheduling)　3

部分重调度(partial rescheduling，PR)　164

C

场景方法(scenario approach)　21

场景集(scenario set)　20

重调度(rescheduling)　163

D

单场景邻域(single-scenario neighborhood，SN)　53

调度的方案鲁棒性(robustness for schedule solution)　22

调度的性能鲁棒性(robustness for schedule performance)　22

动态机器调度(dynamic machine scheduling)　161

F

反应模式调度(reactive-mode scheduling)　10

非延迟调度(non-delay scheduling)　3

风险偏向(risk preference)　24

G

广义鲁棒机器调度(robust machine scheduling in a broad sense)　11

滚动窗口(rolling window)　168

滚动时域调度(rolling horizon scheduling，RHS)　166

H

合并场景邻域(the united-scenario neighborhood，UN)　54

合理阈值(the reasonable value of threshold T)　39

坏场景(bad scenario)　36

坏场景集(bad-scenario set，BS)　36

混合模式调度(hybrid-mode scheduling)　10

活动调度(active schedule)　3

J

机器调度(machine scheduling)　1

极点场景(extreme point scenario)　68

局部调度子问题(local scheduling subproblem)　169

均值性能准则模型(the mean-performance criterion model，MCM)　32

K

可行调度(feasible scheduling)　2

L

离散场景(discrete scenario)　21

两级滚动调度方法(two-level rolling scheduling procedure，TRSP)　187